CRC Press
Taylor & Francis Group

国外油气勘探开发新进展丛书

GUOWAIYOUQIKANTANKAIFAXINJINZHANCONGSHU

二十一

GEOLOGIC FUNDAMENTALS OF GEOTHERMAL ENERGY

地热能源的地质基础

【美】David R. Boden　著

曲　海　万立夫　吴康军　王　瑞　译

U0352289

石油工业出版社

内 容 提 要

本书详细阐述与地热相关的地质学、地球物理、地质化学及热量开采利用的理论与实践，介绍了世界地热能源开采现状。主要内容包括地热系统的分类与利用、热量分布和传热机理、地质构造特点、物理化学特征和勘探技术。探讨了增强型与工程型地热系统开采原理和实例，并阐述了地热能利用对环境的影响和地热能源未来。

本书可供地热研究人员参考学习，还可供相关领域本科生和研究生学习使用。

图书在版编目（CIP）数据

地热能源的地质基础／（美）戴维·博登著；曲海
等译. — 北京：石油工业出版社，2021.6
（国外油气勘探开发新进展丛书；二十一）
书名原文：Geologic Fundamentals of Geothermal
Energy
ISBN 978-7-5183-4580-9

Ⅰ. ①地… Ⅱ. ①戴… ②曲… Ⅲ. ①地热能 Ⅳ.
①TK521

中国版本图书馆 CIP 数据核字（2021）第 068489 号

Geologic Fundamentals of Geothermal Energy
by David R. Boden
ISBN：9781498708777

北京市版权局著作权合同登记号：01-2021-2920

出版发行：石油工业出版社
　　　　　（北京安定门外安华里 2 区 1 号楼　100011）
　　　　网　址：www.petropub.com
　　　　编辑部：（010）64523712　图书营销中心：（010）64523633
经　　销：全国新华书店
印　　刷：北京中石油彩色印刷有限责任公司

2021 年 6 月第 1 版　2021 年 6 月第 1 次印刷
787×1092 毫米　开本：1/16　印张：18.25
字数：440 千字

定价：140.00 元
（如发现印装质量问题，我社图书营销中心负责调换）
版权所有，翻印必究

序

"他山之石，可以攻玉"。学习和借鉴国外油气勘探开发新理论、新技术和新工艺，对于提高国内油气勘探开发水平、丰富科研管理人员知识储备、增强公司科技创新能力和整体实力、推动提升勘探开发力度的实践具有重要的现实意义。鉴于此，中国石油勘探与生产分公司和石油工业出版社组织多方力量，本着先进、实用、有效的原则，对国外著名出版社和知名学者最新出版的、代表行业先进理论和技术水平的著作进行引进并翻译出版，形成涵盖油气勘探、开发、工程技术等上游较全面和系统的系列丛书——《国外油气勘探开发新进展丛书》。

自 2001 年丛书第一辑正式出版后，在持续跟踪国外油气勘探、开发新理论新技术发展的基础上，从国内科研、生产需求出发，截至目前，优中选优，共计翻译出版了二十辑 100 余种专著。这些译著发行后，受到了企业和科研院所广大科研人员和大学院校师生的欢迎，并在勘探开发实践中发挥了重要作用，达到了促进生产、更新知识、提高业务水平的目的。同时，集团公司也筛选了部分适合基层员工学习参考的图书，列入"千万图书下基层，百万员工品书香"书目，配发到中国石油所属的 4 万余个基层队站。该套系列丛书也获得了我国出版界的认可，先后四次获得了中国出版协会的"引进版科技类优秀图书奖"，形成了规模品牌，获得了很好的社会效益。

此次在前二十辑出版的基础上，经过多次调研、筛选，又推选出了《井喷与井控手册（第二版）》《页岩油与页岩气手册——理论、技术和挑战》《页岩气藏建模与数值模拟方法面临的挑战》《天然气输送与处理手册（第三版）》《应用统计建模及数据分析——石油地质学实用指南》《地热能源的地质基础》等 6 本专著翻译出版，以飨读者。

在本套丛书的引进、翻译和出版过程中，中国石油勘探与生产分公司和石油工业出版社在图书选择、工作组织、质量保障方面积极发挥作用，一批具有较高外语水平的知名专家、教授和有丰富实践经验的工程技术人员担任翻译和审校工作，使得该套丛书能以较高的质量正式出版，在此对他们的努力和付出表示衷心的感谢！希望该套丛书在相关企业、科研单位、院校的生产和科研中继续发挥应有的作用。

中国石油天然气股份有限公司副总裁　李鹤光

译者前言

随着全球人口的增长和发展中国家经济扩张，当前人类面临着越来越严峻的能源紧缺问题和环境污染问题。地热资源作为清洁的可再生能源，与其他能源相比具有零排放、持续性好等显著优势。并且，地热资源数量巨大，超过所有已知能源的总量。积极推广地热资源的开发利用，对中国实现节能减排目标与能源结构调整战略有重要意义。受到地质环境、构造力、岩石性质、地球化学等因素影响，地热资源分布不均匀，导致在勘探和开发过程存在很多困难。因此，有必要了解地热资源开发成熟国家相关研究成果和经验，为中国地热资源的开发提供宝贵的经验。

本书将地热资源勘探和开发相关的理论与实践有机融合，系统阐述了地热资源利用进展。全书共分12章，主要内容包括地热系统分类和利用、地球地质构造和热量分布、地热流体、地热系统的物理化学特征、地热系统的地质和构造环境、地热能对环境影响和干热岩开采，并提出了相应的开采方法和建议，为中国地热资源开采提供借鉴。

感谢参与本书翻译的每一位译者。感谢万立夫提供了1~5章的翻译初稿，吴康军提供了6~9章和原版前言的翻译初稿，王瑞提供了10~12章的翻译初稿。本人组织了所有译者进行重译和修改，还多次与出版社对接。由于本书专业性很强，涉及地热资源开采知识点众多，经过近一年的努力，终于完成了本书的翻译。每一位译者都在工作之余花了很多时间精推细敲、反复斟酌原文和译文，几经修改才使本书得以呈现在读者面前，感谢每一位译者的辛苦付出。

最后，还要感谢石油工业出版社编辑的精心编校，没有大家精益求精的努力与合作，这本书的中文版本不可能如此顺利与读者见面。

曲　海

重庆科技学院

原书丛书前言

根据联合国的数据，预计到 2050 年世界人口将从 72 亿增加到 90 多亿。随着全球人口的增长和发展中国家经济扩张，能源消耗极大增加，到 2050 年能源需求可能会增加一倍甚至两倍。地球上所有生命都依赖于能源和碳循环，能源对经济和社会发展以及粮食生产、供水和可持续健康生活是必不可少的。在能源获取过程中为避免造成不利和不可逆转影响，必须考虑能源生产和消费之间的内在关系，包括能源效率、清洁能源、全球碳循环、碳源、生物燃料，以及与气候和自然资源问题的关系。正因为人类掌握了利用能源的知识和技术，使人类文明更加繁荣。世界对化石燃料的依赖大约始于 200 年前，石油快用完了吗？不，但肯定正在逐渐耗尽。自 20 世纪 50 年代以来廉价石油为世界经济发展提供了动力。我们知道如何开采化石能源并将其用于发电厂、飞机、火车和汽车，但这样改变了碳循环过程，并增加温室气体排放。人们开始讨论和关注化石能源可用性、何时消耗完、价格波动，以及与可再生能源相比对环境的影响等一系列相关话题。

运输业主要依赖于石油资源，煤炭、天然气、核能和水力发电用于日常生活。要全面解决能源问题，必须考虑能源的复杂性。任何能源——石油、天然气、煤炭、风能、生物能等都是复杂能源供应链的组成部分，供应链中所有要素相互联系和依存。例如，石油的使用包括勘探、钻井、生产、运输、用水、炼油、炼油产品和副产品、废物、环境影响、分配、消耗/应用以及最后的排放。系统中任何部分的低效和中断都会对整个系统造成影响。根据我们的经验，勘探中断就会导致生产中断、精炼和分配受限以及消费短缺。因此，提出的任何能源解决方案都需要仔细、广泛的评估。

尽管在能源供应和改善使用效率方面已经做出很大努力，但在许多方面仍然面临着严峻的挑战，包括人口增长、新兴经济体、能源用量增加以及有限的自然资源。所有能源解决方案都包含一定程度的风险，例如技术混乱、市场需求和经济驱动力变化。需要谨慎对待未经测试的替代能源解决方案。

有人担心，化石能源燃烧排放的气体导致气候变化，可能带来灾难性后果。在过去的五十年里，能源利用效率提高，能源效益使更多人受益，但全球温室气体排放却显著增加。许多人提出要进一步提高能源利用效率、节约资源、减少温室气体排放，避免气候灾难。受多种因素影响，更有效地使用化石燃料并没有减少温室气体排放总量。在能源使用和温室气体排放之间存在争议，但有很多新方法可以控制温室气体排放。还有一些新兴的技术和工程方法，可以控制大气组成，但是需要谨慎使用。

我们需要重新考虑能源使用。传统的温室气体排放方法在很长一段时间内是不可行的，需要采取更果断的方法来影响碳循环。要改变碳循环，就需要考虑所有温室气体，以更环保方式生产和消费能源。我们又要面对现实，认真寻找替代能源解决方案。解决办法不能是快速解决办法，而必须是更全面、长期（10 年、25 年、50 年）的办法，提出的解决方案必须能够追溯到我们现有的能源链中。与此同时，应不断提高能量转换效率。

能源的可持续性开发受许多潜在因素制约，其中能源产业、制造业、农业和其他部门之间的水资源竞争影响最大，因为淡水供应有限。可持续发展还取决于地球有限的生产性土壤，在不久的将来，人类将不得不恢复生产用地。我们需要把讨论的重点放在自然资源保护的动机、经济和效益上，以及技术改进对资源可持续性。比如，能从海洋中捕获多少鱼取决于鱼的数量，而不是船的大小或渔网类型。因此，能源可持续性的解决办法不能只是加强和改进获取矿物燃料资源的技术，还基于碳、水和生命的综合管理。控制温室气体排放的挑战非常巨大，实现可持续发展需要创造性思维、创新的方法、具有想象力且大胆的工程举措。需要巧妙地开发更多能源，将其利用与温室气体有效排放结合起来。

能源的不断开发和应用对于社会的可持续发展至关重要，需要考虑能源选择的各个方面，包括已有执行标准、基本经济效益和效率、加工和利用要求、基础设施要求、补贴和信贷、废物处置、对生态系统和自然资源以及环境的影响等问题。此外，我们必须根据现有技术开发可再生能源替代品以及改进和提高化石燃料使用。还必须评估资金投资和水等其他自然资源的利用和回报。水是一种宝贵的资源，对能源产品有重大影响。

我在全国（美国）各地就能源、环境和自然资源这一主题进行了演讲，这也是我创作以替代能源和环境为主题的系列丛书的一个重要动力。此外，随着可再生能源技术持续增长和完善，大学、社区学院和职业学校为未成年人提供培训课程，甚至在某些情况下还设立可再生能源和可持续发展专业。随着该领域的发展，对训练有素的操作员、工程师、设计人员和建筑师的需求也在增长。太阳能、风能、地热、生物质能等领域的各种短期课程以大量的传单、电子邮件和文本形式推广。

我一直致力撰写解释替代能源的综合教科书，补充大学的教学大纲，并为该领域的有关各方提供良好的参考资料。我已经找到了一些关于能源、能源系统、能源转换、能源来源（如化石、核能和可再生能源）的书籍，以及一些自然资源可用性、利用和影响（如能源和环境）的具体书籍。然而，详细介绍各种主题的书籍却寥寥无几，这就是可再生能源领域系列丛书出版的原因。丛书主要涉及风能、太阳能、地热、生物质能和水力发电，可为高层次本科生和研究生、对科学和数学有扎实基础的读者、参与可再生能源领域设计开发的个人和组织、有兴趣的科学家、工程师和咨询机构提供参考。每本书都介绍了基本原理，列举大量数据和介绍许多概念，旨在激发创造性思维和解决问题。

我要向我的妻子 Maryam 表达深深的谢意，感谢她的支持、鼓励、耐心和参与。

Abbas Ghassemi 博士

新墨西哥州 拉斯克鲁塞斯

原书前言

地热资源数量是巨大的，超过所有已知资源的能量，如煤、石油和天然气。有如此巨大的能源资源，为什么我们还在使用化石燃料？答案很复杂，但基本上可以归结为：尽管从地球内部到地表，热流是连续而稳定的，但分布不均匀。要直接利用地球热量，如用于空间加热或间接发电，需要找到热流高于平均水平的地区。地球表面不均匀热流分布受不同地质环境和构造力控制。大多数地方的地质条件难以满足热量供给，地热资源与石油、天然气或矿藏相似，不是随处都能找到。本书主要探索有助于形成地热资源的地质过程。研究地质条件和构造力是寻找潜在可开发地热资源的关键，这些因素强烈影响了地热发电设施类型。

尽管已经有很多关于地热系统地质学的研究和著作，但这些信息主要在专业期刊、政府出版物和会议记录中。现有的地热能参考书大多集中在工程和热力学、发电厂设计和地热能的应用方面，通常只有一两章。Glassley 关于地热能的书（Geothermal Energy：Renewable Energy and the Environment, 2nd ed., CRC Press, 2015）论述了更多的地质学，因此，本书补充并借鉴 Glassley 的书，还包括地球材料、岩石结构和板块构造。其他主题包括热液蚀变过程、活跃的地热系统与可能形成的矿床之间的作用，以及探索和开发超临界水系统和干热岩。若干热岩开发成功，可能会极大提高地热能源的开发。

对于大学地质系的学生和教师来说，本书可以作为学习地热资源开发的地质基础用书。为了探讨深层次话题，每一章的末尾提供了许多开放性的问题和参考资料。此外，本书详细介绍了地球地质背景、岩石结构、板块构造，能源工程师、环境科学家和能源政策制定者阅读此书，可以更好地开发和管理地热资源。本书是现有地热资源知识的补充，可加深读者对地热资源地质基础和社会效益的理解。

致 谢

如果没有众人帮助，无法完成本书。感谢 Bill Glassley 提出的建议，也感谢他联系出版商。以下是本书章节作者：Peter Schiffman、David John、Patrick Dobson、Mark Walters、Pete Stelling、Don Hudson、Mark Coolbaugh、Dick Benoit、Stefan Arnorsson、Jim Stimac、and Lisa Shevenell。感谢他们的付出，提高了科学准确性和清晰度。尽管如此，任何错误或遗漏均由本人承担。

感谢加州大学 Davis 分校 Rob Zierenberg 教授和地热能课程的学生们，感谢他们审阅了本书的部分章节，并就书中内容提出了宝贵意见。特别是 W. Rodrigues、V. Manthos、C. McHugh 和 C. Rousset。

感谢内华达州矿产和地质局的 Jon Price 和 Chris Henry 的审查和鼓励，帮助我解决许多难题。感谢 Stuart Simmons 的建议以及邮件快速回复关于地热能和低温热液矿床方面问题。感激 Mariana Eneva 给予的启发，并让我使用 InSAR 作为一种可能的勘探工具，监测开发地热系统。

特别感谢 CRC 出版社的资深编辑 Joe Clements 为本书寻找审稿人，以及他耐心地审阅此书。另外，感谢若干书籍和期刊的出版商授权，让我重新使用已出版的插图，这些插图在本书中做了不同程度的修改，有助于阐明和加强文中讨论的概念。本书中涉及的数据都可信。

我的妻子 Mimi Grunder 和女儿 Kate Boden 帮助我完成了初稿的准备工作，并修改和提高了内容准确度和图片清晰度。她们发现并纠正了语法错误和生硬的句子结构。Kate 修改书中公式，使其更容易阅读。也要感谢 Kate 的朋友——加州大学伯克利分校的毕业生 Anna B. Dimitruk，帮忙编辑了手稿的几个章节。

本书包括多方面的主题。地热能的地球科学方面不仅包括地质学（主要涉及地球物质和岩石结构的作用）、地球化学（涉及热液化学、稳定同位素运动、平衡和非平衡化学反应）、地球物理学（涉及电阻率、航空磁性、重力和地震活动的研究），还包括钻探。利用这些知识有助于识别和表征地热储层。事实上，许多具有地热研究经验的人可能更擅长写这样一本书。然而，不管是好是坏，我大胆尝试撰写此书的目的不仅是强调地热能源的地质基础，也考虑利用地球内部热量对环境影响。如果本书的某些内容不恰当，请求您谅解，并欢迎您提出意见。

原书丛书主编

    Abbas Ghassemi 博士，新墨西哥州立大学能源与环境研究所（IEE）所长兼化学工程教授。作为 IEE 主任，他是教育和研究项目的首席运营商，也是能源资源（包括可再生能源、水质和水量以及环境问题）外联部门的首席运营官。同时负责项目预算和运作。Ghassemi 博士撰写和编辑过几本教科书，出版的著作包括能源、水、碳循环（包括碳的产生和管理）、过程控制、热力学、运输现象、教育管理和创新教学方法等多个领域。研究领域包括基于风险的决策、可再生能源和水、低碳管理和封存、能源效率和污染预防、多相流和过程控制。Ghassemi 博士任职于多个公共和私人委员会、编辑委员会和同行评议小组。他获得了俄克拉何马大学化学工程学士学位，辅修数学；并获得了新墨西哥州立大学化学工程硕士学位和博士学位，辅修统计学和数学。

原书作者

Dave Boden 目前是内华达州里诺市 Truckee Meadows 社区学院地球科学教授，教授物理地质学、自然科学、地质野外方法等课程，还有地热地质学。Boden 博士于 2009 年至 2012 年担任物理科学系主任。他还是内华达大学里诺分校的一名兼职讲师，教授的地热能课程是可再生能源认证课程的一部分。2007 年，Boden 博士获得 Truckee Meadows 社区学院可再生能源技术项目的资助，建设了地热能地质学课程。曾访问新西兰、德国和冰岛的地热系统，与新西兰的 Contact Energy 公司的 Ted Montegue 先生、新西兰 GNS Science 公司的 Greg Bignall 博士和 Andrew Rae 博士以及霍尔卡公司的 Omar Fridleifsson 博士深入交流。作者参与了国家科学基金会赞助的由 Kathy Alfano 博士主导的 CREATE 项目，该项目的重点是可再生能源技术的培训和教育。

在 2004 年以前，作者曾担任矿产勘探地质学家约 20 年，在美国西部、阿拉斯加和南美洲寻找碱金属和贵金属矿床。曾在多家公司工作，主要有 Anaconda, Phelps Dodge, Echo Bay Exploration 和 Corona Gold。还担任多家公司顾问，包括 Homestake, Lac Minerals, Kennecott 和 Andean Silver Corporation。曾与内华达州矿产和地质局合作，并与 Chris Henry 博士合作，帮助绘制内华达州东北部 Tuscarora 矿区以及内华达州中西部 Talapoosa 矿区和附近地区的地质图。由于从事矿产勘探和地质测绘方面的工作，Boden 博士曾撰写多篇科学论文，绘制地质图包括内华达州中部巨型圆形山金矿的火山地质、内华达州南部牛蛙金矿、内华达州东北部托斯卡罗拉地区的成矿和火山地质。

Boden 博士拥有地质学和地质工程学位，包括加州大学 Davis 分校理学学士学位、科罗拉多矿业学院硕士学位和斯坦福大学博士学位。最近被选为地热资源委员会的董事会成员，他希望在学校和公众中进一步推广地热能源的教育。在业余时间，作者喜欢与家人和朋友一起徒步旅行、滑雪以及去郊外泡温泉。

目　　录

1　能源概述

1.1　本章目标

（1）描述和对比不可再生能源和可再生能源。

（2）确定地热能与其他形式的可再生能源的不同之处，并描述温度如何影响地热能的利用。

（3）认识能量和效率之间的区别，并正确运用这些术语。

（4）讨论地热能在燃料来源、排放和基本载荷方面的特点。

简而言之，地热能是来自地球的热能，可加以利用造福社会。与其他可再生能源不同，如太阳能和风能，地热能无处不在，能够全年全天 24 小时提供能量。本章简要概述了各种形式的能源，提出了地热能源如何融入能源环境的观点。此外，还回顾了有关能量和功率的相关概念。

1.2　能源与动力基本术语

能源有多种形式，包括动能、势能、化学能，还有热能。地球的热能和其做功产生的能量非常巨大。地球做功的例子包括每年地壳和上部地幔会移动几厘米、火山爆发和地震。仅利用地表 10km 内热能的 1%，相当于美国每年消耗能源的 1000 倍（Moore and Simmons，2013）。地热能应用包括温度大于 100℃ 高温资源的电力生产和低温资源的空间加热和冷却。能量的基本单位是 J（N·m），这也是功的国际单位，其定义为将质量移动到指定距离与力的乘积。

另一方面，功率是能量传递的速率。功率的国际单位是 J/s。1J/s 等于 1W，1kW 等于 1000J/s。功率和能量的关系很简单，即 P（功率）$=E$（能量）$/t$（时间），或 $E=P\cdot t$。能量是一个量（多少），功率是一个速率（多快）。

美国电力工业使用小时而不是秒作为基本的时间测量。所以，1kW·h 等于 1000J/s×3600s/h，或者 $360×10^4$J/h；也就是说，1kW·h 等于 $360×10^4$J 的能量。通过上述关系式确定一个 100W 灯泡在给定时间内所消耗的能量。例如，如果一个 100W 的灯泡每天开 1h，30d 消耗多少能量？即 100W×1h/d×30d/mon，等于 3000W·h 或 3kW·h。按 0.15 美元/（kW·h）计算，将灯泡打开持续 30d，每天 1h 的成本为 0.45 美元。大多数家庭每月使用大约 500~1000kW·h 的能源，这取决于家庭的大小和一年中使用的时间，相当于每月的能源账单为 75~150 美元。

发电厂规模通常使用 MWe（兆瓦）来衡量❶。大型化石燃料发电站和核电站的发电量

---

❶ 代号 M（mega）表示 100 万，代号 G（giga）表示 10 亿，代号 T（terra）表示 1 万亿。MWe 中的"e"代表电能，MWt 中的"t"代表热能。

约为 500~2000MWe 或 0.5~2GWe。个别地热发电厂的发电量通常在 10~100MWe。一些地热发电厂，如冰岛的 Hellisheidi，同时提供电力和热能，单位是 MWe 电力。从某种角度来看，1MWe 的电力可以满足美国约 1000 户家庭的需求。因此，一座 100MWe 的发电厂将满足约 10 万户家庭（30 万~40 万人）的用电需求。

一些政府文件和文章采用英国热量单位 Btu 代表能源的生产或消耗（例如许多家用电器）。Btu 是能量单位，不是功率，1Btu 等于 1055J 或 1.055kJ。由于各个出版物的单位并未统一，需要根据单位的不同进行必要的转换。例如，Btu 和 kW·h 有什么关系？根据 1Btu 等于 1.055kJ，以及 1kW·h 等于 3600kJ，1Btu 等于 1.055kJ×1kW·h/3600kW·h，即 2.9× 10^{-4} kW·h；1kW·h 约为 3413Btu。最后一个使用的能量单位是 quad，它是 1×10^{15} Btu 的简写。1quad 约为美国 550 万家庭在一年内消耗的能源，整个美国的年能源消耗约为 98quad（EIA，2015a）。

用一个实例来确定一年产生 6.5×10^9 kW·h 电能的发电厂的额定功率（MWe）。需要将能量转换为功率，或者从功率转换为能量，进行等效比较。将 kW·h 转换为 MWe。功率是速率，能量是量，因此需要消去时间项，如下所示：

$$(6.5×10^9 kW·h/a)×(1a/365d)×(1d/24h)(1MWe/1000kWe)=74MWe$$

该计算假设电厂一年中每天 24h 运行，要求容量因数为 100%。

1.3　当前能源

人类文明发展了三大能源。最常用的能源包括煤炭、石油和天然气等化石能源，占美国能源使用量的 82%（图 1.1）。另外两种能源是核能（约 8%）和可再生能源（约 10%）。就全球能源使用情况而言，化石燃料的使用比例与美国相当，约 81.7%，但如果将生物燃料包括在内，核能的使用较少，约有 4.8%，可再生能源的使用略高，约为 13.5%（IEA，2015）。

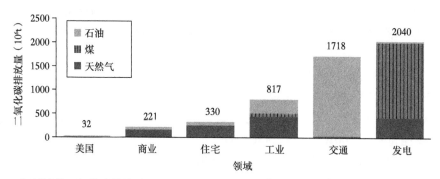

图 1.1　各领域的二氧化碳排放量（百万吨）（USEPA, Inventory of U. S. Greenhouse Gas Emissions and Sinks: 1990-2013, U. S. Environmental Protection Agency, Washington, DC, 2015, Chapter 3.）
这一比例已经标准化，只包括矿物燃料，而不包括可再生能源

1.3.1　不可再生能源

不可再生能源包括化石燃料和核能。"不可再生"一词是指资源是有限的，需要几万到

几百万年才能形成，因此不能按照人类需求的时间尺度上进行更新。虽然从化石燃料和核过程中获得的能源是不可再生的，但如果合理且有效的利用，这些能源可以是可持续的，可供后代使用（可持续和可再生资源将在第 12 章中进一步讨论）。

1.3.1.1 化石燃料

石油、天然气和煤炭等化石燃料约占美国能源使用量的 85%（EIA，2015a）。随着目前页岩油和天然气的蓬勃发展以及丰富的煤炭资源，这些燃料来源可以满足美国未来几十年的能源需求。然而，使用或依赖化石能源会加速气候变化（Stocker et al.，2013）。例如，在美国，发电是二氧化碳最大的来源，燃煤电厂排放二氧化碳量最多（图 1.1）。

在美国，煤炭是第三大常见化石燃料，是首要电力来源（图 1.2）。按照目前的开采速度，可持续供应约 200 年；2014 年，92% 开采的煤炭用于发电，约有 42% 的电力来自煤炭（图 1.1）。以煤为燃料的发电量在 2005 年左右达到顶峰，约为 20×10^8 kW·h，约占 52%，此后下降到 17.5×10^8 kW·h。同期，天然气发电的比例从 15% 上升到 22%（EIA，2014）。

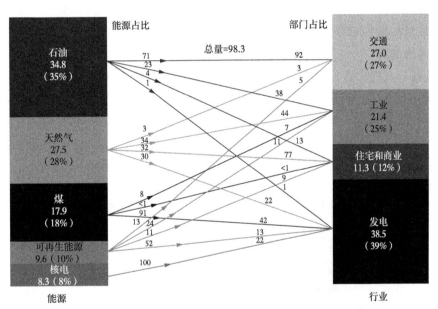

图 1.2　2014 年按能源和行业划分的一次能源消费（EIA，Primary Energy Consumption by Source and Sector, U. S. Energy Information Administration，Washington，DC，2014.）

需要注意的是，能源消耗最大的是电力，而制造电力所消耗的最大能源是燃煤（42%）

天然气是美国第二大能源（图 1.2）。约 31% 的天然气用于发电，有相当比例的天然气供住宅、商业和工业部门发电。目前，只有一小部分天然气用于交通运输，但如果供应量继续增长，价格合理，未来天然气用于交通运输比例会增加。随着美国天然气产量的增加，将鼓励航运和货运公司从柴油转向天然气。美国有望成为天然气净出口国（EIA，2015a）。

美国消耗的能源大部分来自石油，其中 71% 用于运输。目前，美国进口石油约占其消费的 45%，加拿大和墨西哥是美国最大的石油供应商。自 2005 年，美国对外国石油的依赖程度有所下降，部分原因是国内石油产量的增加和新能源汽车的增加，美国能源信息管理局预测，到 21 世纪 30 年代初，美国将不再需要进口石油，并可能成为石油净出口国

(EIA, 2015a)。

1.3.1.2 核能

核能约占美国能源的8%,全部用于发电。2011年,约19%的发电量,即101GWe来自核电站。目前,美国有104座正在运行的核反应堆。通过新建核电站和对现有核电站升级,预计未来30年核电将增长约14%(EIA, 2015a)。尽管如此,由于天然气和可再生能源发电量的增加,预计核能占有比例将从19%下降到17%左右。核能不会产生温室气体排放,但废物处理、负面的公众观点、高昂的前期费用以及漫长的建造许可和建设时限❶等阻碍了核能的进一步发展。因此,小型模块化反应堆(SMR)技术正在开发中,该技术可产生45~250MWe的电力。SMR装置建设周期为两年或更短,然后通过驳船、火车或卡车运送到发电厂。尽管如此,核管理委员会(NRC)还没有批准SMR的建造许可,因为支持SMR设计许可审查的监管基础设施尚未开发。2013年,美国能源部(U. S. Department of Energy)宣布,打算提供高达4.5亿美元的资金,与私营企业的共同努力,协助开发SMR技术(USDOE, 2013)。同年选定了一家私营承包商,开发成本将按一对一的方式分摊,目标是开发SMR设计以获得NRC授权,并在2025年开始商业运营(USDOE, 2013)。

1.3.2 可再生能源

可再生能源现在已经超过了核能,约占美国所用能源的10%。其中约一半来自生物燃料等生物能(图1.3)(EIA, 2014),超过一半的可再生能源用于发电。其余46%用于交通、工业和住宅或商业。可再生能源的主要类型是生物能、水力发电、风能、太阳能光伏发电、热能以及地热(图1.3)。

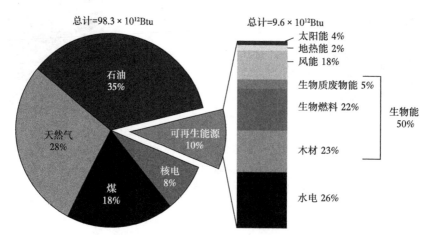

图1.3 2014年能源消耗(EIA, Renewable Energy Explained, U. S. Energy Information Administration, Washington, DC, 2015)

目前尚不清楚2%的地热值是否包括地源热泵的能量贡献(见地热副标题1.3.2.5的正文)。
如果没有,2%的数值将比使用Lund和Taylor(2015年)的数据约低4倍

---

❶ 建造一座2.2GWe的常规双机组核电站需要120亿美元,而建造这样一座核电站通常需要10多年的时间。

1.3.2.1　水力发电

水力发电可再生能源中所占比例最大（见下文关于生物能1.3.2.2的讨论），平均每年生产电能35GWe或约$3×10^{12}$Btu。如图1.4所示，水电消耗急剧增加，反映出水电对季节性降水量变化的敏感性。并且，在过去40年中，没有修建新的水坝，水电的平均使用量一直保持相对平稳。随着越来越多的大坝废弃，未来水电生产可能会减少。

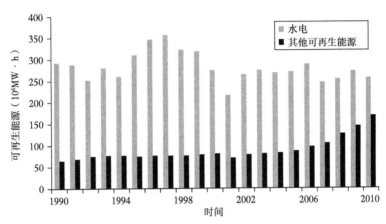

图1.4　1990—2010年水电和其他可再生能源的变化（EIA，*Today in Energy*，U. S. Energy Information Administration，Washington，DC，2011.）

请注意，水电产量每年都有很大的变化

1.3.2.2　生物能

如果生物能包括木材和生物燃料，在可再生能源中所占比例最大，约为50%（图1.3）。木材主要用于取暖，如炉灶，很少用于发电。生物燃料包括生物柴油（主要由回收的食用油或动物脂肪制成）和乙醇（由玉米等植物淀粉或农业原料加工制成），主要用于运输，也可用于加热燃料。此外，在饥饿仍然是一个严重的世界性问题的情况下，粮食作物是否应该应用于生产燃料也产生了一些争议。

1.3.2.3　风能

过去十年，风能在全球发展迅速。美国的风电装机容量在7年中增长了6倍，平均年增长率为29%，是增长最多的可再生能源。截至2012年底，美国的风电装机容量略高于60GWe。全球风电总装机容量约为283GWe，中国排第一，约为75GWe。如果考虑负载或容量因数，实际总装机容量为70GWe。负荷或容量因数是实际生产时间与理论总功率之比。因此，平均每月只能发电8~10d。

1.3.2.4　太阳能

太阳能可分为三种形式——光伏发电、热能和聚光太阳能。太阳能光伏和聚光用于发电，而热能主要用于供暖。太阳能聚光发电需要使用特殊的反射镜聚焦太阳光线，反射镜表面可以是抛物面或平面。平面反射镜成为定日镜，能够跟踪太阳运动轨迹，将太阳光聚焦，加热水或其他液体混合物，产生驱动涡轮发电机的蒸汽。

聚光太阳能使用一个约600ft高太阳能发电塔，该塔四周安装定日镜，将热量集中到塔顶使熔融态盐的温度高于500℃。然后，熔盐通过热交换器使水沸腾，驱动与发电机相连的涡轮机。熔盐产生的热量可以储存一夜，电力生产可以在没有阳光的情况下持续进行。然而，该技术在所有可再生能源中成本最高，与太阳能光伏相比，需要更高照射率。

在美国，太阳能光伏发电增长速度仅次于风力发电。全球范围内，太阳能光伏是增长最快可的再生能源技术。从 2006 年到 2011 年，每年增长 58%（REN21，2012）。在美国，截至 2015 年第一季度末，太阳能光伏发电装机容量为 19.6GWe，聚光太阳能发电装机容量为 1.7GWe，总装机容量为 21.3GWe（SEIA，2015）。内华达州 Tonopah 地区装机容量 110MWe 集中太阳能发电站建成，总装机容量将进一步增加（NREL，2016）。

用于住宅和商业办公楼宇供暖和制冷的太阳能技术使用许多平板，平板中装满水或水与乙二醇混合液体。太阳能热量通过热交换器加热液体。美国普通家庭能源消费中大约 60%用于居家供暖和热水（图 1.5）。

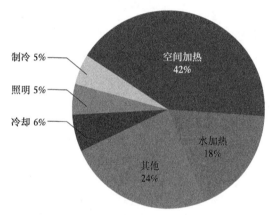

图 1.5　美国普通家庭能源消费情况（USDOE，Tips：Your Home's Energy Use, Office of Energy Efficiency & Renewable Energy, U.S. Department of Energy, Washington, DC, 2016.）

1.3.2.5　地热能

与太阳能和风能相比，地热能负载最低，不间断生产电能或热能。水力发电也是一种低负载资源，但电能产量与降水量有关。地热能利用有三种形式：发电、热能直接利用和地源热泵，应用范围如图 1.6 所示。发电要求流体温度很高，通常大于100℃，并且能够发电的地热资源较少，主要分布在一些特殊地质构造中，如沿着或接近地球构造板块边界。截至 2015 年，全球地热发电总装机容量为 12.6GWe（Bertani，2015）。

热能直接利用需要低温液体，温度在 50~100℃，主要用于供暖，有时也用于制冷、水产养殖、水果和蔬菜干燥、木材加工以及洗浴。该类地热能源分布广，主要位于浅部地层。

第三种形式是地源热泵，几乎可以在地球上的任何地方使用。将地球作为一个热库，热量在夏季存储在地表中，冬季提取热量。地球表面以下几米处的全年平均温度都在 10~15℃。如果某些区域不存在地热系统，地源热泵是对建筑物进行加热和冷却的最有效方式，主要原因有两个：转化热量比产生热量更容易，只需少量的电力用于循环泵和压缩机。事实上，地源热泵占全球地热能直接利用的 71%（图 1.7）。三种地热能每年提供的热能可抵消约 3×10^8 bbl 石油（Moore and Simmons，2013）。

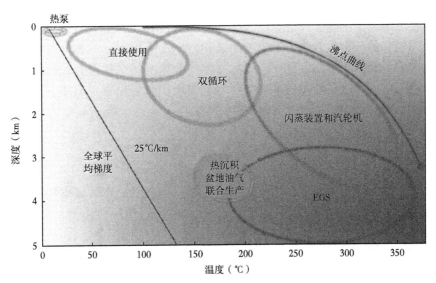

图 1.6　温度与深度图（Moore, J. N. and Simmons, S. F., Science, 340（6135），933-934, 2013.）
显示了不同类型地热能的温度—深度区域，从近地表地源热泵到尚未开发的强化地热系统（EGSs），
主要发生在目前开发的发电水库以下的深度

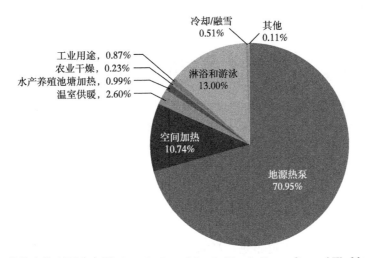

图 1.7　地热能直接利用分布图（Lund, J. and Boyd, T., in Proceedings of World Geothermal
Congress 2015, Melbourne, Australia, April 19-24, 2015）
迄今为止，地源热泵所占比例最大，反映出其广泛的地理适用性

　　地热能开发的年增长率只有百分之几，与风能和太阳能相比相形见绌。原因如下：前期成本高、开发地热资源风险高。此外，高温地热系统需要良好的渗透性，并且埋藏深度小并有充足循环流体供应。另一种可能在未来发挥作用的资源是干热岩，目前尚未开发，属于增强型地热系统（EGSs）的范畴，将在第 11 章和第 12 章中详细讨论。根据一份地热能源未来开发报告（Tester et al., 2006），到 21 世纪中叶，EGSs 可以提供 100MWe 或更多的电能。美国目前的地热发电能力约为 3500MWe，不到美国发电能力的 0.5%。尽管 EGSs

能够提供更加巨大地热能源，但工程成本高，并且需要大量的水。开发 EGS 资源可以将地热能变为重要资源，美国能源部地热技术办公室通过 FORGE 项目来推动该技术的应用。

随着越来越多的可再生能源、太阳能和风能发电进入电网，需要灵活和稳定的电力输送。图 1.8 表明一天中中午用电量少，存在过度发电情况，这是因为太阳能在中午时发电量最大。地热发电厂可以稳定输送电力，也可以灵活调整发电量，取决于设计和管理。例如，12 章中夏威夷 Big Island 的 Puna 地热发电厂作为辅助电源，可以增加或减少发电量（Nordquist et al.，2013）。

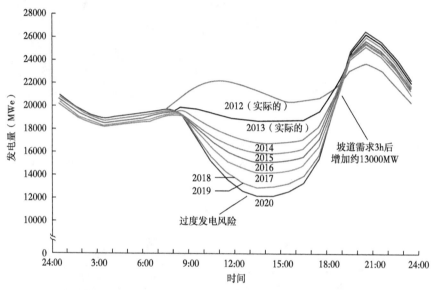

图 1.8　"鸭子曲线"（California ISO，Fast Facts：What the Duck Curve Tells Us about Managing a Green Grid，California Independent System Operator，Folsom，2013.）
说明了中午（太阳能发电量最大时）电力需求的减少，以及从下午 5 点左右到晚上 9 点
（太阳能发电量迅速下降时）所需电力的增长（到 2020 年约为 13000MWe）

1.4　本书结构

本书重点讲解地质构造如何影响从高温到低温地热资源的发现、开发和运营。可以作为地质专业的本科教材。本书专门讨论了地热储层关键地质要素（见第 4 章），确保对地质和地热现象的理解。因此，本书适用于工程师、环境科学家或对可再生能源或地热能源感兴趣的读者。本书讲述了地质学的基本知识，便于阅读和研究更深层次的地热知识和理论。

从下一章开始，将讨论地热系统分类的各种方法。不仅有助于了解不同类型地热系统背后的地质过程，而且有助于确定地热资源如何利用，是发电（如第 2 章所述，双循环或闪蒸技术）还是直接利用。第 3 章探讨了地球内部的地质构造和热源。第 4 章讨论了板块构造、地球物质（岩石和矿物）和地质力在地热流体流动通道和圈闭中的作用。第 5 章说明了地热系统是否容易开发主要取决于岩石储存和运移地热流体的能力，反映出孔隙度和渗透率的作用。第 6 章说明地热系统开发在很大程度上取决于地热系统的物理和化学特性。

在此基础上，对水的热力学因素进行综述，了解地热系统的两种主要物理化学类型：更常见的水热型地热系统和罕见但更节能的蒸汽型地热系统。

第 7 章为分析地热系统的地质构造背景奠定了基础。地热来源有深层地下岩浆和循环地下水，导致地热资源类型不一样。地热资源的类型还受到构造环境的影响，如发散型、收敛型、转换型、火山热点、大陆裂谷或稳定克拉通，并讨论了不同构造环境下地热系统的典型实例。第 8 章探讨了地热系统的发现，涉及地质、地球化学、地球物理、遥感和钻井过程。开发和利用地热能的最大优势是对环境的影响。根据地热设备的类型，排放量很低或为零，与太阳能和风能设施相比，地热能为每一块土地提供更多的电力。第 9 章介绍了环境属性以及潜在问题，如沉降、诱发地震和地热表面的潜在退化。

如第 10 章所述，活跃的地热系统与过去地质时期形成金矿、银矿等矿床类似，其中一些矿床丰富，可进行开采。然而，当地热流体从储层进入发电设备，由于温度和压力的变化，要避免潜在矿物沉淀，否则会阻碍流体流动和发电。对如何避免矿物沉淀的研究，有助于深入了解矿物沉积形成的机理、矿床的勘探和潜在开发。此外，研究矿床（化石地热系统）有助于更好地了解地热系统的热和压力条件。事实上，一些已开发的地热系统开始于矿产勘探，而一些已开采的矿床仍然含有热水，为采矿作业提供能源。

最后两章探讨下一代地热系统（第 11 章）和地热系统的未来利用（第 12 章）。下一代地热系统包括经过工程设计和增强型地热系统（岩石热，但没有流体或流体无法自然流动）、超临界流体（水和二氧化碳）。地热能源的未来发展在很大程度上取决于技术的提高以及政治和经济因素，例如国家减少温室气体排放规定和化石燃料的市场价格。天然气是目前最清洁的化石燃料，价格低廉、储量丰富，天然气发电厂可能是地热发电厂的最大挑战。为了使地热能的发展在未来更加繁荣，经济上更具竞争力，就必须平衡能源价格的竞争环境。地热能的竞争性定价可以通过以下两种方式实现：市场力量导致天然气价格上涨；政府资助的项目，如税收优惠或非碳、低碳生产形式能源的生产税收抵免。地热能源的未来充满了希望，时间会证明这种希望能否成为现实。

1.5　总结

化石燃料、核能和可再生能源是主要的能源来源，其中化石燃料为美国提供了 80% 以上的能源，核能约占 8%，可再生能源约占 10%。可再生能源以生物能和水力发电为主。尽管太阳能、风能和地热能仅占可再生能源的 25%，但增长最快，特别是风能和太阳能。地热能主要用于电力和直接利用，其增长面临着以下挑战：地理位置受限（由地质控制决定）、前期钻探成本高，以及在可能花费大量时间和金钱后没有发现资源。

能量和功率是相关的，但反映出不同的特性。能量是所有物体的基本属性，有多种形式，如动能、势能、核能和热能。在国际单位制中，能量是以焦耳为单位来衡量的，它反映了在给定距离上施加力所产生的功。一个相关的术语是焓，这在第 2 章和第 6 章中有更详细的讨论。焓反映了系统的内能及其做功的势能。焓与能量相关，表征系统的内能及其做功的势能，在第 2 章和第 6 章详细讨论。另一方面，功率是能量传递的速率，或者是功完成的速率，以 J/s 为单位来测量。1J/s 等于 1W。功率与能量的关系式如下：P（功率）$= E$（能量）$/t$（时间）；即 $P = E/t$，或 $E = Pt$。电力工业中的能量通常以 kW·h 或 MW·h

为单位。消去时间项,功率单位是 kW 或 MWe。

尽管地热能的开发面临着挑战,但与其他可再生能源相比,地热能也有其独特的优势。首先,地热能不依赖于阳光和风力,来自地球的热量持续不断。水力发电对干旱等气候条件非常敏感,而且电力输出量还与季节或年份有关。使用地热能的其他优势包括占地面积小,气体和颗粒物排放量低至零,以及不受燃料来源价格波动影响。

此外,地热能可以在不同的温度范围内使用。发电可在高温下进行。直接能源可通过适中的温度用于空间和水供暖;地源热泵可在地球环境温度下运行。

1.6 建议的问题

(1)一个 50MWe 的地热发电厂一年能产生多少能量(假设发电厂 90% 的时间都在线)?试计算结果,单位为 kW·h,Btu,quad。

(2)从环境角度比较地热发电厂和化石燃料发电厂的利弊。此外,地热能的开发和利用与太阳能和风能相比有什么不同?

1.7 参考文献和推荐阅读

Bertani, R. (2015). Geothermal power generation in the world: 2010—2015 update report. In: *Proceedings of World Geothermal Congress* 2015, Melbourne, Australia, April 19—24 (http://www. geothermal-energy. org/pdf/IGAstandard/WGC/2015/01001. pdf).

California ISO. (2013). *Fast Facts: What the Duck Curve Tells Us about Managing a Green Grid.* Folsom: California Independent System Operator (http://www. caiso. com/documents/flexibleresourceshelprenewables_ fastfacts. pdf).

Denholm, P. and Margolis, R. M. (2008). Land-use requirements and the per-capita solar footprint for photovoltaic generation in the United States. *Energy Policy*, 36 (9): 3531-3543.

Denholm, P., Hand, M., Jackson, M., and Ong, S. (2009). *Land Use Requirements of Modern Wind Power Plants in the United States*, Technical Report NREL/TP-6A2-45834. Golden, CO: National Renewable Energy Laboratory (http://www. nrel. gov/docs/fy09osti/45834. pdf).

EERE. (2016). *Installed Wind Capacity.* Washington, DC: Office of Energy Efficiency & Renewable Energy, U. S. Department of Energy (http://apps2. eere. energy. gov/wind/windexchange/wind_installed_capacity. asp).

EIA. (2011). *Today in Energy.* Washington, DC: U. S. Energy Information Administration (http://www. eia. gov/todayinenergy/detail. cfm? id=2650).

EIA. (2014). *Primary Energy Consumption by Source and Sector.* Washington, DC: U. S. Energy Information Administration (http://www. eia. gov/totalenergy/data/monthly/pdf/flow/css_2014_energy. pdf).

EIA. (2015a). *Annual Energy Outlook* 2015. Washington, DC: U. S. Energy Information Administration (http://www. eia. gov/forecasts/aeo/).

EIA. (2015b). *Renewable Energy Explained.* Washington, DC: U. S. Energy Information Administration (http://www. eia. gov/energyexplained/index. cfm? page=renewable_home).

EIA. (2016). *Frequently Asked Questions.* Washington, DC: U. S. Energy Information Administration (http://www. eia. gov/tools/faqs/faq. cfm? id=33&t=6).

Holm, A., Jennejohn, D., and Blodgett, L. (2012). *Geothermal Energy and Greenhouse Gas Emissions.* Washington, DC: Geothermal Energy Association.

IEA. (2015). *Key World Energy Statistics*. Washington, DC: International Energy Agency (https://www. iea. org/publications/freepublications/publication/KeyWorld_ Statistics_ 2015. pdf).

IEA. (2016). *Oil*. Washington, DC: International Energy Agency (http://www. iea. org/aboutus/faqs/oil/).

Lund, J. and Boyd, T. (2015). Direct utilization of geothermal energy: 2015 worldwide review. In: *Proceedings of World Geothermal Congress* 2015, Melbourne, Australia, April 19-24 (http://www. geothermal-energy. org/pdf/IGAstandard/WGC/2015/01000. pdf).

Moore, J. N. and Simmons, S. F. (2013). More power from below. *Science*, 340 (6135): 933-934.

Nordquist, J., Buchanan, T., and Kaleikini, M. (2013). Automatic generation control and ancillary services. *Geothermal Resources Council Transactions*, 37: 761-766.

NREL. (2016). *Concentrating Solar Power Projects*. Washington, DC: National Renewable Energy Laboratory (http://www. nrel. gov/csp/solarpaces/project_detail. cfm/projectID=60).

REN21. (2012). *Renewables* 2012: *Global Status Report*. Paris: Renewable Energy Policy Network for the 21st Century (http://www. ren21. net/resources/publications/).

SEIA. (2015). *Solar Market Insight Report* 2015 *Q1*. Washington, DC: Solar Energy Industries Association (http://www. seia. org/research-resources/solar-market-insightreport -2015-q1).

Stocker, T. F., Dahe, Q., Plattner, G. -K. et al. (2013). Technical summary. In: *Climate Change* 2013: *The Physical Science Basis. Contribution of Working Group I to the Fifth Assessment Report of the Intergovernmental Panel on Climate Change* (Stocker, T. F. et al., Eds.), pp. 33-115. New York: Cambridge University Press (http://www. climatechange2013. org/images/report/WG1AR5_TS_FINAL. pdf).

Tester, J. W., Anderson, B., Batchelor, A. et al. (2006). *The Future of Geothermal Energy: Impact of Enhanced Geothermal Systems (EGS) on the United States in the 21st Century*. Cambridge, MA: Massachusetts Institute of Technology (https://mitei. mit. edu/system/files/geothermal-energy-full. pdf).

USDOE. (2013). *Energy Department Announces New Funding Opportunity for Innovative Small Modular Reactors*. Washington, DC: U. S. Department of Energy (http://energy. gov/articles/energy-department-announces-new-funding-opportunity-innovativesmall-modular-reactors).

USDOE. (2016). *Tips: Your Home's Energy Use*. Washington, DC: U. S. Department of Energy (http://energy. gov/energysaver/articles/tips-your-homes-energy-use).

USEPA. (2015). *Inventory of U. S. Greenhouse Gas Emissions and Sinks*: 1990-2013. Washington, DC: U. S. Environmental Protection Agency (https://www. iea. org/publications/freepublications/publication/Key World_ Statistics_ 2015. pdf).

2 地热系统的分类与利用

2.1 本章目标

(1) 地热系统的分类可以依据其物理特点，例如温度、孔隙度、渗透率以及液体相态。

(2) 确定如何使用地热系统，如发电、直接使用或地源热泵。

(3) 叙述三种类型地热发电厂，并确定建造不同类型电厂所需要的物理条件。

(4) 不同类型发电厂的主要构成。

(5) 描述发电厂产生的能量与输入和输出流体温度差之间的关系，以及如何获得最大温度差。

2.2 分类方案

目前，存在诸多方法或标准用于分析地热系统，一定程度上反映了复杂性和多学科综合的特点。讨论内容主要包括：

(1) 传热方式（传导系统与对流系统）。

(2) 热源类型（是否存在熔岩或岩浆）。

(3) 地质或构造环境（位于板块边界或附近，大陆内部）。

(4) 低、中、高热焓环境或热含量的环境。

(5) 流体介质类型（液体为主或蒸汽型）。

(6) 地热系统的利用（如发电、直接利用地热流体，也称为地源热泵或者地热泵）。

2.2.1 传热系统与对流系统

在地球中，热量传递主要通过传导或对流实现。传导是依靠物体之间接触实现热量传递。对流是依靠液体或气体运动实现热量传递，由流体内部密度差异造成。在重力场作用下，密度变化导致热物质上升（浮力增加）和冷物质下沉（浮力减小）。因此，对流地热系统需要具有较高的渗透率和孔隙度❶，以便流体流动和传热。相反，孔隙度和渗透率较低会使热传导速度变慢。第 3 章详细讨论了传导和对流过程。如第 12 章所述，传导和对流之间热传输速率的差异会影响地热开采的可持续性。

2.2.2 传导系统

地球热量主要以传导方式从深部到达地表。在地壳上部，平均地温梯度约为 $25 \sim 30℃/km$，受地质构造和岩石导热性影响，梯度值存在较大变化。例如，在地热系统中，地温梯度大于 $50℃/km$。可以通过测量钻孔中的温度变化来确定该梯度值，例如水井或更深的油气井。

---

❶ 孔隙度指岩样中所有孔隙空间体积之和与该岩样体积的比值，以百分比表示。渗透率是一种测量流体通过材料的能力的方法，在亨利·达西研究流体通过多孔介质的流动能力之后，用 D 或 mD 来测量的。第 5 章将更详细地讨论孔隙度和渗透率。

有时，在 3000~5000m 深钻孔中温度会大于 100℃。当地表不释放地热流体时，井底温度可以用于评价地热系统。

深度在 3000~6000m 的沉积含水层属于一种地热传导系统，由中等渗透率的砂岩或碳酸盐岩构成，上部覆盖低渗透性和低导热性的岩石，如页岩。巴黎盆地是典型的例子，该盆地只使用简单的生产井和注水井进行地热开采。美国内华达州和犹他州盆地的深部沉积岩层具有成为地热发电的潜力，因为在 4~5km 深处的温度高达 175~200℃（Allis, et al, 2012）。深部沉积含水层将在第 11 章中详细讨论。

另一种传导系统是异常压力储层。该储层的形成源于流体被致密岩层迅速埋藏和隔离。随着时间和埋藏深度增加，岩石孔隙中流体从静水压力转变为岩石压力（是上覆岩石的重量，而不是上覆水柱的重量），如图 2.1 所示。因此，异常压力储层不同于深部沉积含水层（Allis, 2014）。异常压力储层也会含有溶解的甲烷，有时还含有石油。由于埋藏深度通常大于 3000m，流体温度在 100~150℃。因此，流体包含热能、化学能（来自溶解的甲烷或石油）和高压产生的机械能。大多数已知的异常压力储层位于美国墨西哥湾沿岸，20 世纪 80 年代，在那里建设了一个试验性的地热试验厂。结果令人失望，因为流体含盐量高和二氧化碳极大影响了工厂运行（Griggs, 2004）。

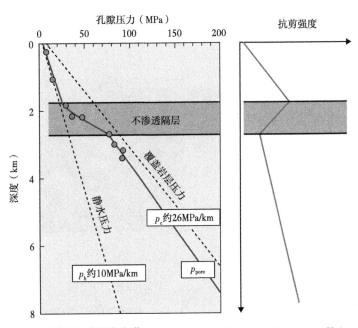

图 2.1　静水压力和上覆压力随深度变化（Geosciences, Hydraulic Fracturing, University of Sydney, School of Geosciences, New South Wales, 2016.）

当孔隙压力（p_{pore}）超过静水压力时成为异常压力储层，如不渗透隔层和其下部岩层。对于良好的异常压力储层，孔隙压力基本上等于岩石静压力，如位于不渗透隔层下部岩层，这由孔隙压力高、岩石抗剪强度降低造成

最后一种传导系统是干热岩，岩石中温度通常大于 200℃，几乎不含水或渗透性。干热岩的开采需要从地面向井眼中注入低温流体，当低温流体与高温岩石接触，在温度差异下产生热应力，会使岩石收缩、破裂、移动或轻微侧向剪切。由于位移或剪切，裂缝两侧不

再对齐,裂缝壁上的微凸体支撑裂缝张开,产生无数连通的微裂缝,热量由微裂缝经过井眼传送到地面,这称为人工对流换热系统或工程地热系统(EGS)。在美国俄勒冈州中部纽伯里火山区域,工程师利用水力剪切原理成功地在干热岩中产生流动通道。水力剪切与水力压裂不同,水力剪切不使用化学品或支撑剂,注入压力相对较低。第 11 章详细讲解水力剪切原理。

2.2.3 对流系统

对流地热系统的特点是流体的循环流动。由于上升中的热流体密度低且浮力大,下降低温流体密度低且浮力小,从而形成液体对流。目前,所有商业地热发电厂和大多地源热泵都利用对流原理。通常,喷气孔、温泉、间歇泉和温泉的下部存在对流储层。若地面不存在排出口,并不意味着地层深处不存在对流系统。例如,如果一层厚厚的致密岩石覆盖了储层或上升流,热流体会先在含水层中横向流动,再排出至地面。为了使流体循环,岩层渗透率很大。渗透率是储层岩石一种固有特性,例如具有原始渗透率的砂岩,以及后期构造力作用使岩石破裂引起渗透率增加。如第 5 章所述,不透水岩石如花岗岩,形成的裂缝可以极大地促进流体运动和提取热量。

White(1973)对内华达州里诺附近 Steamboat 温泉地热系统进行了多年的研究,提出了对流地热系统模型(图 2.2)。地表和近地表的低温地下水沿着岩石中的裂缝向下流动到深部岩层中(2~6km),然后被下部岩浆或异常热岩石加热。若岩层上部存在不渗透隔层,

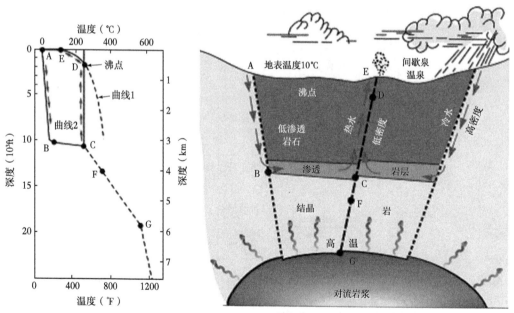

图 2.2 热源(对流岩浆)上方地热流体温度变化的图表和相应示意图

(White, D. E., in Geothermal Energy, Resources, Production, and Stimulation, Kruger, P. and Otte, C., Eds., Stanford University Press, Stanford, CA, 1973, pp. 69-94.)

向下箭头显示的是从下面传导加热的再充电、冷却、稠密地下水的路径。向上箭头表示对流上升的浮力热水路径。图中的字母 A 到 G 表示横截面草图中所示的位置。更多细节见正文

热水可能会在岩层中横向流动。若上部隔层存在裂缝，在浮力作用下，热水可以沿着裂缝向上流动到地表。否则，流体只会在渗透岩层中循环，在中部温度较高的地方上升，在温度较低的两侧下降。图 2.2（a）说明了与图中横截面相对应的不同深度处流体温度的变化。对流系统的一个特征是温度随深度的等温分布（见图 C 和 D 点以及图 2.2 中相应的截面图）。相比之下，C、F 和 G 点表示传导系统（图 2.2），温度随深度增加。

图 2.2 中要注意的另一点是从 E 到 D 的曲线及其投影（曲线 1 的虚线）。这是沸点—深度曲线，它表明沸点随着深度的增加而增加，这是由于地层压力升高。在给定深度下，随着溶解物质的增加或者除静水压头外还存在岩石静压力的一部分，液体温度会升高。

2.2.4　液体和蒸汽共存系统

根据流动相，所有对流系统可分为水热型和蒸汽型。大多数储层为水热型，压力垂直分布接近静水压力。在蒸汽型系统中，压力属于蒸汽静压力，相比于相邻储层压力，蒸汽型地热储层通常为欠压储层。这在一定程度上解释了以蒸汽型储层的稀有性，如果储层存在裂缝通道，相邻储层中的液体流通使其转化为水热型系统。White（1973）认为，只有大约 5% 的地热系统是蒸汽系统。

2.2.5　蒸汽型系统

两个最大的蒸汽型系统是北加州和意大利拉德雷洛的间歇泉，1904 年实现地热发电。这两个系统的总装机容量约为 2200MWe，约占全球地热装机容量的 17%（Bertani，2015；Dipipo，2012）。蒸汽型储层的沉积时间超过 10 万年，下部存在热源（通常来自下部岩浆热量），温度至少 240℃。例如间歇泉，地热系统是大约一百万年前岩浆侵入上地壳而产生的，形成了一个上覆的以液体为主的地热储层，已存在大约 25 万年（Hulen et al，1997；Shake，1995）。目前蒸汽型储层是在突然降压的情况下形成的，可能由于地震破裂，随后水热型储层沸点降低。为了使蒸汽系统上部隔层保存时间长，隔层中需要存在一定的泄漏通道。否则，蒸汽系统压力增加会减缓或停止地层水蒸发。因此，不存在完全封闭的蒸汽主导的地热系统（White et al，1971）。此外，自然补给必须足够慢才能使水沸腾。否则，蒸汽区域将被补给水淹没。研究发现，井眼深度接近 4km，但依然存在沸腾的液态盐水（Calpine，2016）。

2.2.6　水热型系统

以液体为主的系统，又称为常规水热型系统。除间歇泉和蒸汽型的系统以外，世界上的地热发电源于水热型储层。由于沸点随深度的增加而升高，地层深处流体仍然是液体状态。图 2.3 是液体沸点与深度变化曲线（BPD）。液体中溶解物质会增加沸点，而溶解气体，如二氧化碳，可以降低沸点。1958 年，新西兰建设了第一个水热型地热发电厂，已经连续发电 50 年。生产过程中，液体从井底流至地面井口会出现闪蒸或沸腾现象，由液体压力降低导致。产生的蒸汽被输送到发电厂，通常占采出热液体总质量的 25%~30%。闪蒸后留下的残余盐水有时会注回产出储层，有时作为冷却液体先送至邻近发电厂（本章稍后讨论的双循环发电厂），再通过注入井注回产出层。连续开采地下热流体会造成井筒中液面降低，由于高温和静水压头的降低，井筒中开采出的地层水转换为蒸汽。由于井筒密封性良好，产生的蒸汽快速充满整个井筒，导致发电量大幅降低。

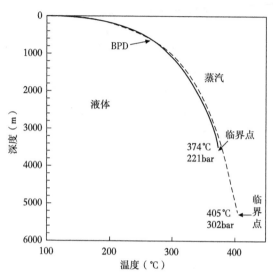

图 2.3　水的沸点温度随深度或压力增加的图表（Arnorsson, S. et al., Reviews in
Mineralogy and Geochemistry, 65（1）, 259-312, 2007.）
粗线表示纯水，细线表示海水（3.3%NaCl）。临界点表示流体同时具有类液体和类蒸汽性质的
温度和压力。超临界流体将在第 6 章和第 11 章中进一步讨论

2.2.7　温度和用途

地热系统分类的另一个方法是基于温度。这种分类形式最常用于那些热衷于了解如何
最好地利用地热系统的工程师，因为热含量（或焓❶）越大，发电潜力越大。依据温度大
小，地热系统可分为低、中或高热含量。采用以下近似分区边界：低热含量（<100℃）、
中等热含量（100~175℃）和高热含量（>175℃）。

2.3　低热含量系统

低热含量系统包括直接使用地热流体和地热交换两种。最常见应用温泉洗浴（Lund
and Boyd，2015；Lund et al，2004）、鱼类或鳄鱼养殖、蔬菜和水果干燥、商业温室生产和
某些采矿作业中的矿石加工。如果液体温度大于 90℃，可以用于冷却，如吸收式制冷机。
制冷原理与气体制冷机相同，后者利用燃烧天然气产生的热量蒸发制冷剂，通常是水和氨
或溴化锂的混合物。吸收式制冷机不使用气体火焰作为热源，而使用地热流体来促进制冷
剂蒸发。

地热交换系统，也称为地源热泵，具有最低的热含量。该类地热开采方法是将地球作
为一个热库，从中提取和储存能量，从而减少燃烧化石燃料等方式实现的加热和冷却。与
其他技术相比，地热热泵在供暖和制冷方面提供了最高的效率，成本最低（USDOE，2016
年），增长潜力最大（Lund and Taylor，2015；Lund et al.，2004）。

---

❶　热含量是反映系统内部能量、压力和体积的热力学性质。一般来说，随着温度的升高，热含量和
做功的势也随之增加。热含量的国际单位是焦耳，但其他单位包括英国热量单位（Btu）和卡路里。

2.4　中高热含量系统

　　根据温度和需求，中高热含量系统可用于发电和直接使用。中等热含量系统（<175℃）温度较低，产生蒸汽部分小于总流体质量20%，无法直接为蒸汽轮机提供动力（Glassley，2015）。解决这个问题的方法是使用沸点比水低的混合流体，例如碳氢化合物，产生的蒸汽质量更大，压力更高。通过热交换器，混合液体可以用于加热和气化产出流体，实现中等热含量地热系统的开发。

　　在高热含量系统中，产生的地热流体直接用于发电，不需要双循环地热发电厂中使用的热交换器。液体闪蒸产生足够的蒸汽，从而驱动蒸汽轮机，这就是闪蒸发电厂。地层中产出液体温度越高，产生蒸汽比例和发电量也越大（有关此过程的详细信息，请参阅第6章）。在蒸汽型系统中，所有的流体都进入发电厂，产生更高的电能。

　　当液体温度大于200℃，可以建设热电联合厂（CHP）同时生产电和热能。冰岛Hellisheidi地热发电厂，提供大约300MWe的电力和133MWe的热能，为家庭、企业和游泳池供暖。由于地热资源丰富，冰岛拥有人均最多的恒温游泳池（Arnorsson et al.，2008）。

2.5　地质构造背景

　　除地热交换系统，地热资源选取应该依据地质情况或构造特点。大多数地热生产区或具有潜力的地热田分布在构造板块边界附近，或者分散在板块内的地质热点，如夏威夷群岛。在这些区域，到达地面的流体热量远高于平均值。大陆地壳平均热流量约为65MWe/m^2。构造板块边界附近或地质热点的热流量可达100W/m^{2}或更高。

　　板块边界附近的地热系统分为三种类型：会聚型、分散型和滑动型。板块碰撞产生会聚型地热系统。板块分离产生分散型地热系统。板块相互滑动产生滑动型地热系统。中、高热含量地热系统的重要地质特点是大陆内部的地质热点和深部沉积盆地。地质热点通常是局部上升的地幔热流产生的火山，例如黄石国家公园和夏威夷群岛。会聚型和分散型地热系统的典型特征是活火山在5~10km深的岩浆储层上方，例如美国西北太平洋的喀斯喀特火山和冰岛。由于岩浆密度较低会向上进入地壳，热量向上传导，如果存在流体和渗透性，在地壳上部几千米范围内会形成对流地热系统。滑动型地热系统更加复杂，因为局部火山作用和地壳伸展可能导致异常高的热流。当地壳伸展时，地壳变薄，深部的热岩更接近地表，这会增加热流和地温梯度，促进形成浅部地热系统。第4章将探讨板块构造边界、板内地质热点以及与地热系统的关系。

　　地质构造影响着地热系统的温度和物理化学特点，对勘探开发具有重要意义。例如，位于火山两侧、与会聚型相关的地热系统温度很高（>200℃）。这对发电有利，但可能含有酸性气体造成损坏设备和高溶解性化学物质导致管道结垢，降低流速和发电量。

2.6　岩浆岩系统与非岩浆岩系统

　　在世界范围内，实现商业开发地热系统的热量来自深部岩浆。这些系统温度很高，由蒸汽型和水热型系统组成，开采地热井深度在1~2km。岩浆地热系统具有活动火山的特征，并与会聚性和分散性地热系统有关。该类系统也会存在滑移边界局部区域，如间歇泉（见第4章和第7章）。

近20年来，一种新型无岩浆地热系统用于生产地热能。由于地壳伸展使地壳变薄，地幔中的热岩靠近地表。当地壳被拉伸破裂，产生裂缝和断层，为近地表地下水向下移动提供流动通道。地下水流过深部热岩时温度升高，然后沿着断层和裂缝向上流动。虽然缺乏熔岩，但热流和地温梯度会升高。美国西部盆地中的许多系统是无岩浆的，深度为1~2km，温度低于200℃。与典型的岩浆系统相比，由于地温梯度较低，需要开采的井深度更深，获得足够高的温度来支持地热发电。

2.7 地热发电厂类型

地热发电厂主要有三种类型：干蒸汽发电厂、闪蒸蒸汽发电厂和双循环地热发电厂。有的电厂采用多种组合方式，例如闪蒸与双循环组合发电。此外，一些发电厂使用混合技术，如太阳能光伏发电、太阳能热发电和地热发电。例如，内华达州西部地热发电厂是第一个将太阳能光伏发电和太阳能热发电相结合的电厂。另一种类型是热电联合发电厂，将电力和热能综合利用，用于供暖。

2.7.1 干蒸汽发电厂

在1958年之前的45年里，干蒸汽发电厂是地热发电的唯一形式。1913年，意大利建设并投产了第一个干蒸汽发电厂。在所有地热发电厂中，干蒸汽发电厂结构最简单，节能最好，几乎所有流体都用于驱动涡轮发电机（图2.4）。与闪蒸蒸汽发电原理不同，由于蒸汽已经聚集在生产井筒上部，不需要分离液体和蒸汽（White et al，1971）。蒸汽以40~100lb/in^{2}的压力和大于10m/s的速度推动涡轮机，实现机械能转化为电能。接下来用一个冷凝器将回到地面的水蒸气转化成水。此外，由于不需要分离盐水和蒸汽，设备和管道维护费用很低。并且，只需要一个过滤器来去除蒸汽中存在固体或液体微粒，防止涡轮叶片损坏。

单个电厂发电量有50~100MWe。截至2011年中期，全球约12%的地热发电厂为干蒸汽发电厂（DiPippo，2012）。2015年，

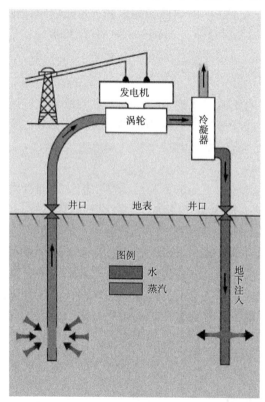

图2.4 蒸汽主导地热系统的基本组成部分简图
（Duffield, W. A. and Sass, J. H., Geothermal Energy—Clean Power from the Earth's Heat, Circular No. 1249, U. S. Geological Survey, Reston, VA, 2003.）
蒸汽直接从井里抽取出来，通过管道输送到发电厂驱动涡轮发电机。蒸汽冷凝后，冷凝液被重新注入，延长地热系统的生产寿命

其他类型电厂的建设使得干蒸汽电厂的比例略有下降，降至10%左右。由于热含量高和流量大，干蒸汽发电厂占全球地热发电总量的22%，约有2863 MWe（Bertani，2015）。

2.7.2 闪蒸蒸汽发电厂

闪蒸蒸汽发电厂是世界地热发电行业的支柱。截至2011年中，17个国家共有228台机组投入运行，约占所有地热发电厂的40%（DiPippo，2012）。2015年，闪蒸蒸汽发电厂包括单闪、双闪和三闪，数量增加到237台，占全球地热发电量的63%（Bertani，2015），其运行原理如图2.5所示。由于井筒上部压力较低，当水开始沸腾或闪蒸时，出现气液两相流。两相流体首先进入一个分离器，蒸汽从液体中分离出来（图2.6），输送到发电站。分离水直接回注或先送至发电站再回注，还可以直接加热生活用水。大多数情况下，生产出的流体最终被重新注入用于维持储层压力。

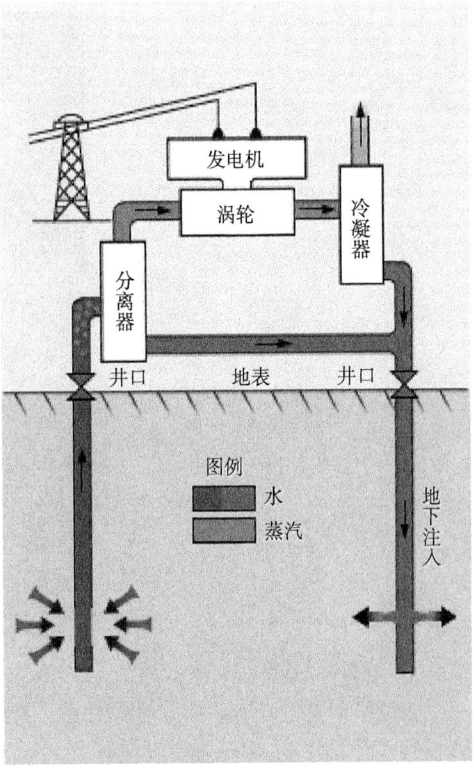

根据水的压力—热含量关系，通常只有30%地热水转化为蒸汽（Glassley，2015）。可用蒸汽量是进入和离开汽轮机蒸汽温度差的函数，温度差越大，分离的蒸汽比例越大，可产生的电能越多。出口温度、压力和生产电能的重要性在冷凝器部分进一步讨论。

图2.5　闪蒸地热发电厂原理简化图（Duffield, W. A. and Sass, J. H., Geothermal Energy—Clean Power from the Earth's Heat, Circular No. 1249, U. S. Geological Survey, Reston, VA, 2003.）
由于井内液体上升时压力降低，开始闪蒸或沸腾，产生蒸汽和盐水的两相混合物。蒸汽被分离并通过管道输送到汽轮发电机。剩余的盐水被重新注入，延长地热系统的生产寿命

根据地热流体的温度，流体可能会经历两次甚至三次闪蒸，如图2.7所示。多次闪蒸需要流体温度大于200℃，其包括6~7bar的高压闪蒸和2~3bar的低压闪蒸。在相同地热流体条件下，多次闪蒸发电量比单次闪蒸多15%~25%（DiPippo，2012）。因此，多次闪蒸蒸汽发电厂更加复杂，设备和维护成本更高，但在大多数情况下，所产生的额外电力证明了额外费用的合理性。流体在回注前需要冷却和降压，管线上容易产生大量结垢（第6章讨论地热流体中溶解矿物的溶解度变化）。

在全球范围内，约四分之一的地热闪蒸蒸汽发电厂包括多次闪蒸。在美国，约88%大多数闪蒸蒸汽发电厂使用两次闪蒸方式，建设和维护成本高。在全球范围内，63%的地热发电来自闪蒸蒸汽发电厂，反映了该项技术的重要性（Bertani，2015）。就实际闪蒸蒸汽发电厂而言，167座为单闪，68座为双闪，只有2座为三闪。尽管双闪发电厂占总闪蒸蒸汽发电厂的29%，但其发电量占总发电量的34%（Bertani，2015），说明双闪蒸发电厂在给定流体流量下可以更加有效地提取能源。

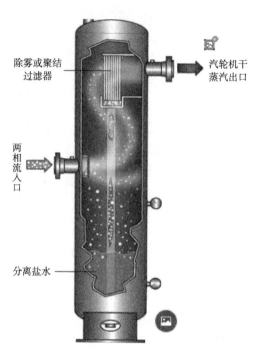

图 2.6　旋风分离器示意图（Illustration adapted from www. Peerless-Canada. com. ）

较重的水颗粒被分离到容器的一侧，向下流动，在底部形成盐水，而低密度的蒸汽上升到顶部

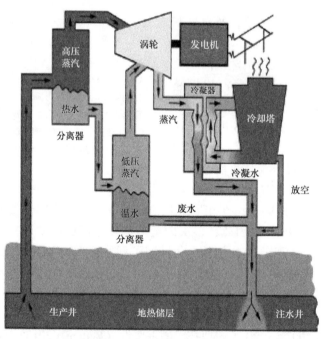

图 2.7　双闪地热发电厂示意图（Gradient Resources, Geothermal Technology,

Gradient Resources, Reno, NV, 2016. ）

地热流体含有足够的热含量来支持高压和低压闪蒸发电，以促进电力生产。详见正文

2.7.3　双循环地热发电厂

双循环地热发电厂能够开发中等热含量储层，温度为 120~175℃，比闪蒸蒸汽发电厂应用更加普遍。从 2011 年到 2015 年，全球双循环地热发电厂比例从40%增加到47%（Bertani，2015；DiPippo，2012）。但其发电量仅占地热发电总量的12%（Bertani，2015），说明低温地热储层开采潜力较小。因此，在全球范围内，双循环发电厂的平均发电量仅约为6.3MWe（Bertani，2015）。尽管如此，自 2011 年以来，双循环发电厂的发电比例从7%增加到12%（DiPippo，2012）。

美国建造的大多数双循环地热发电厂的平均装机容量约为 20MWe（Bertani，2015；DiPippo，2012），最大的是位于内华达州中部的 McGinness Hills 工厂，装机容量为 72MWe（两个工厂各 36MWe；B. Delwiche，pers. comm.，2015）。世界上最大的单一双地热发电设施是新西兰最近投产的 Ngatamariki 电厂，装机容量为 100MWe（Legmann，2015）。该发电厂发电量高的主要原因是地热流体温度为 193℃，比双循环地热发电厂使用流体温度高出 30~40℃。使用双循环发电技术具有以下特点：

（1）所有开采出的地热流体可以重新注入到储层，保持其稳定性。

（2）不需要消耗水资源冷却冷凝器。

（3）没有气体排放，热能和工作流体循环是封闭的，不会暴露在大气中。

（4）装置成本低。

如前所述，双循环地热发电厂使用两种流体；利用地热流体多次加热工作流体，通常是碳氢化合物，如异戊烷。工作流体的沸点比水低，蒸汽量比地热流体闪蒸产生的蒸汽量多。地热流体的热量使工作流体沸腾，产生的蒸汽进入发电厂驱动涡轮机。地热流体和工作流体形成闭环，没有排放，环保性能最好。图 2.8 为双循环地热发电厂的原理示意图。

双循环地热发电厂所用热能源自地壳伸展区域下部的岩浆岩，例如美国西部盆地和土耳其西部盆地。依据地热系统的温度，采用其他类型地热发电厂同样可以开采该类地热资源，例如新西兰、冰岛、哥斯达黎加和肯尼亚。在上述许多地方，闪蒸装置与双循环装置配合，分离出的盐水在回注前再次加热工作流体，推动涡轮机产生更多电能。

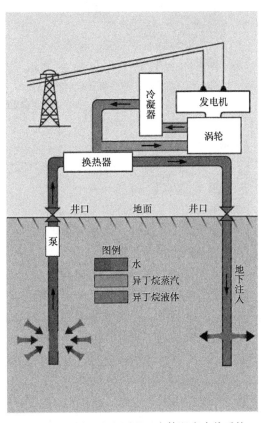

图 2.8　双循环发电原理，中等温度水热系统
（Duffield, W. A. and Sass, J. H., Geothermal Energy—Clean Power from the Earth's Heat, Circular No. 1249, U. S. Geological Survey, Reston, VA, 2003. ）
地热流体使工作流体（本例中为异丁烯）沸腾，蒸汽驱动耦合涡轮发电机

在内华达州，地热电厂使用了该类发电装置，将开采出的含有足够的热量的地热流体，用于加热高压回路和低压回路中的工作流体使其沸腾。来自高压和低压回路的蒸汽推动连接在单个发电机两侧的不同涡轮机（图2.9）。

图2.9　内华达州发电厂一部分（https：//en. wikipedia. org/wiki/ Ormat_Industries）
左侧罐体装有进入高压涡轮机（A）的高压蒸汽，右边罐体装有进入低压涡轮机（B）的低压蒸汽。
两个涡轮机都连接到发电机（C）

2.7.4　混合动力发电厂

顾名思义，混合动力发电厂综合了多种技术，主要包括：
（1）集成式闪蒸—双循环发电厂。
（2）循环闪蒸—双循环组合发电厂。
（3）集成式循环闪蒸—双循环发电厂。
（4）热电联合地热发电厂。
（5）太阳能和双循环地热发电厂。

集成式闪蒸—双循环发电厂较为常见，其原理是闪蒸装置分离器输出的盐水进入双循环装置中，发电量可以提高10%～15%（J. Nordquist，pers，2015），并且可以减少管道结垢。该系统的缺点是，发电后注入储层的盐水温度比蒸汽分离后直接注入的盐水低约20℃，会使地热储层冷却，导致后续发电量减少。因此，需要在储层的不同位置钻探新的开发井。第12章探讨地热资源的可持续发展。

另一种类型的混合发电厂是闪蒸—双循环发电厂（图2.10）。第一个涡轮机排出的蒸汽用于驱动第二个涡轮机，第一个涡轮机也称为背压式涡轮机，因为蒸汽在离开汽轮机时并不像典型的蒸汽动力闪蒸装置那样直接冷凝。蒸汽冷却发生在离开第二个涡轮后，会产生更高的压力，从而产生背压。最初分离出的盐水在二次工作液蒸发前进行预热。

联合循环发电厂的一个变体是集成式组合循环发电厂，分离出的盐水不预热工作流体，而是进入底部一个单独的双循环装置中，使其工作流体产生蒸汽驱动单独的涡轮发电。此类型发电厂用于具有高蒸汽压力、高含气量（不凝气体，如二氧化碳和硫化氢）和高含水

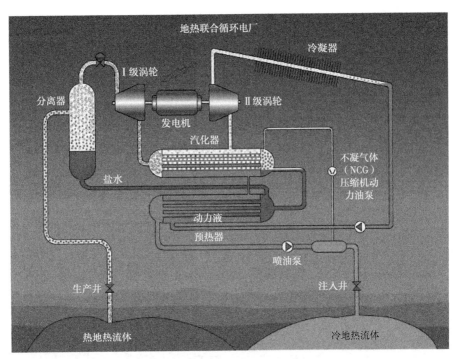

图 2.10　组合式或集成式闪蒸—双循环地热发电厂示意图

（Ormat, Geothermal Power, Ormat Technologies, Inc., Reno, NV, 2016.）

量的高热含量资源的开采，例如大夏威夷岛的 38MWe 地热电厂（图 2.11）。

　　地热发电和热利用可以在热电联产厂中实现，利用回注前水中热量实现资源综合利用。研究表明，通过对储层温度、分离器温度和冷凝温度的合理设计，地热资源的利用率从单次闪蒸的 31% 提高到热电联产的 38%（DiPippo，2012）。这类发电厂用于淡水供应充足的地方，热交换器将闪蒸产生盐水热量交换给淡水，加热后的淡水通过管道输送到附近的社区，供家庭使用、供暖和游泳池。例如冰岛雷克雅未克以东约 30km 处的 Hellisheidi 和 Nes-javellir 发电厂。根据电力（303MWe）和热能（133MWe）的总装机容量计算，Hellisheidi 地热发电厂是世界上最大的地热发电厂之一。2020 年计划新增 133MWe 和 2030 年计划新增 133MWe，该发电量可能成为全球最高（Hallgrimsdottir et al，2012）。位于 Hellisheidi 东北约 11km 处的 Nesjavellir，装机容量为 120MWe 和 200MWe，每秒向大雷克雅未克地区输送约 300gal82~85℃的水，用于空间供暖。由于热水流速高和管道绝缘性强，水温到达雷克雅未克时仅降低 1.5℃。

　　最后一种混合式发电厂是综合利用太阳能和地热能，以实现电能协同输出（e.g.，Allis and Larsen，2013）。主要有两种类型：（1）太阳能和地热能相互增强（集成太阳能—地热）和（2）太阳能光伏阵列位于地热发电厂附近（互补太阳能—地热或太阳能辅助地热）。利用太阳能发电技术将工作流体温度进一步提高，涡轮机功率输出得到提高。正如 Dipippo（2012）所报告的，在进入 20MWe 地热闪蒸蒸汽电厂前，通过太阳能增加液体温度 100℃，发电量会增加 20%。缺点是太阳能是间歇性的，对电力生产的协同性和经济性产生不利影响。

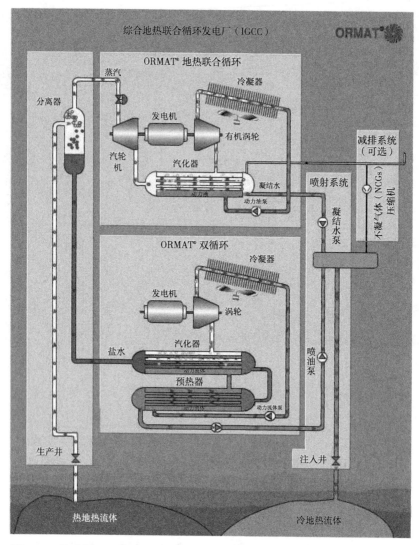

图 2.11　综合循环地热发电厂示意图（Ormat, Integrated Combined Cycle Units：
Geothermal Power Plants, Ormat Technologies, Inc., Reno, NV, 2016.）
分离出的盐水不是预热工作液，而是直接在相邻的双蒸汽发电设备中蒸发工作液

　　将太阳能和地热结合的典型案例是北美 Enel Green Power 公司（EGP-NA），在其 33MWe 的斯蒂尔沃特地热发电厂（建于 2009 年，位于内华达州法伦东部）中增加了一个 26MWe 的太阳能光伏阵列。2012 年，EGP-NA 创建了世界上第一个太阳能光伏辅助地热发电设施（图 2.12）。太阳能光伏阵列占地 240acre，即 98ha，由 89000 块太阳能电池板组成（DiMarzio et al.，2015）。光伏阵列补充了地热资源的基本负荷性质，在下午（当电力可以以更高的价格出售时）和阳光充足的夏季（当双闪蒸汽发电站的效率和功率输出最低时）提供高峰电力需求（见下文关于冷凝器的讨论）（图 2.13）。2014 年，EGP-NA 通过添加集中太阳能热技术和蓄热来提高地热流体的温度，建设了一个完全集成的太阳能—地热发

图 2.12　内华达州法伦附近的 ENEL Stillwater 混合太阳能地热发电厂的太阳能辅助地热发电厂
（https：//www. flickr. com/photos/geothermalresourcescouncil/7940198440）
一部分太阳能光伏阵列显示在中间，背景是双循环地热发电厂的风冷冷却塔

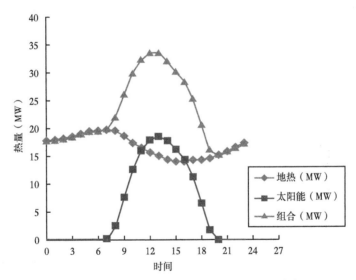

图 2.13　斯蒂尔沃特混合地热太阳能发电厂典型春天太阳能和地热的分布（DiMarzio, G. et al. , The
Stillwater Triple Hybrid Power Plant Integrating Geothermal, Solar Photovoltaic, and Solar Thermal Power
Generation. paper pre-sented at World Geothermal Conference 2015, Melbourne, Australia, April 19-24, 2015. ）
请注意，由于空气冷凝器的冷却效率较低，太阳能光伏发电如何抵消中午地热发电量的下降

电厂。据估计，通过太阳能增加地热流体温度可以增加 2MWe 的发电量（DiMarzio et al. ,
2015）。加上太阳能热电设施的成本约为 1500 万美元和 750 万美元/MWe。尽管这一数额大
约是钻探一口价值 500 万美元，但钻探一口新井以弥补电力损失难以保证成功，还需要钻
两三口井才能产生 2MWe。另一个关键因素是 Stillwater 位于一个阳光充足的地方，加强了
太阳能的获取以补充和增强现有的地热能。
　　因此，Stillwater 发电厂采用三种混合发电方式，地热、太阳能光伏和集中太阳能热能。

储存太阳能加热流体，使得地热流体在夜间持续升温，前提是前一天是晴天。要使太阳能光伏辅助地热或太阳能热辅助地热或两者的组合可行，就必须使地热资源与干旱、阳光充足的气候重叠。

2.8 冷凝器和功率输出的重要性

任何地热发电厂都有一个容易被忽视但又关键的过程，即蒸汽冷却成液体。由于蒸汽体积约为水体积1600倍，冷凝器是低压区。涡轮进口的高压（6~8bar）和冷凝器的低压（0.0008bar 或 0.008bar）差距，促使蒸汽通过涡轮后发生膨胀，压差越大，涡轮效率越高，功率输出越大。例如，新西兰的 Wairakei 地热发电厂，冷凝器压力每增加 10mbar，输出功率就会下降 1MWe（T. Montague, pers, 2013）。压降的大小取决于蒸汽冷却的效率。冷却蒸汽的方法主要有两种，最传统的方法是使用冷却塔，其中热蒸汽冷凝液在沿着冷却塔侧面的一系列相互连接板子中冷却。该方法非常有效，但平均 60%~70% 的水因蒸发而流失到大气中。位于加州北部的间歇泉，在夏季损失 90%~100% 冷凝蒸汽（M. Walters, pers. comm., 2015）。这凸显了补充水的重要性，以及补充水源问题。

另一种冷凝蒸汽的方法是使用空气，通常用于地表水或地下水短缺的干旱气候区域和双循环地热发电厂。与蒸发冷却不同，蒸发冷却在干燥的夏季效率最低。这解释了为什么双循环地热设施在白天和黑夜发电量存在大幅波动。有时电力需求会降低，需要发电厂发电量依据需求变化。内华达州里诺附近的地热发电厂在夏季发电量为 75~80MWe，但在最冷的冬季发电量可以增加到 125~130MWe。为了有助于平衡电力生产，奥马特正在 Galena III 发电厂试验使用与空气冷却风扇相关的喷雾器。当喷雾器在超过 85℉ 的空气中工作时，Ormat 的输出功率增加了 5%~10%（J. Nordquist, pers, 2015）。

蒸汽的冷凝是衡量系统热动力效率的一个指标。热动力效率（e）只是初始温度（T_1）和最终温度（T_2）除以初始温度 $[e = (T_1-T_2)/T_1 （K）]$ 之间的差。例如，将 200℃ 蒸汽冷却至 65℃ 的热动力效率约为 0.29，但冷却至 20℃ 的热动力效率为 0.39，效率提高约 34%（图 2.14）。由于存在能量转换和摩擦的损失，这种效率增加并不能影响电能的增加，电能输出量将随着冷凝器冷却程度而增加。

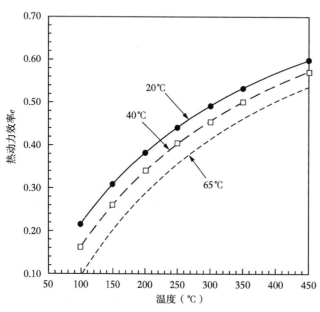

图 2.14 热动力效率与出口温度变化关系

（Glassley, W. E., Geothermal Energy: Renewable
Energy and the Environment, 2nd ed.,
CRC Press, Boca Raton, FL, 2015. ）

2.9　地热能的直接利用

直接利用地下热水或其近地表蓄热体的热量用于地热热泵的加热或冷却。由于不存在能量转换损失，例如将热能转换为机械能驱动涡轮机，最后通过发电机转换为电能，该方法是最有效的地热能利用方法。地球上约有一半的可再生能源来自直接利用地热（Lund，2005；Lund and Boyd，2015）。如前所述，太阳能和风能已经吸引公众对可再生能源的关注。另一方面，在很大程度上直接和间接利用地热能都被忽视或低估了，因为地热能位于地下，基本上是看不见（不包括在寒冷的天气里，地热发电厂冷却塔上方偶尔可见的冷凝水蒸气）。地表地热特征，如温泉、泥盆、喷气孔和罕见的间歇泉都是不常见的，并且公众认为是地质奇观，而不是潜在能源。

2015 年，已有 82 个国家采用这种地热利用方式（Lund and Boyd，2015），使用热量从 2000 年的约 15000MWe 增长到 2010 年的约 50000MWe（IGA，2015a），10 年期间增长 230%，年平均增长约 14%。相比之下，同期全球地热发电装机容量从约 8000MWe 增加到 10700MWe，增长 34%，年平均增长率为 3.3%（IGA，2015b）。从 2010 年到 2015 年，直接利用的地热增加到 70000MWe，增加了约 45%（Lund and Boyd，2015），年增长率为 8.8%。从 2010 年到 2015 年，地热发电量增加到 12600MWe，在 5 年内增长约 18%，年增长率约为 4.2%。2000 年到 2015 年的 15 年间，直接利用地热能的增长速度是地热发电的三倍。这种增长差异主要由两方面决定：（1）受地质条件限制，可用于地热发电的地热系统数量少；（2）地热温水比地热热水更为普遍，地源热泵几乎可以在任何地方使用，特别是季节性温度差异较大的地区。

2.9.1　直接利用地热流体

直接使用的地热流体温度在 35~95℃，有时也可以使用高温流体（>100℃）。地热流体主要用于洗浴、供暖和温室。水产养殖和工业用途（如木材干燥或造纸和纺织业）也可以利用地热流体（Lund and Boyd，2015）。在俄勒冈州的 Klammath Falls 市，使用地热流体去除街道、桥梁和人行道的结冰。Klamath Basin 酿酒公司利用地热流体加热水酿造啤酒。根据俄勒冈州理工学院地热中心的数据，在距离美国西部城镇 8km 以内，有 271 个地方的地热流体温度为 50℃以上（Oregon Tech，2016）。

根据 Lund 等人（2010）的报告，美国有 20 个地热设施使用单个浅井中地热流体为 17 个州约 2000 座建筑物供暖。地热能从一口或多个生产井分配给该地区的家庭和企业。除了区域化经营的地热系统，还有数百个单独的系统，每个系统都有自己的地热井。地热区域供暖系统可为消费者节省 30%~50% 的天然气供暖成本（EERE，2016）。

在全球范围内，直接利用地热能每年已取代约 3.5×10^8 bbl 石油，并减少了 1.48×10^8 t 二氧化碳排放（Lund and Boyd，2015）。相比之下，2012 全球能源消耗所产生的二氧化碳排放总量为 323.1×10^8 t（EIA，2016）。

案例研究：内华达州里诺 Moana 地热田

在内华达州里诺市，地热公用事业公司为 Moana 地热区内的 110 户家庭提供服务（Trexler，2008）。该公司有两口生产井和一口回注井，生产热水温度约 95℃。热水流量在夏季为 200gal/min，冬季为 400gal/min。此外，该地区还钻探了 250 多口地热井满足该地区供暖需求(Flynn, 2001)。Peppermill Resort 酒店是 Moana 地区地热流体使用大户,该酒店钻探了一口 4400ft 深的生产井,热水温度 79℃,流量达到 1200gal/min (Spampanato et al., 2010)。这口井为面积约 2200000ft² 的整个酒店提供热水和供暖。该地热系统取代了四个 25000000Btu 天然气锅炉,这些锅炉每年使用 220 万美元的天然气。生产井和注水井的钻探以及管道铺设费用约为 970 万美元,回收期不到 5 年(D. Parker, pers. comm., 2015)。

2.9.2 地源热泵

地源热泵是利用了地球表面浅层地热资源(通常小于 400m 深)作为冷热源,进行能量转换的供暖空调系统。地表浅层地热资源是指地表土壤、地下水或河流、湖泊中吸收太阳能、地热能而蕴藏的低温位热能。地表浅层是一个巨大的太阳能集热器,收集了 47% 的太阳能量,比人类每年利用能量的 500 倍还多。它不受地域、资源等限制,真正是量大面广、无处不在。这种储存于地表浅层近乎无限的可再生能源,使得地热能也成为清洁的可再生能源的一种形式。地源热泵的基本结构包括一个闭环或开环,流体在地面和建筑物之间循环(图 2.15)。在闭环中,换热流体(如防冻液)完全存在于管道中,通过传导进行

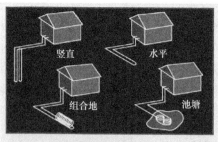

图 2.15 地源热泵不同的管道配置和冬季、夏季流体流动方向的变化

(Duffield, W. A. and Sass, J. H., Geothermal Energy—Clean Power from the Earth's Heat, Circular No. 1249, U. S. Geological Survey, Reston, VA, 2003.)

热量交换。在开环中，换热流体在水面（如图 2.15 所示的水池）之间或与地下水之间交换。在闭环系统中，回路的形状有垂直、水平，也可以是两者的组合，取决于土壤或岩石条件和空间限制。例如，如果基岩相对较浅且较硬，则水平配置可能是最好的，因为钻探岩石的成本较高。另一方面，如果空间受限，而基岩相对较软或较深，那么垂直配置通常会更有效地利用地球的热量。在闭环中，循环流体被限制在管道中，在开环中，新的流体不断地从浅含水层或池塘中引入，然后重新注入到储层中，实现热量平衡。冬季热量从地面转移到建筑物，夏季热量从建筑物转移到地面。

采用性能系数（COP）和能量效率比（EER）两个参数衡量地热热泵的有效性。COP 是净热量（输出热量和输入热量之差）与热泵用于转移热量的能耗之比。例如，净热量通常在 5000~7000W，净热量除以转移热量能耗 1500W，COP 值在 3~5。表明输送能量是转移能量的 300%~500%。相比之下，最节能的燃气炉可利用 90%~95% 的能量进行加热，它的 COP 值在 0.9~0.95。输入和输出温度差值越大，COP 值就越大；因此，在夏季炎热、冬季寒冷的地区，如美国中西部偏上地区，COP 值很高；另一方面，在圣地亚哥等地区，地源热泵的 COP 值很低，反映出该地区气候温和，输入和输出热量差异较小。

Lund 和 Boyd（2015）在报告中称，全球有超过 400 万个地源热泵系统，产生的热量接近 50000MWe，比 2010 年增加了约 50%。地热热泵占地热能直接利用总装机容量的 71%（Lunc and Boyd，2015）（图 2.16）。

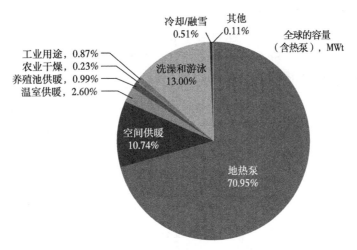

图 2.16　直接使用地热能的应用分布饼图（Lund, J. and Boyd, T., in Proceedings of World Geothermal Congress 2015, Melbourne, Australia, April 19-24, 2015. ）
需要注意的是，地热热泵占装机容量的比例最大

冷却效率用 EER 来衡量，能效比等于冷却能力（单位：Btu/h）除以电力输入（单位：W）。地源热泵的热值一般在 15~25Btu/Wh，数值范围大反映了输入和输出温度的差异。温差越大，能效比增加。例如，标准房间空调的 EER 值一般在 10~12。

案例研究：内华达州里诺市 Kendyl DePoali 中学

Kendyl DePoali 中学是一座最先进的节能建筑，占地近 200000ft^2。学校于 2009 年开办，建造成本约为 4000 万美元。学校能源系统的核心是一个闭环的地热交换系统，由 373 个

300ft 深的井组成，这些井位于学校运动场的下面，循环水温度恒定在 64 ℉，用于加热和冷却空气。与其他高效的温度监测控制措施（如热泵上的可变风量控制阀）相结合，相比于 20 世纪 90 年代建造的同等规模学校，该学校节省了约 60% 的公用设施费用。部分原因是地源热泵每单位电能输送 4 单位热量，生产效率大于 400%。地热系统投资费用预计将在 5 年内收回成本（Alerton，2010）。

2.10　总结

地热系统可根据各种标准进行分类，如热传递的性质（传导与对流）、近期岩浆作用或火山活动的存在与否、特定的地质环境（如火山环境类型）或构造环境（如板块边界或板内地质热点类型）以及温度（低、中、高熵系统）。其他标准包括流体化学，如酸性或接近中性的体系，蒸汽与液体主导的体系以及该体系的使用方式（发电、直接使用或地质交换）。同时存在多种类型的地热系统并不少见。例如，热点构造环境，如黄石或夏威夷，是典型的岩浆系统，而在伸展地壳中，如内华达州的盆地和山脉的大部分地区，主要是岩浆岩。归根结底，任何地热系统的分类都是以研究为基础的，并对该系统的发展起着重要作用。例如，根据钻井确定的温度和热液流量，水热型系统可用于闪蒸或双循环发电、热电联合发电或直接利用；然而，罕见的蒸汽型地热系统发电效率最高、最经济性。

虽然发电吸引了地热能领域的广泛关注，但直接利用地热能更加广泛，因为地表热流体的分布更广泛，而且开发成本比建造发电厂低得多。事实上，地热系统的一个重要特性是应用性很广。即使在没有热流体或岩石存在的地方，地球也像一个储热库，热量可以在夏天储存，在冬天排出。在夏热冬冷的地区，利用传统的化石燃料可以显著降低能源消耗。

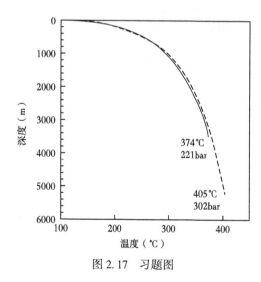

图 2.17　习题图

2.11　建议的习题

（1）图 2.17 显示了水的沸点（淡水和 3.2%NaCl）随深度的变化。如果地热储层中的流体在 1km 深处为 250℃，会沸腾吗？如果没有，在什么深度会发生沸腾？请说明理由。

（2）深度为 1km 的地热储层，流体温度为 240℃，什么样的地热发电厂最适合？

（3）蒸汽型地热系统中的热运动主要是对流还是传导？为什么？

（4）蒸汽型地热系统的压力是否会超压？请说明理由？

2.12　参考文献和推荐阅读

Alerton. (2010). *Kendyl DePoali Middle School: Case Study*. Redmond, WA: Alerton (http://alerton.com/en-US/solutions/k-12schools/Case%20Studies/MK-CS-KENDYLDEPOALI.pdf).

Allis, R. G. (2014). Formation pressure as a potential indicator of high stratigraphic permeability. In: *Proceedings of the 39th Workshop on Geothermal Reservoir Engineering*, Stanford, CA, February 24-26 (http://www.geothermal-energy.org/pdf/IGAstandard/SGW/2014/Allis.pdf).

Allis, R., Blackett, B., Gwynn, M. et al. (2012). Stratigraphic reservoirs in the Great Basin—the bridge to development of enhanced geothermal systems in the U. S. *Geothermal Resources Council Transactions*, 36: 351-357.

Arnórsson, S., Axelsson, G., and Samundsson, K. (2008). Geothermal systems in Iceland. *Jokull*, 58: 269-302.

Bertani, R. (2015). Geothermal power generation in the world: 2010-2015 update report. In: *Proceedings of World Geothermal Congress 2015*, Melbourne, Australia, April 19-24 (http://www.geothermal-energy.org/pdf/IGAstandard/WGC/2015/01001.pdf).

Calpine. (2016). *The Geysers*. Middletown, CA: Calpine Corporation (http://www.geysers.com/numbers.aspx).

Davies, J. H. (2013). Global map of solid Earth surface heat flow. *Geochemistry, Geophysics, Geosystems*, 14: 4608-4622 (http://www.mantleplumes.org/WebDocuments/Davies2013.pdf).

DiMarzio, G., Angelini, L., Price, W., Chin, C., and Harris, S. (2015). The Stillwater Triple Hybrid Power Plant Integrating Geothermal, Solar Photovoltaic, and Solar Thermal Power Generation, paper presented at World Geothermal Conference 2015, Melbourne, Australia, April 19-24 (https://pangea.stanford.edu/ERE/db/WGC/papers/WGC/2015/38001.pdf).

DiPippo, R. (2012). *Geothermal Power Plants: Principles, Applications, Case Studies, and Environmental Impacts*, 3rd ed. Waltham, MA: Butterworth-Heinemann.

Duffield, W. A. and Sass, J. H. (2003). *Geothermal Energy—Clean Power from the Earth's Heat*, Circular No. 1249. Reston, VA: U. S. Geological Survey (http://pubs.usgs.gov/circ/2004/c1249/c1249.pdf).

EERE. (2016). *Geothermal Energy at the U. S. Department of Energy*. Washington, DC: Office of Energy Efficiency & Renewable Energy, U. S. Department of Energy (http://www1.eere.energy.gov/geothermal/directuse.html).

EIA. (2016). *International Energy Statistics*. Washington, DC: U. S. Energy Information Administration (http://www.eia.gov/cfapps/ipdbproject/iedindex3.cfm?tid=90&pid=44&aid=8).

Flynn, T. (2001). Moana geothermal area Reno, Nevada: 2001 update. *GeoHeat Center Bulletin*, 22 (3): 1-7.

GEA. (2012). *Geothermal Basics: Q&A*. Washington, DC: Geothermal Energy Association, (http://geo-energy.org/reports/Gea-GeothermalBasicsQandA-Sept2012_final.pdf).

Geosciences. (2016). *Hydraulic Fracturing*. New South Wales: University of Sydney, School of Geosciences (http://www.geosci.usyd.edu.au/users/prey/Teaching/Geos-2111GIS/Faults/Sld004c.html).

Glassley, W. E. (2015). *Geothermal Energy: Renewable Energy and the Environment*, 2nd ed. Boca Raton, FL: CRC Press.

Gradient Resources. (2016). *Geothermal Technology*. Reno, NV: Gradient Resources (http://www.gradient.com/geothermal-power/geothermal-technology/).

Griggs, J. (2004). A Re-Evaluation of Geopressured-Geothermal Aquifers as an Energy Source, master's thesis,

Louisiana State University, Baton Rouge.

Haas, Jr., J. L. (1971). The effect of salinity on the maximum thermal gradient of a hydrothermal system at hydrostatic pressure. *Economic Geology*, 66 (6): 940-946.

Hallgrimsdottir, E., Ballzus, C., and Hrolfsson, I. (2012). The geothermal power plant at Hellisheioi, Iceland. *Geothermal Resources Council Transactions*, 36: 1067-1072.

Hulen, J. B., Quick, J. C., and Moore, J. N. (1997). Converging evidence for fluid overpressures at peak temperature in the pre-vapor-dominated Geysers hydrothermal system. *Geothermal Resources Council Transactions*, 21: 623-628.

IGA. (2015a). *Geothermal Energy: Direct Uses*. Bochum, Germany: International Geothermal Association (http://www. geothermal-energy. org/geothermal_energy/direct_uses. html).

IGA. (2015b). *Geothermal Energy: Electricity Generation*. Bochum, Germany: International Geothermal Association (http://www. geothermal-energy. org/geothermal_energy/electricity_generation. html).

Legmann, H. (2015). The 100-MW Ngatamariki Geothermal Power Station: A Purpose-Built Plant for High Temperature, High Enthalpy Resource, paper presented at World Geothermal Conference 2015, Melbourne, Australia, April 19-24 (http://www. geothermal-energy. org/pdf/IGAstandard/WGC/2015/06023. pdf).

Lund, J. and Boyd, T. (2015). Direct utilization of geothermal energy: 2015 worldwide review. In: *Proceedings of World Geothermal Congress* 2015, Melbourne, Australia, April 19-24 (http://www. geothermal-energy. org/pdf/IGAstandard/WGC/2015/01000. pdf).

Lund, J., Sanner, B., Ryback, L., Curtis, G., and Hallstrom, G. (2004). Geothermal (groundsource) heat pumps: a world overview. *Geo Heat Center Quarterly Bulletin*, 25 (3): 1-10.

Lund, J. W., Gawell, K., Boyd, T. L., and Dennajohn, D. (2010). The United States of America update 2010. *Geo-Heat Center Quarterly Bulletin*, 29 (1): 2-11.

Oregon Tech. (2016). *Geo-Heat Center*. Klamath Falls: Oregon Institute of Technology (http://geoheat. oit. edu/colres. htm).

Ormat. (2016a). *Geothermal Power*. Reno, NV: Ormat Technologies, Inc. (http://www. ormat. com/geothermal-power).

Ormat. (2016b). *Integrated Combined Cycle Units: Geothermal Power Plants*. Reno, NV: Ormat Technologies, Inc. (http://www. ormat. com/solutions/Geothermal_Integrated_Combined_Cycle).

Shook, G. M. (1995). Development of a vapor-dominated reservoir with a "high-temperature" component. *Geothermics*, 24 (4): 489-505.

Spampanato, T., Parker, D., Bailey, A., Ehni, W., and Walker, J. (2010). *Overview of the Deep Geothermal Production at the Peppermill Resort*. Palm Desert, CA: Geothermal Resource Group (http://geothermalresourcegroup. com/wp-content/uploads/2011/03/Deep-Geothermal-Production-at-the-Peppermill-Resort. pdf).

Trexler, D. T. (2008). Nevada Geothermal Utility Company: Nevada's largest privately owned geothermal space heating district. *GeoHeat Center Bulletin*, 28 (4): 13-18.

USDOE. (2016). *Geothermal Heat Pumps*. Washington, DC: U. S. Department of Energy (http://energy. gov/energysaver/articles/geothermal-heat-pumps).

White, D. E. (1973). Characteristics of geothermal resources. In: *Geothermal Energy, Resources, Production, and Stimulation* (Kruger, P. and Otte, C., Eds.), pp. 69-94. Stanford, CA: Stanford University Press.

White, D. E., Muffler, L. J. P., and Truesdell, A. H. (1971). Vapor-dominated hydrothermal systems compared with hot-water systems. *Economic Geology*, 66 (1): 75-97.

3 地球地质构造和热量分布

3.1 本章目标

(1) 区分地球组成和流变。
(2) 确定地球内部热量来源。
(3) 比较和对比热量传导和对流。
(4) 根据钻孔温度剖面识别热量传导区和对流区。
(5) 解释热流量分布和温度随深度变化的重要性。

为全面了解地热资源及分布，有必要掌握地球组成和流变特点。地球是非均质的，由铁镍地核、致密的地幔和低密度薄地壳组成。地球形成不久，高密度物质向地核下沉，低密度的物质向地壳上升，造成地层的多样化。由于岩石性质不同，存在物理或力学性能的差异（液态或熔融态与固态、脆性与韧性变形）。岩石脆性是指施加阈值应力后的断裂或破裂，如玻璃花瓶落在坚硬物体表面上；岩石韧性是超过材料屈服强度后的弯曲而不断裂的能力，如弯曲金属丝或塑性黏土。了解地球内部组成和物理特征为第 4 章讨论板块构造奠定了基础，板块构造对地球矿物、化石燃料和地热资源的分布起着根本性的控制作用。

3.2 地球组成和流变特性

地球半径小于 6400km。从地球中心向外延伸，地层组成和流变特点（材料的物理或机械特性，如从固态到液态或从脆性到韧性的变化）都会发生系统性变化。

3.2.1 地球的组成

地球中心至地下 2900km 区域称为地核。地核由固态和熔融态的铁和镍组成，其温度与太阳表面温度相似，约为 6000℃。地核上方是地幔，地幔从地下 2900km 至 100km，是地球内部体积最大部分。地幔由富含铁和镁的致密岩石组成，其温度从约 5000℃ 逐渐降低到 1500℃ 以下。地壳是最薄的，从地表到地下 70~80km。若将地球比作桃子，桃子核大小与地核成正比，果肉（可食用的部分）与地幔成比例，绒毛表皮与地壳的厚度成比例。地球组成如图 3.1 所示。

与组成更均匀的地核和地幔不同，地壳包括海洋和陆地两种（图 3.1）。海洋地壳位于海洋盆地下面，由深色、中等密度的玄武岩组成。厚度最大可达 7000m，在中部洋脊最小值为 1000m。地壳主要由密度较低、颜色较浅的火成岩和变质岩组成，如花岗岩和片麻岩（在第 4 章中详细讨论）。陆地地壳的沉积岩（包括砂岩和石灰岩）覆盖火成岩和变质岩。陆地地壳比海洋地壳密度小且更厚。

3.2.2 地球的流变（物理）层

材料的物理性质（也称为流变性）会随着压力和温度的变化而发生变化，如温度升高时材料从固态变为液态，温度下降或压力升高时变化相反。尽管物理状态发生了变化，材

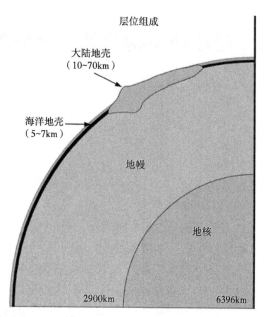

图 3.1 地球组成层的横截面图 （Visionlearning ®, http：//www. visionlearning.
com/img/library/large_ images/image_ 4859. gif. ）

请注意，地壳由薄大洋地壳和厚大陆地壳组成

料的成分基本上保持不变。流变学的另一个变化是从低温低压下的脆性断裂到高温高压下
的韧性弯曲。韧性物质流动性强，在地球内部，由于压力差和对流，韧性物质以每年几厘
米的速度流动。地球由 5 个主要的流变层组成，从地表开始向下依次为：岩石圈、软流圈、
中间层、外核和内核。地球组成与物理力学之间的关系如图 3.2 所示。

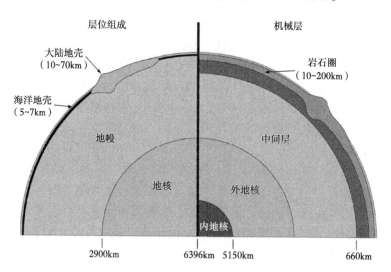

图 3.2 地球组成层和机械层的横截面图 （Visionlearning ®, http：//www. visionlearning.
com/img/library/large_ images/image_ 4859. gif. ）

3.2.2.1 岩石圈

最外层硬而脆的岩层为岩石圈，平均厚度约为 100km。岩石圈包括地壳和上地幔，岩石类型多样，从流变学来看，这两个成分层均表现为硬而脆。岩石圈将在第 4 章构造板块中详细讨论。

3.2.2.2 软流圈

在岩石圈与上地幔之间存在一个软流圈，深度为 100～300km。软流圈岩石接近熔点，强度较弱，主要是固态（图 3.3）。岩石的力学性能受温度影响而削弱，温度和压力梯度的变化使其发生流动。软流圈的运动会促进上覆岩石圈或构造板块的运动。

3.2.2.3 中间层

软流圈之下称为中间层，中间层包括地幔中部和下部。随深度增加压力也增加，中间层岩石不像软流圈熔融态岩石，强度大、韧性差（图 3.3）。温度的升高使中间层岩石的强度与岩石圈一样易碎，具有流动能力，但流动速度比软流圈慢。

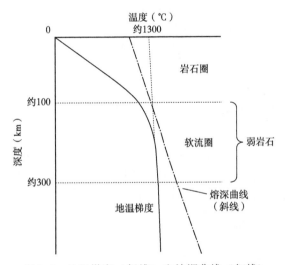

图 3.3 地温梯度（粗线）和熔深曲线（细线）

岩石的熔点随着深度的增加而增加，压力增大岩体密度也随之增加。这些岩石已接近软流圈中的熔融点，
因此力学性能较弱。当地热曲线和熔点曲线在软流圈下方发散时，岩石强度增加。
1300℃为玄武岩在地球表面附近开始熔化的温度

3.2.2.4 外地核

在地幔或中间层的底部，由于熔融铁和镍的存在，温度在中间层—外核边界突然升高。在重力梯度和热梯度作用下，熔融铁和镍发生对流或循环，促进热量流入上地幔（导致边界温度突然升高），铁水的循环与地球自转相结合形成地球磁场。从地震波数据推断出外核的液体性质（见下文讨论）。发生地震时，地球另一侧的接收站不会接收到任何 S 波（也称为剪切波或二次波），遇到液体物质时，S 波会衰减。

3.2.2.5 内地核

内地核半径约为 1300km，成分与外核相同，尽管温度高达 6000℃（取决于所使用的模型），但仍是固体。在压力作用下，液态外地核转变为固态内地核。

3.2.3 地球组成和流变层证据

地球组成和流变层具体情况尚不清楚，目前最深的钻孔大约有12km，对地球来说仅是其内部的一个针孔。准确地说，世界对地球的理解来自包括陨石、火山喷发物质，以及地球自转和地球轴心的旋进（或摆动）的性质。对地球内部成分构成的了解，主要来源于地震波的研究。地震波对地球的内部成像，如同计算机轴向断层扫描（CAT）揭示人体的内部组成部分。这些波的速度、方向和传播随穿过材料密度和成分的变化而变化。通过收集地球各地接收站的地震波数据，建模和成像地球内部构成（图3.4）。地震产生两种波：P波或主波（纵波），和S波或次波（横波）。纵波在固体、液体和气体中传播，而横波只在固体中传播，因为液体和气体无法承受剪切应力。如果地震接收站没有接收到S波信号，只有P波，这表明外核的液体性质。S波阴影区大小表明了岩心直径（图3.4）。

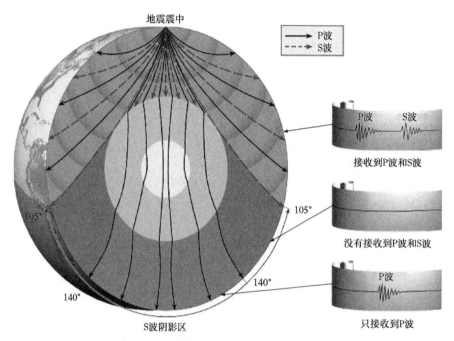

图3.4 地震波穿过地球内部时的横截面图（Tarbuck, E. J. et al.,
Earth：An Introduction to Physical Geology, Prentice Hall, Upper Saddle River, NJ, 2005.）
地层大小可以由选定地震波的折射或衰减来确定。例如，液体外核是通过不能穿过液体的
地震S波或横波的衰减来探测的，形成的阴影区大小反映了外核的直径。固体内核的大小
是通过不考虑从内核侧面反射的P波或纵波的位置来确定的

3.3 地球热源

地球内部存在三个主要热源。

首先是大约46亿年前行星形成时留下的余热（原始热）。这种热量是热力学第一定律的产物，热力学第一定律指出能量是守恒的。地球是由碰撞的陨石或更大空间碎片堆积而成的。碰撞后的动能转化为热能，形成了原始的熔化态地球，重元素和轻元素在引力下分

离，形成上述的地核、地幔和地壳。因为岩石是一种很好的绝缘体，地球深处一直保持着高温，热量呈发散式流向地表。热量在地壳中传导不均，并且板块构造（在第 4 章中讨论）使热量分布不均匀。

第二个热源来自铀、钍、铷和钾等元素的放射性衰变。由于原子半径大与地幔中的矿物结构不太相容，地壳中富含这些元素。因为地幔中压力高，岩石更加致密。大陆地壳中约 60% 的热量是由这四种元素的放射性衰变引起的，地幔中也存在这些放射性元素，地幔的体积弥补了元素浓度低的缺陷，这表明来自地幔的大量热量由放射性衰变引起。原始热和放射热占总热流量的比例相似，总计约为 47TWe，2012 年世界电力总装机容量为 5.55TWe，因此地球热能可以为人类提供充足能量。地幔中对流产生 50% 以上的热流量。约 24% 热流量来自地壳，由热传导、对流和局部岩浆带的垂直和水平运动（平流）引起（图 3.5）。

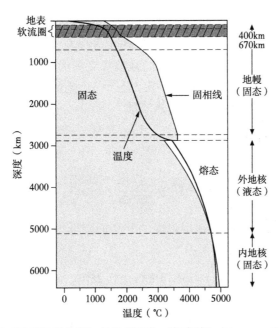

图 3.5　地表到地核（地球地温梯度）的温度变化（粗实线）（Ammon, C. J. , Earth' s Origin and Composition, SLU EAS-A193 Class Notes, Penn State Department of Geosciences, University Park, 2016, http：//eqseis. geosc. psu. edu/cammon/HTML/Classes/IntroQuakes/Notes/earth_ori-gin_lecture. html. ）固体或岩石开始熔化的温度。值得注意的是地表附近的地温梯度最高，证明存在热流量传导，但随着深度的增加，地温梯度逐渐变缓，表明同时存在对流和传导。在软流圈，固体和地球的温度接近，岩石流变性变弱。软流圈上方是岩石圈，温度差异形成了流变性强的岩石

第三个热源来自重力。物体被挤压时温度会升高，膨胀时温度降低。由于岩石绝缘性强，地球表面逸出热量小于岩石内部引力或挤压产生的热量，因此热量与深度成正比。

其他局部热源包括地震断层的摩擦生热。摩擦热量可使岩石部分熔化，产生所谓的假玄武岩。位于断层附近的地热发电厂利用的热量可能来自断层摩擦（如加利福尼亚州的 San Andreas 断层或内华达州的活动断层）。

3.4 地球的传热机理

每一处地球表面都会释放热量，板块交界的热流量明显高于其他地方。地球内部平均热流量约为 $87MWe/m^2$，乘以地球表面积 $5.2×10^{11}m^2$，可产生约 $4.7×10^{13}W$ 或 47TW 热量。陆地平均热流量为 $65mW/m^2$，大洋中地壳平均热流量为 $101mW/m^2$，说明大洋地壳较薄，温度高，以及陆地地壳厚且绝缘。如果没有海洋，大部分海洋地壳将是潜在地热开采区。但是没有海洋，就会缺水，热量无法从深处岩层传递到地表（见后面的讨论）。热量传递机理包括：传导、对流和辐射。前两项与固体地球有关，辐射主要是空间电磁辐射，例如火堆或太阳光热能传输。

3.4.1 热传导

传导是通过接触传递热量，能量从一个原子传递到另一个原子，是地球内部热量传递的主要方法。地球整体地温梯度由传导控制，在地表附近温度随深度变化很快，然后变化区域平缓（图3.5）。温度梯度的快速变化证明热传导存在。上地壳（顶部10km左右）的平均地温梯度约为 $25\sim30℃/km$，而地热区的地温梯度约为非地热区的 $2\sim3$ 倍。在火山活跃区，地温梯度可达每 $150℃/km$，如黄石国家公园，热流量可达 $500mW/m^2$，甚至更高。

热流量服从傅立叶定律，该定律指出热流量（Q）与导热系数（k，单位为 $W/(m·K)$）和地温梯度（$\Delta T/\Delta x$ 或 ∇T）有关，见式（3.1）。例如，如果在花岗岩中钻井，1500m处的温度为200℃，热流量是多少？

$$Q = \frac{k_{granite} × (473K - 298K)}{1500m} \tag{3.1}$$

热导率对温度较为敏感，随着地层温度的升高而降低。在此温度范围内，花岗岩的平均值约为 $2.4W/(m·K)$，热流量为：

$$Q = 2.4W/(m·K)×175K/1500m = 0.280W/m^2 \text{ 或 } 280mW/m^2$$

该热流量适合于地热开采。

陆地壳中最常见的矿物是石英和长石，导热系数差异很大，石英的导热系数约为碱长石的两倍。因此，岩石的热导率和热流量很大程度上取决于这两种矿物比例。

与热导率相关的是热扩散率，用于说明温度在物体中变化速度。热扩散系数单位为 m^2/s。热扩散率是由材料的热导率与热容（体积）之比，热容是指单位体积材料升温1K时所需的热量。矿物的热扩散率为 $1×10^{-6}\sim10×10^{-6}m^2/s$，大多数金属的扩散率为 $1×10^{-4}\sim5×10^{-4}m^2/s$，约是矿物热扩散率的100倍。影响热传导和扩散的还有岩石孔隙度（孔隙度将在第5章中详细讨论），岩石孔隙中有水或空气或两者的混合物。由于水比空气更容易导热，因此岩石饱和水后的导热系数是干岩石的 $3\sim4$ 倍。同时，在岩石含水量一定时，孔隙较大的岩石导热性弱。

准确评价某一地区的地热开发潜力，需要掌握地层性质。如果某地区热流量很高且岩层富含石英，热导率高。热量可以有效地传递到地层水，但温度较低的注入水同样会对储层产生不利的冷却作用，从而降低储层的焓和热能。因此，生产和注入速率需要依据储层热特性，防止储层冷却。

热传导地热系统包括深部沉积盆地和高压地热储层，例如，美国 Gulf Coast 附近地热系统。Paris 盆地是深部含水沉积层，热水直接用于空间加热。岩石渗透性（如第 5 章所述，水通过岩石的流动）随着深度的增加而普遍降低，流体循环速度降低有利于岩石热量传导至地层水。在高压地热储层中，可渗透含水层埋藏较深（一般大于 2km），并被不渗透岩石隔离。孔隙中水承受上覆岩层重量，并保持静止。储层岩石热量会传导给孔隙中的水，地温梯度大约是 50℃/km。

热传导地热系统的最后一个例子是增强型地热系统（EGSS）。该系统需要通过人工水力压裂向干热岩中注入冷水产生裂缝通道，增加渗透率，实现地下水循环。例如俄勒冈州中部 Newberry 火山的 EGS 项目（第 11 章讨论 EGSS、深层含水沉积层和高压地热储层）。

3.4.2　热对流（平流）

从技术上讲，热水运动属于热平流。热对流使用更广泛，包含热平流和热传导。热量可以在移动物体内传递，也可以通过接触传递至周围物体。物体运动越慢，热传导比例越大。本书主要使用热对流分析热量传递，该方式涉及物质的运动（平流）和热扩散（传导），是地球内部最有效的能量传递手段。

在重力场下，对流与浮力存在联系。当液体温度升高，密度变小，在浮力作用下开始上升。为了填补上升液体留下的空缺，温度较低和密度较大的液体下沉，低温液体被加热后也开始上升，就会产生对流循环。例如，如果没有对流，水体温度升高且密度分层，导致高温低密度水体处于地表，而低温度高密度水体位于深层。如果流体对流，低温高密度与高温低密度水混合，温度梯度变化很小。通过钻井识别对流区域是识别潜在地热储层的有效方法（第 8 章讨论）。

地球由密度不同的岩层组成，包括高密度富铁地核和低密度地壳。由于高温液态外核热量传递，地球内部不是静止的。尽管上覆地幔是固态的，但可以缓慢流动，流动速度受能量源强度影响，一定程度上也与岩层黏度有关。黏度表征材料流动时所受阻力。对大多数物体来说，黏度与温度成反比，随着温度的升高，黏度降低。下地幔的热扰动区域可能位于外核上升流上方，相对于上覆（和相邻）较冷和较致密的地幔，其重力不稳定，并随浮力开始上升，产生对流系统（图 3.6）。

促进对流的因素有低黏度、热膨胀、施加浮力和高地温梯度。瑞利数（Ra）可以定量表示对流程度，公式如下：

$$Ra = \left(\frac{g \times \alpha \times d^3}{v \times k} \right) \times \Delta T \quad (3.2)$$

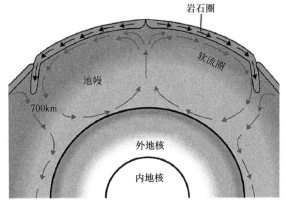

图 3.6　地球内部地幔和软流圈对流截面图

（USGS, Some Unanswered Questions, U. S. Geological Survey Reston, VA, 1999, http：//pubs. usgs. gov/gip/dynamic/unanswered. html.）

对流由传热和液体外核内的对流引起。
岩石圈的运动部分由下部岩石圈对流引起

式中 g——重力加速度，9.8m/s^2；

    α——热膨胀系数，$1/\text{K}$；

    d——深度变化，m；

    v——运动黏度，m^2/s；

    k——热扩散率，m^2/s；

    ΔT——垂直温度变化，K。

Ra 是一个无量纲参数，当 $Ra>1000$ 时，传热机制主要是对流，当 $Ra<1000$ 时，传热机制主要是传导。

地幔的瑞利数在 $10^5 \sim 10^7$，说明热量以对流形式传导至地表。地幔运动是板块运动的主要驱动力，它决定了地球上大部分地热资源的分布和类型（在第 4 章中讨论）。

3.4.3　上地壳对流

目前开发的地热系统深度小于 3000m，主要是水热型地热系统或蒸汽型地热系统。流体必须能够在储层中流动，储层岩石需要具有一定孔隙度和渗透率（在第 5 章中讨论），否则就是热传导地热储层。钻井过程中遇到对流水热型储层，地温梯度会突然减小，说明存在流体循环的热混合。这与只在储层内部循环的热分层不同。在某些情况下，地温梯度在地热储层下方再次增加，但有些情况，地温梯度会降低，说明是地热储层的低温补水层，如图 3.7 所示。在上地壳中，绝大多数热量传递属于热传导（图 3.8），地热储层中的热对流需要储层具备一些地质特征，包括水源、良好的渗透性、适当位置存在不渗透盖层和集

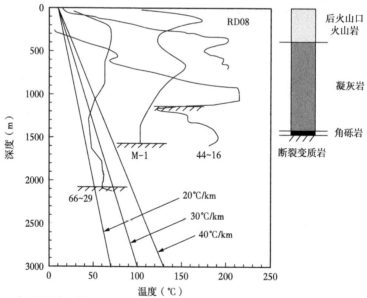

图 3.7　加利福尼亚州 Long Valley 火山口 Casa Diablo 地热系统中四个井眼温度剖面

（Glassley, W. E., Geothermal Energy: Renewable Energy and the Environment,

2nd ed., CRC Press, Boca Raton, FL, 2015.）

井眼浅部地层存在一个温度随深度迅速变化的区域，是热传导区。温度随深度变化小区域是热对流区，存在热循环和热混合。需要注意的是在所有钻孔中，都会出现一个或多个温度降低区，代表更深、温度更低的含水层

中的热源，如上部地壳的岩浆体。并非所有地方都能具备这些特征，一个地区热流量很高并不能说明存在可开发的对流地热储层。

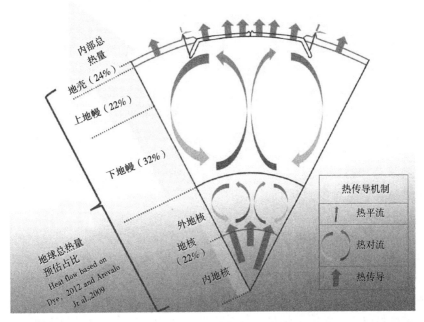

图 3.8　地球内部的饼状图（Dye, S. T., *Reviews of Geophysics*, 50（3），RG3007, 2012.）
显示了主要的成分和流变学分区，以及来自每个分区的热流量的相对比例和类型。尽管传导是地壳中热流量
的主要形式，但一些热流量是通过地壳流体循环区的对流和活火山下方岩浆上升的平流产生的

3.5　热流量图

南卫理公会大学地热实验室依据钻井中温度数据通过计算机编程绘制了美国热流量地图和深度在 3500~9500m 的温度图，有助于发现和开采潜在地热区域。研究人员为每个州绘制了增强型地热系统（EGS）图。例如，内华达州目前的地热发电装机容量为 580MWe（截至 2015 年），主要来自传统对流地热系统，如果仅利用 EGS 系统的 2%，电能输出增加41kMWe。如果仅开发 EGS 潜力的 14%，输出量可能会增至 288000MWe。尽管增强型地热系统开发前景优越，但仍处于试验阶段，与目前应用广泛的天然气相比，地热系统造价成本高，且天然气的碳排放量约为煤炭的一半（见第 9 章）。但正如 Allis 等人所述（2012），与增强型地热系统相比开采含水沉积层的成本更低，产出热水流量更高，具有经济优势。

3.6　总结

依据组成和流变特性可将地球分为不同的层。地球内部由富含铁的金属地核、地幔和薄地壳组成。地幔是地球内部体积最大，由致密的富含铁和镁的岩石组成。地壳有海洋和陆地两种。海洋地壳由密度更大的玄武岩组成，相对较薄（1~7km）。陆地地壳由密度较低

的花岗岩和变质岩组成,在山脉地带厚度可达 70km。高密度岩层沉降到中心形成地核,低密度岩层上升到地表形成地幔和地壳。

由于地球内部温度和压力的变化,各个岩层具有不同的流变特性,有脆性和强度高的固体,塑性强的固体和熔融态岩浆,形成了岩石圈、软流圈、中间层、外地核和内地核。岩石圈由地壳和上地幔组成,是一种坚硬的岩石,当应力达到一定限度时,岩石发生断裂(脆性),而不是弯曲(韧性)。岩石圈平均厚度约 100km。软流圈由接近其熔点的软弱岩石组成,大部分仍是固态。由于温度很高,软流圈中的岩石就有流动性。软流圈厚度约为 200km,但其与下方中间层的下边界是渐变的。中间层是地幔的主体,随着深度增加,地幔中岩石强度随压力增加而增加,具有流动性,但比软流圈流动慢。外核由液态铁镍金属组成,内核的成分与其相同,但内核在极端压力作用下呈固态。

主要通过地震波研究地球内部组成和流变特性,地震波的传播方向和速度取决于它们通过物质的成分和物理性质。例如,一种地震波不能通过液体传播,则地震发生时地震接收站不会探测到这种波,从而形成阴影区。阴影区的大小直接反映了液体、外核的大小。

地球内部的热量有两个主要来源。第一种是地球混沌时期残留的热量,由天体碰撞的动能转化为热能(原始热量)。第二个主要来源是某些元素的放射性衰变,主要有铀(U)、钍(Th)、铷(Rb)和钾(K),热量输出大致相等。热量从地球内部通过传导和对流两种主要方式传递至地表。热传导是通过物体接触传递能量,也称为热扩散,主要作用于地核和地壳。热对流是通过运动传递热量,传导起辅助作用,由重力场中热梯度产生的浮力引起。如果岩石温度升高,密度就会降低,会向上运动。相反,低温岩石密度更高,会向下运动。热对流发生在外核、中间层和软流圈。

热流量图和深度温度图表明,美国西部地热资源丰富。例如,内华达州北部大部分地区的热流量大于 $80MWe/m^2$,有些地方的热流量大于 $100MWe/m^2$。内华达州北部 4.5km 深的岩层温度超过 150℃,有的甚至高达 200℃。尽管增强型地热系统是潜在的开发资源,但开发成本高。若储层渗透率高,天然气等能源价格上涨,可以作为能源的主要来源。

3.7 建议的问题

(1)控制热流量是传导还是对流的因素是什么?什么类型的地热能开发潜力最大?为什么?

(2)瑞利数是否会影响表面热流量的测量?为什么会或者为什么不?

(3)假设一口井在干砂岩中钻至 2500m 深度,底部测得的温度为 150℃。假设干砂岩的导热系数在 10℃到 200℃之间是常数。是否可能存在地热资源?解释原因。

(4)假设你是一名地质学家,你已经钻了 RD08 号钻孔,其温度剖面和深度如图 3.7 所示。使用图 3.7 中所示的其他三口井的温度—深度剖面,您应该继续钻探还是停止?说明原因。

3.8　参考文献和推荐阅读

Allis, R., Blackett, B., Gwynn, M. et al. (2012). Stratigraphic reservoirs in the Great Basin—the bridge to development of enhanced geothermal systems in the U. S. *Geothermal Resources Council Transactions*, 36: 351-357.

Ammon, C. J. (2016). *Earth's Origin and Composition*, SLU EAS-A193 Class Notes, University Park: Penn State Department of Geosciences (http://eqseis. geosc. psu. edu/~cammon/HTML/Classes/IntroQuakes/Notes/earth_origin_lecture. html).

Arevalo, Jr., R., McDonough, W. F., and Luong, M. (2009). The K/U ratio of the silicate Earth: insights into mantle composition, structure and thermal evolution. *Earth and Planetary Science Letters*, 278 (3-4): 361-369.

Blackwell, D. M., Richards, Z. F., Batir, J., Ruzo, A., Dingwall, R., and Williams, M. (2011). Temperature at depth maps for the conterminous U. S. and geothermal resource estimates. *Geothermal Resources Council Transactions*, 35: 1545-1550.

Clauser, C. and Huenges, E. (1995). Thermal conductivity of rocks and minerals. In: *Rock Physics and Phase Relationships: A Handbook of Physical Constants* (Ahrens, T. J., Ed.), pp. 105-126. Washington, DC: American Geophysical Union.

Davies, J. H. and Davies, D. R. (2010). Earth's surface heat flux. *Solid Earth*, 1 (1): 5-24.

Dye, S. T. (2012). Geoneutrinos and the radioactive power of the Earth. *Reviews of Geophysics*, 50 (3): RG3007.

EIA. (2016). *International Energy Statistics*. Washington, DC: U. S. Energy Information Administration (http://www. eia. gov/cfapps/ipdbproject/IEDIndex3. cfm? tid=2&pid=2&aid=7).

Gando, A., Gando, Y., Ichimura, K. et al. (2011). Partial radiogenic heat model for Earth revealed by geoneutrino measurements. *Nature Geoscience*, 4 (9): 647-651.

Glassley, W. E. (2015). *Geothermal Energy: Renewable Energy and the Environment*, 2nd ed. Boca Raton, FL: CRC Press.

Korenaga, J. (2011). Earth's heat budget: clairvoyant geoneutrinos. *Nature Geoscience*, 4 (9): 581-582.

SMU. (2016). Southern Methodist University Geothermal Laboratory website, http://www. smu. edu/dedman/academics/programs/geothermallab.

Tarbuck, E. J., Lutgens, F. K., and Tasa, D. (2005). *Earth: An Introduction to Physical Geology*. Upper Saddle River, NJ: Prentice Hall.

USGS. (1999). *Some Unanswered Questions*. Reston, VA: U. S. Geological Survey (http://pubs. usgs. gov/gip/dynamic/unanswered. html).

4 地热系统的基本地质要素

4.1 本章目标

（1）描述并识别三种主要的板块构造边界及其对地热潜力的影响。

（2）解释板块构造如何影响地球上潜在地热区域的分布。

（3）根据板块构造概念，评估板内构造环境下的地热潜力。

（4）描述三个主要的岩石群及其对地热资源的影响。

（5）不同类型的地质构造与产生它们的应力或力的相关性。

（6）基于露头的构造类型，评估一个地区的地热潜力。

如第 3 章所述，大量地球内部热能通过地表逸出，但逸出热能分布并不均匀，大部分热流上升区域位于构造板块的边缘或附近，这与地震和火山分布类似。所谓地壳板块指的是地壳和上部地幔，它是连续移动，虽然在人类的时间尺度上运动主要是断断续续的，反映了地球内部热能功巨大。例如，2004 年印度尼西亚发生了 9.1 级的地震，地壳在 1300km 的范围内移动了 10m。通过地表逸散的能量大约为 20×10^{17} J 或 2.0PJ （USGS，2014a），相当于 5.6×10^9 MW · h，而美国每年（2011—2014 年）产生的电量略低于 4.1×10^9 MW · h （EIA，2016）。2004 年的苏门答腊地震在几分钟内释放出的能量，足以满足美国目前约 1.4 年的电力需求。理解地热能在地表的分布需要研究板块构造，正如在第 3 章中开始探讨的那样，地壳物质（岩石和矿物的热性及其他物性）在判定地热资源是否可用于开发方面至关重要。最后，通过板块间的相互作用而产生的力作用在岩石上会形成相应的构造，例如断层，这些结构通常会影响热液流动。

4.2 板块构造

板块构造学说是在 20 世纪 50 年代末和 60 年代后期发展起来的，并 70 年代中期得以确立。它的发展是归纳法应用的一个经典案例，将海底地貌、海底岩石年龄和磁性以及海底热流等结合起来，解释了许多的地球变化过程和现象。根据板块构造理论，由地壳和上部地幔组成的地球外部刚性层可以分解成十几个主要的构造板块。包含下部软流圈对流作用使得地壳板块持续地运动，软流圈岩石热能减弱具备流动性质。

板块内部地质活动通常较小，没有小型地震、地势平坦、很少或没有火山活动为特征。也存在一些例外，例如夏威夷位于太平洋构造板块的中部。夏威夷和其他的板块内火山活动反映局部深层地质作用（请参阅本章后面有关板内环境的讨论）。大部分地质活动活跃地区和地热能潜在区确实位于板块边界附近。这些活动的性质在很大程度上取决于相邻板块如何沿其边界移动。根据板块运动的性质，边界有三种主要类型（图 4.1）：彼此分离或离散（离散边界）、碰撞或汇聚（汇聚边界）、彼此滑过（转换边界）。

4.2.1 离散型板块边界

深处软流圈物质上升导致地壳破裂，迫使板块沿相反方向运动产生离散型板块边界。

当上升物质接近地表时，伴随着地幔物质沿相反的方向水平移动，流体分叉。上覆岩石圈被拉伸并最终分裂成两个反向离散的板块。当下部软流圈物质上升到分离边界以下时，由于压力降低，部分呈熔融状态。因此，离散型板块边界存在活跃的火山，冰岛位于离散边界。冰岛位于大西洋中脊之上，大西洋中脊就是沿大西洋南北轴线延伸的海底山脊，高出海脊两侧相邻的海洋盆地约3km。因此，冰岛拥有众多活火山和巨大的地热资源，约30%的电力是由地热发电，全国90%以上的房屋由地热供暖。大西洋中脊是海底长70000km山脉的一部分，该山脉从大西洋延伸到印度洋之下，并延伸到西太平洋和东太平洋。因此，这个大洋中脊系统（离散边界）是世界上最长的山脉，仍大部分未暴露。

　　板块在陆地上分离就形成了大陆裂谷。例如，东非大裂谷带延伸到埃塞俄比亚、肯尼亚、乌干达和坦桑尼亚。在这里，大陆地壳正在被拉伸和减薄，导致上地幔部分融化，并形成了许多活跃的火山。在第8章中会进一步讨论，这些国家正在积极勘探和开发地热资源。其他关于大陆裂谷或新生离散边界的例子包括内华达盆地和山脉、犹他州西部、爱达荷州南部、俄勒冈州东南部、新墨西哥州和科罗拉多州的里奥格兰德裂谷。

边界类型	离散型	汇聚型	转换型
运动	伸展	俯冲	横向滑动
效果	建设性 （生成了海洋岩石圈）	破坏性 （海洋岩石圈被破坏）	保守 （未生成或破坏的岩层）
地形	脊/裂谷	沟槽	无重大影响
火山活动	是	是	无（或有限）

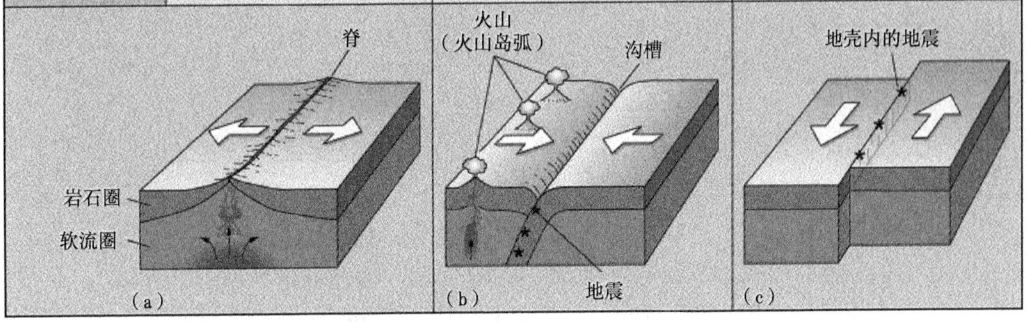

图4.1　板块构造边界的三种主要类型：（a）离散，（b）汇聚，（c）转换
（http://www.age-of-the-age.org/tectonic_plates/volcanoes_earthquake s.gif.）

4.2.2　汇聚型板块边界

　　如果板块沿着不同的边界分离，而地球没有膨胀，必有物质下沉。在汇聚型边界处，低温高密度年代久的岩石圈在俯冲带返回地幔。太平洋海盆周缘有许多俯冲带。岩石圈板块开始向下倾斜时，在海底形成了一个深的线形到弧形的槽，称为海沟。注意，在两个板块汇聚处，高密度的Nazca大洋板块俯冲在低密度的南美洲大陆板块岩石圈之下。洋底的最深点出现在西太平洋的Marianas海沟，两个大洋板块在这里汇合。在这种情况下，低温、高密度、年代久的太平洋板块俯冲于较年轻、密度较小的菲律宾板块岩石圈之下。

　　世界上大多数陆地火山都与俯冲带有关，并且发育在俯冲带上方的上部板块中。随着俯冲板块进入地幔时，不断增加的温度和压力使水和其他挥发物从俯冲板块中释放出来。新加入挥发物降低了上覆地幔的熔点，形成岩浆。由于岩浆的密度小于围岩的密度，使岩浆上升，一些距离地表近的岩浆喷发形成火山。南美洲的安第斯山脉、西北太平洋的 Cascades 以及西太平洋的火山岛，都是与俯冲有关的火山作用的例子。在这些火山附近，火山下面的岩浆可以作为有效的局部热源，对深层循环的地下水进行加热，可能产生热液对流和可利用的地热储层。

与俯冲作用有关的汇聚型边界，既导致了火山活动，又产生了可开发的地热能。在两个大洋板块碰撞或汇聚的地方，形成了一系列火山岛屿，例如阿拉斯加的 Aleutian 群岛，西太平洋日本、菲律宾、马里亚纳群岛和 Tonga 群岛。以这种方式形成的一系列岛屿称为火山岛弧。另一方面，在大洋板块和大陆板块碰撞的地方，大陆上的火山岛弧在下沉的海洋板块上方形成，产生了一系列的火山，就像安第斯山脉和喀斯喀特山脉上一样（图4.2）。

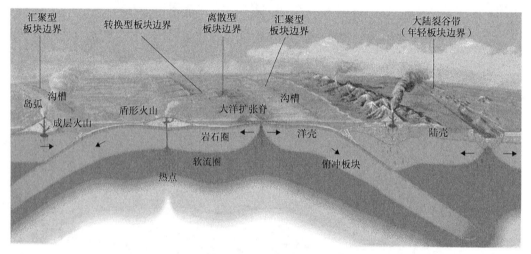

图4.2　右侧为大洋—大陆碰撞和左侧为洋—洋碰撞的横截面图（Kious，W. J. and Tilling，R. I.，The Dynamic Earth：The Story of Plate Tectonics，U. S. Government Printing Service，Washington，DC，1996，http：//pubs. usgs. gov/gip/dynamic/dynamic. html. ）
前者产生大陆火山弧，例如南美的安第斯山脉，而后者产生火山岛弧，例如日本。
本章稍后将讨论热点火山作用和转换板块边界

第三类汇聚边界涉及两个大陆板块碰撞，这发生在大约 2500 万年前的印度次大陆与亚洲发生碰撞时。该碰撞为陆—陆碰撞，没有俯冲带形成；大陆岩石圈密度不足以俯冲到较稠密的地幔中。相反，大陆板块被缝合并上冲形成高山，例如喜马拉雅山脉（图4.3）。由于没有发生俯冲，几乎没有火山活动，尽管由于摩擦生热和增厚地壳与热地幔接触可能会使得一些深层地壳熔化。随着地壳增厚和其下部受热而强度减弱，部分地壳可能沿侧向或垂向延伸，而产生局部裂谷或伸展带。这可导致深断裂生成。这些断层可以将流体引向深部，在那里流体被加热并上升，从而产生局部地热储层，例如西藏的羊八井（将在第8章中讨论）。

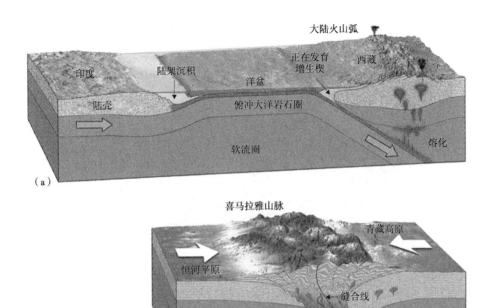

图 4.3　印度次大陆与欧亚大陆的碰撞示意图（Tarbuck，E. J. and Lutgens，F. K.，
Earth：An Introduction to Physical Geology，Prentice Hall，Upper Saddle River，NJ，1999.）

（a）大约 4000 万年前的横截面图表明，印度正在接近欧亚大陆，而正在收缩的边缘大洋盆地正在向欧亚大陆下
方俯冲。（b）现今的横截面图，印度继续向欧亚大陆推进，因为印度大陆地壳密度低而无法俯冲，
只能推得喜马拉雅山脉向上。这种持续的碰撞已经持续了大约三千万年

4.2.3　转换型板块边界

当板块间既不离散也不汇聚，而是在水平方向滑动时，就会形成转换边界。转换边界也称为恒定边界。大多数转换边界或断层发生在洋底，并与洋中脊离散边界系统有关。这些断层的发育是为了适应不同洋脊段不同的扩张速率（图 4.4）。一些转换断层也穿过大陆，如西加利福尼亚州著名的 San Andreas 断层。其他主要的陆地转换断层包括土耳其北部的 North Anatolian 断层和新西兰南岛的 Alpine 断层。

沿着这些转换断层的运动有两种类型。在左旋断层中，观测者穿过断层看，岩石向左移动。在右旋断层中，观测者穿过断层看，岩石向右移动。因为运动是侧向的或接近水平的，根据运动的方向，也称为左旋或右旋走滑断层（走向在本章后面进行讨论）。San Andreas 转换断层是将太平洋板块和北美板块分隔开的右旋转换板块。旧金山位于北美板块，而洛杉矶位于太平洋板块。由于存在右旋运动，旧金山和洛杉矶正以每年约 4.6cm 的平均速度彼此靠近，因此它们将在约 1500 万年后毗连。因为存在摩擦，沿着转换边界的运动并不是持续的，并且板块可能每隔 50~200 年就相互倾覆，从而引起地震，释放自上次地震以来累积的应力。

尽管在转换断层边界上很少有火山活动，与离散或汇聚边界不同，转换断层附近也可

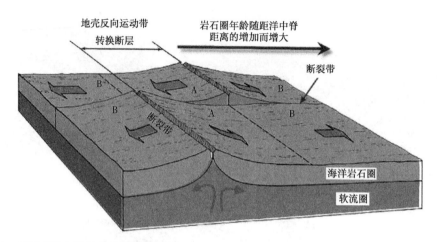

图 4.4　切断大洋中脊的转换断层示意图 （IMSA, Earthquakes and Volcanoes：A Global Perspective, IllinoisMathematics and Science Academy, Aurora, 2002. ）

在这种情况下，沿转换断层的运动方向是左旋的，因为从断层上看时，对面的板块向左移动。值得注意的是，左旋运动与脊段明显右移是相反的，这表明转换断层并不是在洋中脊发育之后才形成，而是由于沿洋中脊扩展速率不同而形成的。还要注意，转换断层仅在脊段（标记为 A）之间的区域中，并且脊段之外的区域（标记为 B）称为断裂带，因为 B 区域板块沿同一方向移动

能会有一些重要的地热资源。例如，San Andreas 断层带内有两个主要的地热系统——加利福尼亚北部的 Geysers 和加利福尼亚东南的 Imperial Valley。在 San Andreas 断层的大部分范围内以及其他主要的转换断层附近，通常都缺乏火山活动和地壳热流。

Geysers 和 Imperial Valley 地热系统的开发反映了 San Andreas 断层带不同的当地地质条件。Geysers 在时间和空间上与年轻且可能仍活跃的 Clear Lake 火山有关。Clear Lake 火山的成因与复杂边界转换有关，与从加利福尼亚海岸附近的较老的俯冲相关的汇聚边界到现在的转换边界有关。这种转换始于较老的离散中脊的俯冲作用，转换系统消耗了 Farallon 板块运动，俯冲作用停止。在俯冲 Farallon 板块之后，没有板块发生俯冲，热地幔物质涌出。上部地幔由于减压而部分熔化，导致火山活动，发育了 Clear Lake 火山并最终形成 Geysers 地热系统。

Imperial Valley 地热系统发育于 San Andreas 断层带的南端，靠近加利福尼亚海湾的伸展带，地热流体流量很高。此外，San Andreas 断层所在区域还伴有地壳拉伸作用，迫使地壳变薄，高温地幔岩石圈更靠近地表。高流量地热流体和地壳扩展的叠加形成了一个理想的地热环境。关于 Geysers 和 Imperial Valley 地热系统地质背景的更多详细信息将在第 7 章中讨论。

4.3　板块内部构造

在大多数情况下，板块内部很少有地质活动，地壳热流上升区域被限制在特定范围，包括一些基底为放射性花岗岩的深沉积盆地。上覆沉积岩就像一个热毯，热量在深部沉积盆地中积聚。下部花岗岩的放射性同位素（主要是铀、钍和钾）衰变会产生额外的热量，

于澳大利亚中东部的 Cooper 盆地正在开发这种地热能。2013 年投入使用的 1-MWe 试点地热电厂运行了 160 天，流体以 19kg/s 的速度从 4200m 到达井口，井口温度为 215℃，井底温度为 242℃（Geodynamics，2014）。

板块内地热环境与地幔上升流有关，例如靠近太平洋板块中部的夏威夷热点。在这里，地幔物质上升已经持续了至少 7500 万年，形成了一条绵延数千公里的火山岛和海山（水下火山岛）的线性链（图 4.5）。太平洋板块逐渐向西北移动，穿过相对稳定的上升地幔柱，形成了岛链。随着地幔物质的上升，压力降低，导致岩石部分熔化，形成岩浆，喷出到海底。喷出的熔岩堆积起来，最终出露海面，形成了岛屿。板块继续移动，岛屿逐渐远离热点，岛上的火山活动减弱，但随后又形成了一个新岛屿。目前，夏威夷大岛由五座接合的火山组成。最东南的两座火山 Mauna 火山和 Kilauea 火山最活跃，靠近热点正上方。此外，在东南部海域，一座新的海山（Loihi）正在生长，由距海面约 3000m 增长到距海面约 970m 以内。如果依据夏威夷火山的平均增长率约 30cm/a，Loihi 可能会在大约 30000 年后成为一个新的岛屿（Malahoff，1987）。

冰岛位于海平面之上，因为此处热点与洋中脊离散边界重合。两种构造活动共同导致大量的火山活动，使火山岩堆积在海平面以上。如果没有热点，冰岛将像大西洋中脊的其余部分一样被水淹没。

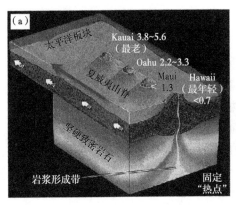
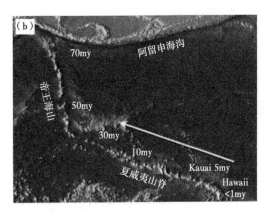

图 4.5（http：//ijolite. geology. uiuc. edu/02sprgClass/geo117/Ocean%20images/hotspot. html.）

（a）当太平洋板块在稳定的上升流地幔柱上移动时形成夏威夷岛—海山链的示意图。值得注意，西北部岛屿的年龄（在岛屿名称旁边的百万年数）系统性地增加（USGS，"Hotspots"：Mantle Thermal Plumes, U. S. Geological Survey, Reston, VA, 1999.）。（b）夏威夷山脊和帝王海山链的部分太平洋图像。请注意，西北部岛屿和海山（被淹没的岛屿）的年龄逐渐增加，反映了太平洋构造板块的运动方向。岛链弯折反映了大约 4000 万年前板块运动方向的变化。

白色箭头显示了过去 30 万～3500 万年的板块运动方向

由于夏威夷地质构造，最东南的两个岛屿——毛伊岛和大岛具有良好的地热发电潜力。目前，位于 Kilauea 火山东南翼的 Puna 地热发电厂的装机容量为 38MWe。板块热点也会出现在陆地上，怀俄明州西北部的黄石就是一个很好的例子，黄石位于热点上方，但一系列火山中心向西南延伸至内华达州西北部，表明上覆北美板块向西南运动（图 4.6）。黄石拥有最多的间歇泉，地球上大约一半的间歇泉都在这里。地面可以发现活跃的热液地质特征。曾经黄石有过多次最大的火山喷发。黄石地区热量来自地幔中持续不断的上升热流。1970

年政策规定不能开发黄石地区地热资源。如果开发黄石公园，可能提供几百兆瓦到几千兆瓦的地热电力。板块内热点标志着潜在的地热能源发展的有利地点，第7章中进一步探讨。

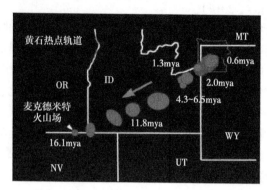

图4.6   标记黄石热点轨道的火山中心（椭圆）位置的地图

(http：//www. nps. gov/features/yell/slidefile/graphics/diagrams/Images/15899. jpg)

缩写"mya"代表了数百万年前的历史，请注意从内华达州北部到怀俄明州西北部的黄石国家公园的年龄有系统的下降，黄石地区显着的地热活动是由于其位于热点上方和浅水区

4.4   地球物质

岩石是评估地热资源的重要组成部分，因为岩石的类型会影响地热储层的特点。例如，与花岗岩相比，富含石英的砂岩将具有更高的导热率和固有渗透率。但是，如果花岗岩受到作用力影响而产生大量断裂，可能具有更高的裂缝渗透率。因此，需要一些有关岩石的基本信息以及作用力如何影响岩石，帮助了解地热能资源。

岩石是根据形成方式和组成矿物分类。矿物质是无机物质，具有有序的原子结构（晶体）和明确的化学成分。玻璃和石英具有相同的化学成分 SiO_2，但玻璃不是矿物，因为它缺乏石英中原子排列有序。岩石通常是矿物的集合体，尽管有些岩石可能只是一种矿物，例如主要由方解石组成的石灰石。一些岩石，例如黑曜石，没有矿物，黑曜石是火山玻璃。岩石的三个主要类别是火成岩、变质岩和沉积岩。火成岩和变质岩构成了地壳和地幔的大部分。另一方面，沉积岩是地球表面最常见的暴露群体，但是，它们的体积较小，在火成岩和变质岩上部形成相对较薄的表层，而火成岩和变质岩构成了地壳的大部分。

图4.7说明这三个岩石群之间的形成关系。但是，并非岩石必须经过这个循环，例如，变质岩不需要熔化产生火成岩，可以抬升、风化和侵蚀以形成沉积物，这些沉积物在掩埋和压实后变成沉积岩。

4.4.1   火成岩

火成岩是由熔化的岩石或岩浆冷却和结晶形成的。根据冷却和凝固的位置，分为两大类火成岩。第一种类型包括深部缓慢冷却的侵入岩或深成火成岩，第二种类型包括在地表或其附近迅速冷却的侵入岩或火山岩。由于深成火成岩冷却缓慢，因此晶体可以生长并且易于观察，通常大小在几毫米到1cm以上。另一方面，火山岩冷却迅速，限制了所形成晶体的尺寸，约1mm以下。无论是深成岩还是火山岩，火成岩形成的环境都可以通过岩石的

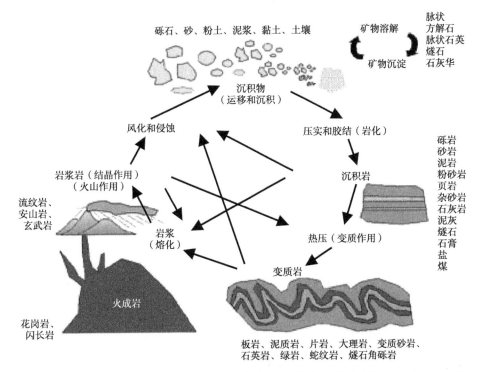

图 4.7　岩石旋回（USGS，*Overview of Geologic Fundamentals*，U. S. Geological Survey，Reston，VA，2015.）
从一个岩石组到另一个岩石组的过程，并且该循环可以按照外圈之间的箭头指示回避

结构来推断。岩石的结构反映了所含矿物的粒度和形状，以及矿物之间的相互分布。细粒火山岩具有隐晶质结构［图 4.8（a）］，而大多数中粒至粗粒深成岩具有显晶质结构［图 4.8（b）］。迅速冷却的岩石具有玻璃质地，例如黑曜石。在这种情况下，冷却速度如此之快，以至于几乎没有机会形成晶体。许多火山岩具有混合结构，这并不罕见，它由细粒或隐晶质的基质和较大的、容易看见的、称为斑晶的晶体组成。这种混合纹理被称为斑状纹理，反映了两个阶段的冷却过程［图 4.8（c）］。岩浆开始在深处缓慢结晶，形成斑晶，然

图 4.8　火成岩的纹理

（a）细粒或隐晶火山玄武岩（https：//en. wikipedia. org/wiki/lgneous_rock.）；（b）粗粒或显晶质深成花岗岩（https：//www. flickr. com/photos/jsjgeology/8475800221.）；（c）带有明显斑晶的斑状斜长石嵌在红灰色的隐晶基质中；岩石是斑状安山岩（https：//www. flickr. com/photos/jsjgeology/15661069958.）

后迅速喷发并冷却，形成隐晶质基质。因此，火成岩的环境取决于其最后冷却的地方，所以斑状结构会与火山环境而不是深成环境联系在一起，即使形成岩石的岩浆在地下开始慢慢冷却。

火成岩也根据其化学成分和矿物组成进行分类。最重要的化学成分是 SiO_2，质量含量从约 40%~78%，决定了岩石及其矿物组合的整体颜色。低硅火成岩通常为深色，反映出富含铁、镁和钙的矿物质。高硅火成岩通常是浅色的，因为它们由浅色矿物组成，例如长石和石英。这些矿物质富含二氧化硅、钠和钾，而铁、镁和钙含量低。

将纹理和成分相结合会产生如图 4.9 所示的一个分类方案。玄武岩是一种深色的火山岩，二氧化硅含量低，但是富含铁、镁和钙，沿着大洋中脊发散边界喷发，因此位于大部分海底之下。其侵入性的对应物是辉长岩。光谱的另一端是流纹岩，它是从大陆火山喷发而来的常见岩石，其侵入性对应物是花岗岩。硅石的中间成分是安山岩，是构成南美安第斯山脉的主要岩石，其侵入性对应物是闪长岩。

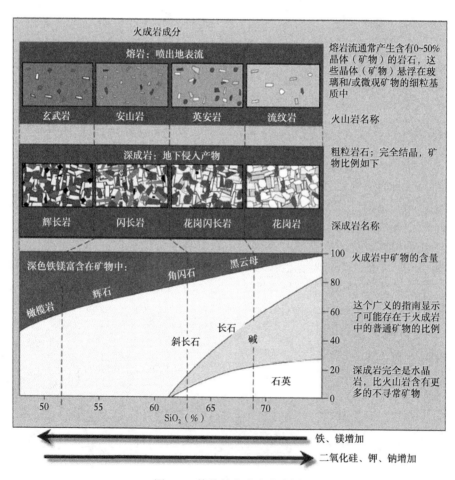

图 4.9　简化的火成岩分类图

4.4.2 沉积岩

沉积岩在地球表面或附近形成，记录了地球过去生命形式和气候状况。现存岩石的风化和侵蚀作用形成了沉积岩的组成部分。这些成分可以是固体颗粒，例如沙子、砾石或黏土。它们也可以是溶解的矿物成分，从溶液中沉淀出来，可以是有机的，如珊瑚，也可以是无机的，如在干涸湖底的盐。因此，类似于火成岩，沉积岩可以分为两个部分。在这种情况下，划分为碎屑岩和化学岩。

碎屑或碎屑沉积岩反映了固体颗粒的沉积和埋藏，而化学沉积岩是通过溶液中最初溶解的成分沉淀形成。沉积和掩埋后，碎屑沉积物变成石头，例如在河漫滩或陆地上的湖泊中，或者最终在海洋中。单个颗粒在压力下被压实，并且通常还与从地下水中沉淀出来的二氧化硅或碳酸钙黏合在一起。与火成岩一样，纹理和成分用于对碎屑岩和化学沉积岩进行分类（图4.10）。

碎屑沉积岩		
纹理（粒度）	沉积物名称	岩石名称
粗（超过2mm）	砾石（圆形碎片）	砾岩
	砾石（角砾）	角砾岩
中等（1/16~2mm）	砂	砂岩
细（1/16~1/256mm）	泥	粉砂岩
非常细（小于1/256）	泥	页岩
化学沉积岩		
成分	纹理（粒度）	岩石名称
方解石	细晶—粗晶	结晶石灰岩
		石灰华
	贝壳和胶结贝壳碎片	壳灰岩
	方解石胶结的贝壳和贝壳碎片	含化石石灰岩
	微观贝壳和黏土	白垩
石英	极细晶	燧石（浅色）燧石（深色）
石膏	细晶—粗晶	岩石石膏
石盐	细晶—粗晶	岩盐
蚀变植物碎片	细粒有机质	烟煤

（右侧纵向跨格标注：生物化学灰岩）

图 4.10 沉积岩的简化分类图

（http：//en.wikipedia.org/wiki/clastic_rock#/media/File：Sedimentany_Rock.Chart.png.）

碎屑沉积岩根据结构和成分分类。在这种情况下，纹理反映了岩石和矿物颗粒的大小、形状、圆度或棱角度以及分类。固结的黏土颗粒形成页岩或黏土岩，粉粒大小的颗粒形成粉砂岩，砂粒大小的颗粒形成砂岩，较大的颗粒形成团块或角砾岩，具体取决于颗粒是圆形还是角形。岩石还可根据颗粒的矿物学特征进一步来区分，例如石英砂岩或燧石—卵石砾岩。

最常见的化学沉积岩是石灰岩，主要由方解石组成。大多数石灰石是由生物过程有机形成的，生物过程中生物分泌碳酸钙形成贝壳，这些贝壳聚集在海底。珊瑚礁的骨骼结构在埋藏时也会变成石灰石。另一种无机形成的碳酸盐矿物是白云石，它可以代替原始的石灰石形成白云石。因此，石灰石和白云石通常统称为碳酸盐岩。

化学沉积岩也是地热过程的结果。地表的地热流体排放会沉积硅质泉华（图 4.11），这是深部高温（≥180℃）地热流体的一个重要指标（Fournier and Rowe，1966）。碳酸钙也可以储存在温泉周围形成钙质泉华，这是深层低温流体的一个指标（图 4.12）。如果泉水从湖底流出，则可以沉积凝灰岩（另一种碳酸钙形式）（图 4.13）。在第 6 章和第 8 章中进一步详细讨论化学地热矿物和化学沉积岩这一主题。

图 4.11　地质学家在加利福尼亚州东北部对 Growler 温泉进行采样（U. S. Geological Survey photograph.）
泉水活跃地沸腾，随着溶液冷却，泉水周围的白色残留物沉积为硅质泉华

图 4.12　黄石国家公园的猛犸象温泉（Photograph by Jon Sullivan，http：//www. public-domain-photos. com/travel/yellowstone/mammoth-hot-springs-free-stock-photo-4. htm.）
令人印象深刻的是，当流体从地表冒出时，CO_2 从溶液中冒出来就会形成钙华

图 4.13   在内华达州金字塔湖北端的凝灰岩塔和喷泉地热井（作者照片）

石灰石由方解石制成，是在 Lahontan 湖（金字塔湖遗迹）的底部排出泉水时形成的。凝灰岩塔高 60m 至近 100m

4.4.3   变质岩

变质岩也由先前存在的岩石形成，但与沉积岩不同，由于压力、温度和流体的化学作用的增加，它们在深部形成。这些岩石也根据结构和矿物成分进行分类，纹理或粒度主要反映变质作用的等级（温度和压力），因此细粒纹理主要反映低温和低压（低等级），而粗粒则反映高温和高压（高等级）。所有结构矿物学的变化均以固态发生。

与其他两个岩石群相似，变质岩可以分为两种类型：叶状和非叶状（图 4.14）。在叶状变质岩中，矿物有一个首选方向。通常，该方向垂直于最大施加应力的方向。叶状变质

原生岩	纹理	岩石名称	变质作用	变质程度	评论
泥岩	叶状	石板	区域	低	破裂成板（板条劈开）
泥岩	叶状	千枚岩	区域	中	比石板更闪亮和粗糙
泥岩	叶状	片岩	区域	中高	根据矿物含量识别的不同片岩
泥岩 花岗岩	叶状	片麻岩	区域	高	发育良好的明暗带
石英砂岩	无叶	石英岩	接触	低—高	含糖的纹理，由连锁的石英颗粒组成；相对坚硬，不会因酸而起泡
石灰岩	无叶	大理石	接触	低—高	含糖的纹理，由连锁的方解石颗粒组成；相对软，可能因酸而起泡
玄武岩	无叶	变形岩	接触	低	绿泥石呈绿色

图 4.14   变质岩分类简化图（https：//www. mesacc. edu/sites/default/files/pages/section/academicdepartments/physical-science/geology/images/mmrkid1. jpg.）

系列的一个很好的例子是页岩的渐进变质作用。随着温度和压力的增加，在最高温度和压力下，页岩将从板岩变为千枚石、片岩，最后变为片麻岩。在非叶状变质岩中，缺乏一个首选方向，因为要么在各个方向上均施加压力，要么母岩主要是单矿物的。单矿物岩石分别变成石英岩和大理石。

适用于地热环境的各种变质岩是在相对较低的温度和压力下，通常温度小于300℃和压力小于1.5kbar，在流体作用下发生蚀变。这种变质作用称为热液蚀变，热液蚀变的岩石可以成为评估地热资源质量的重要指标或工具（将在第6章中进一步讨论）。

4.5 岩石群的构造环境

在汇聚边界，出现了火成岩和变质岩。在活跃的汇聚环境中，火山岩和深成火成岩通常都暴露在外。根据侵蚀的位置和深度，变质岩可能会暴露也可能不会暴露。在侵蚀更深的岛屿和大陆弧中，变质岩和深成火成岩很常见。靠近沟槽和俯冲带，变质岩的典型特征是在高压但相对较低的温度下形成的矿物组合，或称为蓝片岩变质作用。这个名字源于一种蓝色矿物，蓝闪石的出现，在具有俯冲带特征的高压和低温条件下形成的。变质岩更靠近火山弧，离海沟较远，其特征是高温低压矿物，因为岩石是由上升的岩浆体烘烤而成的，也是在这个高温低压变质区，热液变质（或热液蚀变）与地热系统一起发生。

在没有俯冲带的汇聚边缘，岩石主要是由变质的沉积岩、局部火成岩侵入体和变质岩组成。变质岩通常是中高阶片岩和片麻岩，它们在挤压和加热时会产生高温和高压。由于大陆地壳的厚度相当大，并且缺乏俯冲带来促进大陆碰撞带的火山活动，因此，热流和地热能升高的区域通常局限于特定区域。例如受到高度断层或穿透性裂缝影响的区域，这些区域可能会将流体引导至深部以进行加热，然后返回地面。

在不同的构造环境中，火成岩与沉积岩一起占主导地位。沿洋中脊，玄武岩喷发。在陆地上分散或裂谷的环境中，喷出了大量的火山岩其成分包含玄武岩到流纹岩等侵入性岩体，分布广泛。由于新的火山岩丰富，在不同的构造环境中以及在陆地上发生这种环境的地方，例如冰岛和东非大裂谷，热量的流动相当普遍，开发地热能的潜力非常高。充满断层边界盆地的沉积岩可以作为潜在可渗透的地热储层，热水可以在其中自由循环。

所以三组岩石类型可以在转换边界环境中找到。能够反映高热流局部区域的年轻火成岩通常局限于转换断层的特定部分，例如在加利福尼亚州 San Andreas 断层的南北端。转换断层的某些区域，除了地壳剪切外，还会发生地壳伸展，就像东南部加利福尼亚的 Imperial Valley 的情况一样。下墨西哥的 Ccysers、Salton Sea 地区和 Cerro Prieto 是与 San Andreas 变换断层有关的发电地热系统，将在第7章中进行讨论。

4.6 重力和地质构造

重力会导致岩石变形，沿构造板块边界会存在应力集中。岩石的变形主要通过两种方式发生：（1）脆性破坏，它导致岩石破裂或断裂；（2）韧性破坏，岩石弯曲而不会破裂。两种类型的岩石结构都可以充当地热流体流动的通道、圈闭或屏障。

4.6.1 应力与应变关系

应力是作用在岩石上的力。岩石如何响应该力或应力称为应变或变形。应变是记录在岩石中的，记录的应变类型反映了施加的应力类型。应力的三种主要类型是压缩应力、拉伸应力和剪切应力。挤压应力导致地壳缩短和增厚，而拉应力使地壳拉长并变薄。剪应力使地壳弯曲并扭曲。汇聚边界承受很大的压应力，发散边界会产生拉应力，而剪应力会沿着转换边界局部化。

岩石的应变或变形可以是脆性的（断裂和破裂）、韧性的（弯曲而不会断裂或折叠），也可以是弹性的（对在地震过程中发生的外加应力产生类似弹簧的反应）。应力和应变之间的关系显示在图 4.15 上，低应力和低应变会导致弹性变形或非永久变形。当施加足够的应力并且岩石开始破裂时，岩石通常会弯曲，经受韧性或塑性变形。如果施加进一步的应力，岩石将破裂或发生脆性变形。变形的类型也是外部参数的函数。如果迅速施加应力，通常会形成弹性或脆性而不是韧性的变形。另一方面，如果在高温下施加应力，岩石将倾向于弯曲而不是断裂。此外，不同岩石的固有强度会影响

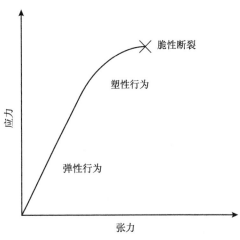

图 4.15　应力与应变以及变形形式的关系图

变形方式。页岩是一种相对较弱的岩石，在破裂前会弯曲，反映出构成页岩的黏土颗粒的可弯曲特性。另一方面，富含石英的砂岩或石英岩由抵抗弯曲的强石英颗粒组成，并且通常在弯曲之前会破裂。

4.6.2　韧性结构

岩石的永久弯曲而不断裂的现象称为褶皱。大多数褶皱发生在高温下或相对薄弱的岩石，如页岩。当岩石被挤压时，它们会弯曲成一系列的褶皱，从而有效地缩短和加厚地壳。根据褶皱的几何形状，存在相当复杂的褶皱分类，但就本书而言，褶皱的两种主要类型为向斜和背斜。向斜是指岩层向下弯曲，背斜指岩层向上弯曲（图 4.16）。较老的岩石暴露在背斜的核心中，较新的岩石暴露在向斜的核心（图 4.16）。如果顶部存在致密岩层，则背斜可以用作低密度石油和天然气的圈闭，同样适用于热地热流体。

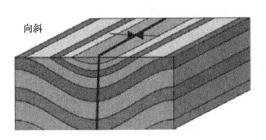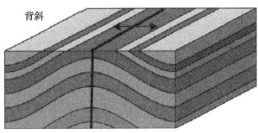

图 4.16　向斜线的弯折层（向下凹）和背斜的弯折层（向上凸）

（http：//www. slideshare. net/GP10/anticlines-and-synclines.）

请注意，较年轻的岩石暴露在向斜的核心中，较旧的岩石暴露在背斜的核心中。两张图中的黑色粗线标记了折叠轴的轨迹，将折叠分为两半。如黑色箭头所示，岩石在向斜方向上朝向折叠轴倾斜，而在背斜方向上则远离折叠轴

4.6.3　脆性结构

岩石破裂时会形成裂缝。裂缝有两种类型：（1）在裂缝上没有相对运动的裂缝，称为节理；（2）在裂缝两侧的岩石已移动的裂缝，称为断层。接缝通常由熔岩的冷却和收缩形成，称为冷却接缝。当岩石由于卸载形成的节理而膨胀时，形成的节理可以平行于岩石表面或垂直于岩石表面切割并向下急剧倾斜，它们也可能在岩石的构造抬升过程中形成。断层是特殊的裂缝，其中裂缝两侧的岩石都相对移动。岩层可以通过三种主要方式相互移动：左右移动、上下移动或两种样式的组合，这也反映了所施加压力的类型。断层的两大类是倾滑断层和走滑断层。倾滑断层又分为正断层或逆断层，走滑断层又分为右断层或左断层。为了理解这种分类，必须引入一些额外的术语，地质学家使用这些术语来定义岩层和断层的空间方向。

岩层和断层都定义了平面。为了描述平面的空间方向，地质学家测量了平面中包含的两条相交且互相垂直的线的方向。其中一条线是走向，即平面中包含的水平线的罗盘方向。第二条线是倾向，它是从水平方向测量的平面倾斜度和垂直于走向的方向测量的倾斜方向。倾斜岩层的走向和倾向如图 4.17 所示。在断层平面与地形表面（另一个平面）相交的地方，会形成一条称为断层迹线的线。在图 4.18 中，显示了具有不同走向和倾向的两个断层平面（点状模式）。请注意，必须给出指南针的倾斜方向，因为垂直于断层走向方向有两个方向。

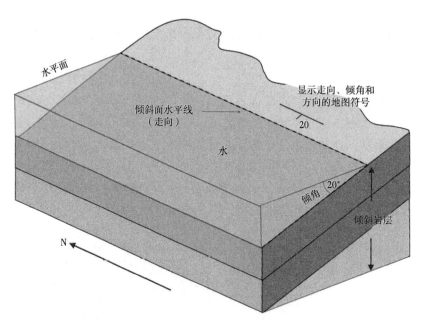

图 4.17　下倾岩层的走向和倾角（Earle, S., Physical Geology, Section 12.4, BCcampus, Victoria, BC, 2015, https://opentextbc.ca/geology/chapter/12-4-measuring-geological-structures/）
在此示例中，走向为北，倾角方向为西，岩石层在水平（水）面以下倾覆（倾斜）20

位于倾斜断层平面上方的岩石块是上盘，而位于断层平面下方的岩石块是下盘。倾滑断层发生在上盘和下盘平行于倾向的地方。在正常的倾滑断层中，上盘相对于下盘向下移

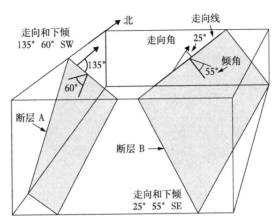

图4.18　断层平面（http：//maps. unomaha. edu/maher/eurtoadstoolproject/toadstoolprojectinfo/strikedip. jpeg.）
如灰色区域所示。请注意，必须指定下倾方向，以避免产生歧义

动（图4.19）。正倾滑断层是在张应力作用下形成的。因此，沿着正常的倾滑断层运动会使地壳变薄。沿正断层运动会形成一个独特的地形，其中隆起的下盘形成称为地垒的山脉，而下降的上盘形成称为地堑的山谷。在内华达州有这种地堑和地垒地形的例子，它是盆地和山脉的核心，不断地壳扩展而产生的。每次地震，山脉不断上升，山谷不断下降。

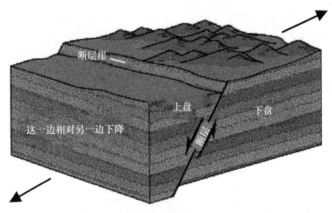

图4.19　正断层（USGS, Visual Glossary：Normal Faults, U. S. Geological Survey, Reston, VA, 2014.）
其中悬挂壁块相对于底壁向下移动。除了上下偏移外，请注意，正断层是由地壳延伸或
在岩石上拉动形成的，如黑色粗体箭头所示

逆断层是指上盘相对于下盘向上移动的地方。逆断层是在向上抬升上盘的压力作用下形成的，而下盘则被推到下面。岩层相互重叠或部分堆叠，使地壳变厚（图4.20）。

在走滑断层中，运动或多或少与走向平行，即水平或左右平行。如先前在有关转换构造边界的讨论中那样，沿着走滑断层的运动要么是右侧，要么是左侧（图4.21）。在右旋走滑断层中，与观察者相反一侧岩石向右移动，而在左旋走滑断层中，断层另一侧的岩石向左移动。最后一种类型的断层是斜滑断层，它结合了倾滑和走滑运动（图4.22）。在该特定示例中，所示的断层具有左旋、正常的斜滑运动。

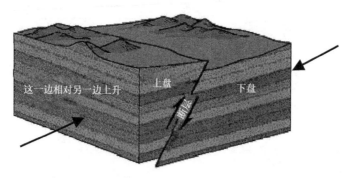

图 4.20　逆断层的方块模型（USGS, Visual Glossary：Reverse Fault, U. S.
Geological Survey, Reston, VA, 2014）
请注意，除了悬挂式砌块的隆起之外，岩石层还部分重叠，这会使地壳变厚。
逆断层由地壳压缩形成，如粗体箭头所示

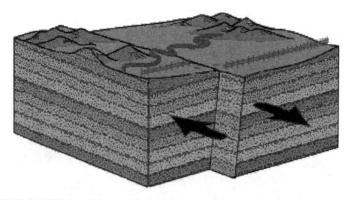

图 4.21　走滑断层的方块模型，其中岩石平行于断层走向或水平运动（USGS, Visual Glossary：Fault,
Normal Faults, Reverse Faults, Strike-Slip Fault, Fault Scarp, U. S. Geological Survey, Reston, VA, 2014.）

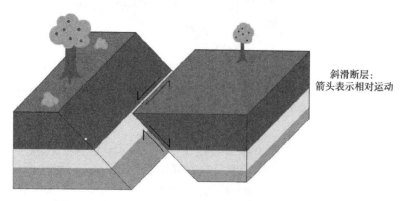

图 4.22　同时具有走滑和倾滑分量的斜滑断层的方块模型
（https：//upload. wikimedia. org/wikipedia/commons/0/0a/Oblique_slip_fault. jpg.）
在这种情况下，该断层将被描述为正常的左侧斜滑断层

总之，岩层构造、褶皱和断层反映了产生它们的应力的性质。从地热的角度来看，正确识别区域结构的类型非常重要，因为它反映了产生这些结构的力。否则，可能会影响对某一地区地热开发潜力的评估。例如，考虑与压缩力产生的逆断层相比，拉伸力产生的正断层可能对地下流体流动产生影响。

4.7 总结

尽管地球内部到地面的热量非常大（近 50×10^{13} W）（Davies and Davies, 2010），但分布并不均匀。这些热量大部分沿着地球构造板块边界，在离散区域或局部区域，或在有集中的上升地幔物质（称为热点）的区域来分布。在这些区域中，热流向上运动成为电能或热能来源。构造板块的边界包括三种类型：离散型、汇聚型和转换型。沿离散边界，构造板块分离，岩浆向上涌出，占据了板块分离时形成的空间。大多数不同的边界位于海洋盆地之下，形成了大约 70000km 长的大洋中脊系统，这是地球上最活跃或持续的火山活动的地点。陆地的分界线一个很好的例子是冰岛，中大西洋海岭穿过冰岛。由于冰岛的地质环境，所有建筑物中约有 90% 是通过地热供暖的，约有 30% 的电力来自地热能。

另一个热流升高的区域沿着汇聚构造边界发生，根据构造板块的性质，有三种类型的汇聚：（1）大洋—大陆汇聚、（2）大洋—大洋汇聚、（3）大陆—大陆汇聚。前两种类型与俯冲带相关，在俯冲带中密度较大的板块俯冲到密度较小的板块之下。俯冲板块最终在地幔中循环利用，不断增加的热量和压力驱散了水，降低了上覆的热地幔岩石的熔点，并导致部分熔融和岩浆形成。岩浆的密度小于周围的岩石，岩浆向上运动，并最终可能喷发而形成火山。在这些火山附近，岩浆可以加热深层循环的地下水以支持地热系统。在大陆—大陆的汇聚边界，例如喜马拉雅山脉中，俯冲带不存在，因为大陆岩石圈的密度不足以使其下沉。因此，在这种构造环境下，几乎没有火山活动，地热系统发育欠佳，但如果水通道断层的切入深度足以与深部热岩相交，则仍可能发生。

板块相互水平滑动时会发生转换边界，例如加利福尼亚州的 San Andreas 断层。这里火山作用产生的热量很少，但是如果断层延伸导致地壳变薄，则沿断层的局部区域可能具有地热发展的潜力，从而使深处的热岩石更接近地表。这种环境的一个例子是加利福尼亚东南部的萨尔顿海地区。与 San Andreas 断层有关的另一个主要地热系统是断层系统北端附近的间歇泉。但是，在 Geysers 和 Salton sea 地区之间的大多数 San Andreas 断层几乎没有或根本没有地热系统。其他有板块作用的转换断层，例如新西兰的阿尔卑斯断裂或土耳其的北安纳托利亚断裂，其地热潜力也是有限的。

在构造板块内部，承载地热系统最多的是地幔柱，例如夏威夷或黄石公园。尽管这些热点提供了集中的热能来支持强大的地热系统，但它们分布范围很广，并且局限于特定的区域，例如夏威夷大岛或黄石公园。与火山活动无关并且尚未开发的地热系统的潜在板内环境是位于高区域热流区域的深部沉积盆地。这些热的深部沉积盆地的地热潜力在第 11 章中进行探讨。

岩石和矿物的地球物质在帮助表征地热系统中也发挥着作用。这是因为岩石和矿物具有可变的热参数和物理特性。而且，构成岩石的矿物具有不同的机械特性，允许某些岩石弯曲得更多，与花岗岩相比，页岩更容易弯曲而不是破裂。可以构成地热储层的三种岩石是火成岩（火山岩和深成岩）、沉积岩（碎屑岩和化学岩）和变质岩（叶状和非叶状）。火成岩和变质岩通常具有有限的基质渗透率，因此需要次生裂缝以使流体流动。相比之下，某些沉积岩例如砂岩或石灰岩，可能具有显著的原生渗透性，可以作为潜在的地热储层。

板块构造产生的力使岩石断裂或弯曲，或者两者兼有。岩石破裂或弯曲取决于几个因素，包括温度、压力和施加力的速率。同样，岩石本身的性质将影响其变形方式。岩石的弯曲或折叠是韧性变形，而诸如断层等断裂的岩石则是脆性变形。褶皱通常在岩石被挤压（压缩）时形成，而断层可能是由于挤压、拉伸或剪切而形成。在张力的作用下会形成正断层，这会使地壳变薄并提高热流。同样，张力会产生开放空间，从而提高渗透性，促进流体循环。因此，经历伸展和正断裂的区域，例如沿着发展中的离散构造边界，可以成为容纳地热系统的诱人区域，例如东非大裂谷地区的肯尼亚。

在整个地质时期，地热系统有发展和消亡。一些化石地热系统包括重要的矿床，而一些活跃的地热系统正在大量沉淀矿石级矿物，诸如金、银和锂等重要工业矿物。地热系统中开发的矿物的辐射测龄表明其寿命范围从几万年到几百万年。但是，逐渐减弱的地热系统仍可能吸引潜在的开发人员，需要可持续的管理方式增加开采时间。

4.8　建议的问题

问题 1 中引用的断层 Landsat（空中）视图

（NASA Earth Observatory image by R. Sigmon and J. Allen using Landsat data from USGS Explorer, https：//upload. wikimedia. org/wikipedia/commons/4/48/Piqiang_Fault, _China_detail. jpg .）

（1）上面是中国天山山脉的一部分的卫星图像。它是什么类型的结构？要尽可能具体。断距是多少？大约指示多少位移？

（2）您是一位绘制地热矿床的地质学家，并绘制了许多正断层。你的同事正在寻找逆断层。考虑不同的断层类型如何影响潜在的地热流体流动能力。

4.9　参考文献和推荐阅读

Amante, C. and Eakins, B. W. (2009). *ETOPO1 1 Arc-Minute Global Relief Model: Procedures, Data Sources, and Analysis*, NOAA Technical Memorandum NESDIS NGDC-24. Washington, DC: National Oceanic and Atmospheric Administration, National Centers for Environmental Information (http://www. ngdc. noaa. gov/ mgg/global/global. html).

Davies, J. H. and Davies, D. R. (2010). Earth's surface heat flux. *Solid Earth*, 1 (1): 5-24.

Earle, S. (2015). *Physical Geology*, Section 12. 4. Victoria, BC: BCcampus (https://opentextbc. ca/geology/ chapter/12-4-measuring-geological-structures/).

EIA. (2016). *Electricity*. Washington, DC: U. S. Energy Information Administration (http://www. eia. gov/ electricity/data. cfm; click on "Electricity data browser").

Fournier, R. O. and Rowe, J. J. (1966). Estimation of underground temperatures from the silica content of water from hot springs and wet-steam wells. *American Journal of Science*, 264 (9): 685-697.

Geodynamics. (2014). *Quarterly Report Period Ending 30 September 2014: Operations*. Queensland, Australia: Geodynamics, Ltd. (http://www. geodynamics. com. au/Our-Projects/Innamincka-Deeps. aspx).

IMSA. (2002). *Earthquakes and Volcanoes: A Global Perspective*. Aurora: Illinois Mathematics and Science Academy (http://staff. imsa. edu/science/si/horrell/materials/Earthquakes/quakes55. html).

Johnson, J. (2015). *Glossary: Igneous*. Reston, VA: U. S. Geological Survey (https://volcanoes. usgs. gov/ images/pglossary/VolRocks. php).

Kious, W. J. and Tilling, R. I. (1996). *This Dynamic Earth: The Story of Plate Tectonics*. Reston, VA: U. S. Geological Survey.

Malahoff, A. (1987). Geology and volcanism of the summit of Loihi submarine volcano. In: *Volcanism in Hawaii*, USGS Professional Paper 1350 (Decker, R. W., Wright, T. L., and Stauffer, P. H., Eds.), pp. 133-144. Reston, VA: U. S. Geological Survey.

Mattioli, G. S. (2008). *Geologic Structures* (lecture). Fayetteville: University of Arkansas (http://www. uta. edu/faculty/mattioli/geol_1113/pdf/lect_18_folds_faults_07. pdf).

Stoffer, P. (2002). *Rocks and Geology in the San Francisco Bay Region*, Bulletin 2195. Reston, VA: U. S. Geological Survey (http://pubs. usgs. gov/bul/2195/b2195. pdf). Provides a good description of the three main rock groups and pictures that illustrate rock names; also offers a concise discussion on the formation of the San Andreas fault.

Tarbuck, E. J. and Lutgens, F. K. (1999). *Earth: An Introduction to Physical Geology*. Upper Saddle River, NJ: Prentice Hall.

USGS. (1999). *"Hotspots": Mantle Thermal Plumes*. Reston, VA: U. S. Geological Survey (http://pubs. usgs. gov/gip/dynamic/hotspots. html).

USGS. (2014a). *FAQ—Everything Else You Want to Know About This Earthquake & Tsunami: Magnitude 9. 1 Sumatra-Andaman Islands Earthquake FAQ*. Reston, VA: U. S. Geological Survey (http://earthquake. usgs. gov/earthquakes/eqinthenews/2004/us2004slav/faq. php).

USGS. (2014b). *Understanding Plate Motions*. Reston, VA: U. S. Geological Survey (http://pubs. usgs. gov/ gip/dynamic/understanding. html).

USGS. (2014c). *Visual Glossary*:*Normal Fault.* Reston, VA:U. S. Geological Survey (http://geomaps. wr. usgs. gov/parks/deform/gnormal. html).

USGS. (2014d). *Visual Glossary*:*Reverse Fault.* Reston, VA:U. S. Geological Survey (http://geomaps. wr. usgs. gov/parks/deform/greverse. html).

USGS. (2014e). *Visual Glossary*:*Fault*, *Normal Faults*, *Reverse Faults*, *Strike-Slip Fault*, *Fault Scarp.* Reston, VA:U. S. Geological Survey (http://geomaps. wr. usgs. gov/parks/deform/gfaults. html).

USGS. (2015a). *Loihi Seamount*:*Hawaii' s Youngest Submarine Volcano.* Reston, VA:U. S. Geological Survey (http://hvo. wr. usgs. gov/volcanoes/loihi/).

USGS. (2015b). *Overview of Geologic Fundamentals.* Reston, VA:U. S. Geological Survey (http://3dparks. wr. usgs. gov/nyc/common/geologicbasics. htm).

5　地下流体流动

5.1　本章目标

（1）解释孔隙度和渗透率在地热系统评价时作用。

（2）阐述基质孔隙度和渗透率、裂缝孔隙度和渗透率以及相互关系。

（3）应用达西定律计算流体在地下流动的各种参数，包括渗透率、流量或通过岩石的总流量。

（4）解释裂缝间距和裂缝宽度如何影响孔隙度和渗透率。

（5）评价孔隙度和渗透率随深度的变化，解释在考虑裂缝透射率时的差异。

无论是蒸汽还是液体，流体流动是获得地球内部热量的基础。若不存在流体或流体无法流动，不论地层岩石温度多高，地热能量的获取都会十分复杂。例如，增强型地热系统（EGSs）是从地面向地热储层注入流体，成本很高。为了解流体运动，需要讨论岩石的孔隙度和渗透率。

5.2　原生基质孔隙度和渗透率

孔隙度与渗透率有本质区别。孔隙度是岩石孔隙体积之和与岩石体积的比值，用百分数表示。渗透率是表征岩石本身传导液体能力的参数，通常用 mD（毫达西）来衡量。孔隙度和渗透率差异如图 5.1 所示。（A）和（B）两图有相同的孔隙度（$\phi = 40\%$），但在（A）中，孔隙仅部分连通，而在（B）中，孔隙连通性更强，允许附加流体运动。因此，连通性好的孔隙度会提高岩石的渗透率。

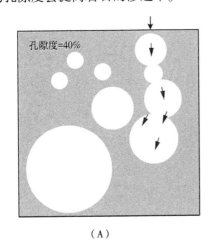
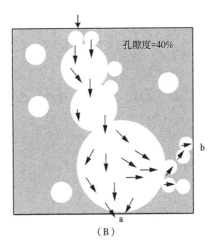

（A）　　　　　　　　　　　　　　　（B）

图 5.1　孔隙度（白色圆圈）和渗透率（小箭头）示意图（Glassley, W. E., Geothermal Energy: Renewable Energy and the Environment, 2nd ed., CRC Press, Boca Raton, FL, 2015.）

渗透率的国际单位为 m^2,见式(5.1),不过渗透率通常用 D 表示,该单位是以亨利·达西的名字命名的,达西在 19 世纪中期阐述了多孔介质中的流体流动。1D 定义为在一个大气压下,黏度为 1cP 的流体在长 1cm、截面积为 $1cm^2$ 的岩石中渗流。

1D 等于 $9.87×10^{-13}m^2$ 或 $0.987×10^{-6}μm^2$,即 1D 约等于 $1×10^{-6}μm^2$。地质学家和地下水水文学家通常使用 D 或 mD 为单位,因为大多数地层的渗透率相对较低。由于单位面积不能直接转化为流体传导率或流量,土壤或岩石的渗透率也可以表示为在 20℃ 时静水压力下或约 0.1bar/m 水头的水流量。在这种情况下,1D 等于 0.831m/d。通常认为大于 $10^{-14}m^2$ 的渗透性较好,近似于 10mD。在加热和浮力效应作用下,地热流体的对流要求最低渗透率约为 5mD。孔隙度模拟结果表明,裂缝渗透率为 50~500mD 生产井流量可以达到 200kg/s。

地层具有两种类型的孔隙度和渗透率,一种是基质孔隙度和渗透率,另一种是裂缝孔隙度和渗透率(详情见下节)。基质孔隙度和渗透率是土壤或岩石的基本性质。达西针对这种情况,提出了多孔介质中流体流动的公式:

$$Q = -\frac{K}{\mu} × A × \left(\frac{p_b - p_a}{L}\right) \tag{5.1}$$

式中 Q——流量,m^3/s;

K——渗透率,m^2;

μ——动力黏度,$Pa·s$ 或 $kg/(m·s)$;

A——横截面积,m^2;

p_b——最终压强,Pa;

p_a——初始压强,Pa;

L——压降长度,m。

由于流体从高压流到低压,所以 $p_b - p_a$ 为负值,这使得流体在正 x 方向流动。等式两边同时除以 A,得到简化后的结果:

$$q = -(K/\mu) × \nabla p \tag{5.2}$$

式中 q——流量,单位面积流量,Q/A,m/s;

K——渗透率,m^2;

μ——动力黏度,$Pa·s$ 或 $kg/(m·s)$;

∇p——压力梯度,$(p_b - p_a)/L$。

注意:尽管流量(q)的单位是 m/s,但它并不是流体通过孔隙的速度。实际速度与达西流量与孔隙率之积有关,即

$$v = q × \phi \tag{5.3}$$

式中 v——流体速度;

q——达西流量,单位面积流量,Q/A,m/s;

ϕ——孔隙度。

达西定律的主要含义如下:

(1)如果没有压力梯度,流体就不会流动。

（2）如果有压力梯度，流动将从高压流向低压（负值）。

（3）压力梯度越大，流量越大。

（4）对于给定的压力梯度，流动速度会随着地层的不同而不同。

达西定律只适用于缓慢的黏性流体，大多数情况下适用于地下水。但在特殊情况，例如地热井高流量下不适用。地热井中的流量主要由浮力和静压力决定。

图 5.1 中的流量为零，这要求渗透率也必须是零。在图 5.1（B）中，有 a 和 b 两条流动路径，这两条流动路径的渗透率并不相同。在路径 a 中，存在较大的压力梯度（∇p），连接孔的直径大，导致渗透率更大。因此，同一种材料在渗透率上可能具有各向异性，根据孔隙的几何形状和分布情况可以在某些方向上促进流动。除孔隙连通性外，影响渗透率的其他重要因素包括：

（1）流体路径的弯曲性。

（2）孔隙大小。

（3）表面张力的影响。

正如第 6 章所述，水是极性分子，因此水分子极易相互黏着，形成氢键。与大孔隙相比，小孔隙具有更大的表面积与体积比，即在给定体积下，水可以附着的表面积更大。具有若干小连通孔隙的材料的渗透率可能低于具有较少连通孔隙但孔径较大的材料。见表 5.1，与极细砂相比，分选良好的砂或砾石具有更高的渗透性。虽然孔隙大小可能会有一个量级的变化，例如粗砂和细砂之间，但渗透率的降低会有几个量级的变化，这主要反映了小孔隙在流体流动中表面张力的增强。

另一个值得注意的参数是导水率（k），用于测量材料允许流体流动的能力。根据达西定律方程（5.1）中的 K/μ 乘以液体的密度得到的：

$$k = -\left[\rho \times (g/\mu)\right] \times K \tag{5.4}$$

式中 k——导水率，m/s；

ρ——流体密度，kg/m³；

g——重力加速度，m/s²；

μ——动力黏度，Pa·s 或 kg/（m·s）；

K——渗透率，m²。

表 5.1 几种典型地层的渗透率

地层类型		高度破碎岩石	分选良好的砂、砾石	极细砂和砂岩	花岗岩
渗透率	K（cm²）	$10^{-3} \sim 10^{-6}$	$10^{-5} \sim 10^{-7}$	$10^{-8} \sim 10^{-11}$	$10^{-14} \sim 10^{-15}$
	K（mD）	$10^{-8} \sim 10^{-5}$	$10^{-6} \sim 10^{-4}$	$10^{-3} \sim 1$	$10^{-3} \sim 10^{4}$

与渗透率类似，不同地层的导水率可以相差几个数量级，水的导电性也会随着方向和距离而变化。渗透率和导水率是评价地热储层预期水平的关键因素。

5.3 裂缝孔隙度和渗透率

由于地层运动导致岩石破裂产生裂缝，可能形成节理或断层。断层是在构造力作用下形成的，不同方向的断层反映了应力随时间的变化趋势。节理可由构造力形成，也可以是受力卸载或加热和冷却形成。见表5.1，裂缝渗透率大于基质渗透率一个或多个数量级，次级裂缝渗透率可以使致密岩石具有流动潜力，例如花岗岩。与基质孔隙度相似，裂缝孔隙度是裂缝中开放空间的数量与固体岩石的体积之比。根据裂缝的间距和大小，裂缝孔隙度可能比基质孔隙度大数倍。在裂缝未连通的情况下，裂缝孔隙度高并不意味着裂缝渗透率高（图5.2中的C裂缝）。

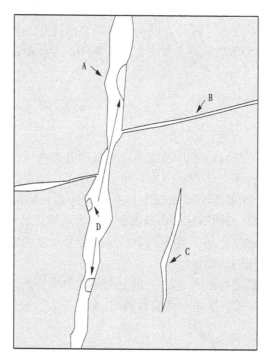

图5.2　三种类型裂缝示意图（Glassley, W. E., Geothermal Energy: Renewable Energy and
the Environment, 2nd ed., CRC Press, Boca Raton, FL, 2015.）
白色区域表示开放空间或孔隙空间。该岩面基质孔隙度高，基质渗透率低，仅局限于裂缝A和裂缝B。
注意，A的裂缝壁面粗糙，含有矿物沉淀，而B的裂缝壁面光滑。裂缝C虽然多孔，但无渗透性

5.4　水力裂缝导流性和渗透率

裂缝渗透率的重要影响因素有裂缝的孔径大小（宽度）、裂缝的间距以及裂缝的方向与水力梯度的关系。与基质渗透率类似，水力裂缝导流性反映了流体沿裂缝流动的能力，定义为：

$$k_{fr} = \rho \times (g/\mu) \times (a^2 \times 12) \tag{5.5}$$

式中　k_{fr}——裂缝导水率，m/s；

　　　ρ——流体密度，kg/m^3；

　　　g——重力加速度，m/s^2；

μ——动力黏度，Pa·s 或 kg/（m·s）；

a——裂缝孔径，m。

将方程（5.4）代入方程（5.5）中，裂缝渗透率可定义为：

$$K_{\mathrm{fr}} = a^2/12 \qquad\qquad (5.6)$$

5.5　裂缝导水率

流体以一定的速度通过给定宽度或孔径（a）的裂缝的实际流量（T_{fr}）反映了裂缝的导水率定义为

$$T_{\mathrm{fr}} = k_{\mathrm{fr}} \times a = \left[\rho \times (g/\mu) \times (a^3/12)\right] \qquad\qquad (5.7)$$

裂缝的导水率主要与裂缝的孔径大小。因此，方程称为"立方定律"。如果裂缝的宽度增加 1 倍，其导水率就会增加 8 倍。然而，孔径对裂缝的表面粗糙度和裂缝弯曲度非常敏感，很难解释。

对于给定的压力梯度、流量和渗透率在对数曲线上呈线性变化（图 5.3）。渗透率为常数，增加压力梯度将增加等量的流量（例如，增加 4 倍的压力梯度，将增加大约 4 倍的流量）。图 5.3 中还绘制了表 5.1 中常见地层的渗透率范围。注意，裂缝发育岩石的渗透率比相对渗透性良好的分选细砂的渗透率大几个数量级。裂缝渗透率的重要性可以通过对比裂缝性和非裂缝性花岗岩来体现，裂缝性花岗岩的渗透率比非裂缝性花岗岩高 10 个数量级左右。

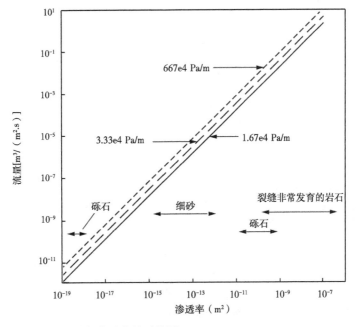

图 5.3　不同压力梯度下流量与渗透率的对数图（Glassley, W. E., Geothermal Energy: Renewable
Energy and the Environment, 2nd ed., CRC Press, Boca Raton, FL, 2015.）
图中还显示了常见地层的渗透性。值得注意的是，裂缝高度发育的岩石渗透率仍然
远远大于可渗透的松散胶结砾石

　　图5.4记录了渗透率和孔隙度随裂缝间距和裂缝宽度的变化。从图中可以看出，裂缝宽度比裂缝间距对渗透率的影响更大。例如，将裂缝间距从1000cm改为100cm可以增加一个数量级的渗透率。另一方面，对于给定的间距，宽度每变化十倍，渗透率就会变化约三个数量级（图5.4）。因此，正如Glassley（2015）所述，"对裂缝特征的精确理解对于评估流量是否足以用于地热发电至关重要。"

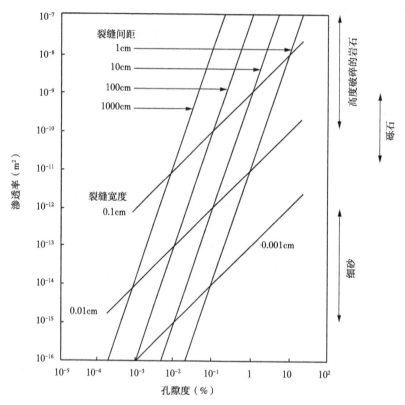

图5.4　裂缝渗透率、裂缝孔隙度与裂缝间距、裂缝宽度的关系曲线图（Glassley, W. E., Geothermal Energy: Renewable Energy and the Environment, 2nd ed., CRC Press, Boca Raton, FL, 2015.）
注意，裂缝宽度对渗透率的控制要比裂缝间距重要得多。参见文本进行讨论

5.6　流量和功率输出

　　为了实际理解流量［以$m^3/(m^2 \cdot s)$为单位］的含义，将一个典型地热井换算成具有$10^{-5}m^3/(m^2 \cdot s)$中等流量的岩石，确定流量与功率输出的关系。从图5.3中可以看出，$10^{-5}m^3/(m^2 \cdot s)$的中等流量乘以水的密度（$1000kg/m^3$）得到$10^{-2}kg/(m^2 \cdot s)$，即单位面积的质量流量。如果地热井直径为30cm，与地热储层相交深度为30m，则井筒暴露于储层岩石的表面积约为$28m^2$。假设一根割缝衬管使井筒暴露面积减少约40%，流量减少约40%，井筒暴露面积约为$17m^2$。将这个结果乘以$10^{-2}kg/(m^2 \cdot s)$，得到质量流量为0.17kg/s。当流体在管道中上升时，压力降低，流体开始闪蒸成为蒸汽。

　　假设约30%的流体在井口闪蒸，蒸汽对涡轮的质量流量约为0.051kg/s（0.17kg/s×

0.30）。功率与质量流量的关系为：

$$P(Q \times \rho) \times C_p \times \Delta T \tag{5.8}$$

式中　P——功率（kJ/s）；

（$Q \times \rho$）——质量流量（体积放电率乘以密度）；

C_p——蒸汽热容，约 2.0kJ/(kg·K)；

ΔT——蒸汽进出汽轮机温降，K。

流入和流出的一般温度降约为 50k，输出功率：

$$输出功率 = 0.051 \text{kg/s} \times 2.0 \text{kJ/(kg·K)} \times 50\text{K} = 5.1 \text{kJ/s} = 0.0051 \text{MWe}$$

一个典型的地热井输出功率为 3~10MWe。上述例子的质量流量必须增加约 1000 倍，为 51kg/s，输出功率为 5.1MWe。

5.7　孔隙度和渗透率随深度的变化

在上覆岩石压力作用下，孔隙度随深度的增加而减小。随着压力的增加，原生基质和次生裂缝孔隙度减小，裂缝内颗粒和裂缝壁的挤压或压缩程度增加。压缩的程度取决于岩石的强度。松散固结的沉积物在一定深度会比坚硬的结晶岩石更容易压缩。图 5.5 所示数据的分布可能反映了在不同深度所遇到的不同类型的沉积物，粗糙的砂岩层在一定深度下的压缩要小于较厚的黏土层。渗透率在深处也会降低，渗透率对孔径大小非常敏感。由于受到压缩，孔隙大小或裂缝宽度稍有减小就会对渗透率产生很大的影响。虽然孔隙度随深度的增加或多或少呈线性下降（图 5.5），渗透率则呈指数下降，在前 5km 深处的降幅最大（图 5.6）。还要注意的是，前 5km 的渗透率相差约 6 个数量级，使得预测地热井的模型变得困难（图 5.6）。然而，这 5km 地层是地热能源主要勘探区域。

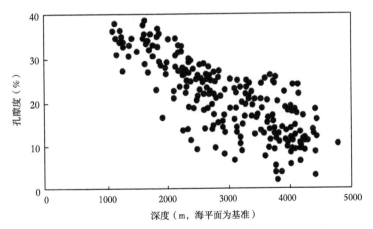

图 5.5　挪威大陆架孔隙度随沉积物深度变化的曲线图（Glassley, W. E., Geothermal Energy: Renewable Energy and the Environment, 2nd ed., CRC Press, Boca Raton, FL, 2015.）

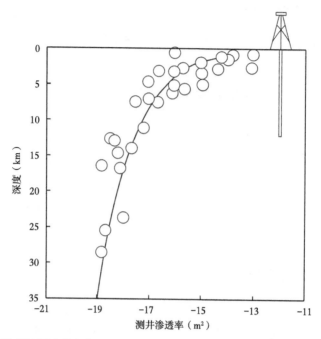

图 5.6　渗透率随深度的变化（Glassley, W. E., Geothermal Energy: Renewable Energy
and the Environment, 2nd ed., CRC Press, Boca Raton, FL, 2015.）
注意，与孔隙度随深度的线性变化相比，孔隙度的指数变化最大，且最大的变化发生在前 5km 的深处。
最深的钻孔（深度约 12km）如图右上方所示，仅供参考。其他细节见正文

5.8　地热储层的孔隙度和渗透率

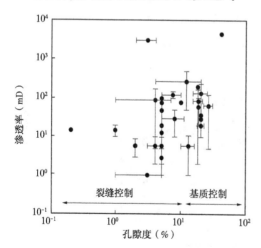

图 5.7　各种地热系统的渗透率和孔隙度变化曲线图
（Glassley, W. E., Geothermal Energy: Renewable
Energy and the Environment, 2nd ed.,
CRC Press, Boca Raton, FL, 2015.）

在对现有地热储层调查发现，基质渗透率要求较高的孔隙度，才能获得与裂缝渗透率相当的渗透率（图 5.7）。此外，裂缝孔隙度低，仍具有较高的渗透率（10～100mD），保证地热流体流动获取热量。后一点再次说明了裂缝渗透率的重要性，因此流体可以在地下流动并转移热量，直接用于地热利用或发电。

5.9　基质孔隙度的地质实例

新西兰的 Wairakei 地热田充分利用了基质孔隙度（图 5.8），该地热田有 Wairakei 和 Poihipi 两座发电站，总装机容量约为 235MWe。第三个发电站

是 Te Mihi，位于 Wairakei 热田的北端，是蒸汽型地热系统，装机容量为 166MWe。Te Mihi 发电站将取代已经运行 55 年的 Wairakei 发电站，Wairakei 发电站将在 2025 年前淘汰（T. Montegue，Contact Energy，pers. comm.，2013）。

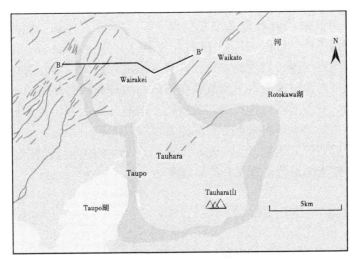

图 5.8　Wairakei 和相邻 Tauhara 地热田的地图

（Rosenberg, M. D. et al., Geothermics, 38（1），72-84，2009.）

Wairakei 的地热井大多位于 Kaiopo 断裂带东部，该断裂带横贯 Kaiopo 西部区域。B-B′部分标志着地球物理负电阻率异常的边缘，由于循环地热流体的高导电性，负电阻率异常通常表示活跃地热田的地下范围

Wairakei 地热储层主要发育在 Waiora 组，由含浮石砂岩、浮石角砾岩和灰岩流凝灰岩单元的夹层混合物组成（Rosenberg et al.，2009）。浮岩角砾岩单元的透水性像海绵一样好，含有循环温度不小于 200℃ 的地热流体。生产深度主要在 500~1500m。为了最大限度地提高产量，钻取新的水平井增加储层接触面积，如图 5.9 中的 WK305 井。

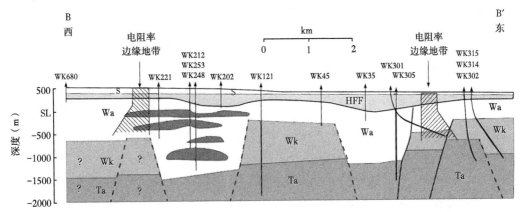

图 5.9　B-B′ 直线地层剖面（Rosenberg, M. D. et al., Geothermics, 38（1），72-84，2009.）

其位置如图 5.8 所示。Wa 代表 Waiora 地热田主要的地热储层 Wairakei 组。向上箭头是地热井，其中一些井是水平井（如 WK305），最大限度地提高热液流量。黑色区域表示流纹岩熔岩，是下部地热储层的隔水层。问号表示不明确的地层关系区域

地热田西部的 Kaiapo 断层为流体向上流动提供通道，流体随后在 Waiora 组可渗透岩层中流出（图 5.8 和图 5.9）。请注意，大多数生产井都位于断层带之外，在一定深度可勘探到大量可渗透的 Waiora 地层。然而，由于流体从储层中流出，储层压力下降，导致储层岩石压缩，地面下沉。

内华达 Round 山开采的岩石是 II 型浸染型金矿。2600 万年前，地热流体流经 Round 山，由于凝灰岩胶结不好，沉积了黄金（Henry et al.，1997；Sander and Einaudi，1990）。所开采的黄金矿石是浮石状流纹岩质凝灰岩，具有一定的渗透率，凝灰岩在沉淀后不久发生了蒸汽蚀变，蒸汽来自浅层地表水。蒸汽蚀变将最初的玻璃灰和浮石颗粒转化为石英和碱长石的细粒混合物，并留下相互连接的开放空间。地热开发后期，流体可以在再结晶凝灰岩中循环，在地热系统的冷却和结束阶段沉淀黄金（Sander and Einaudi，1990）。如果没有早期的蒸汽蚀变，后期的地热流体会将玻璃状的、固结较差的凝灰岩转化为不渗透的黏土，成为一个隔水层，使流体沿着任意张开的裂缝流动（图 5.10）。

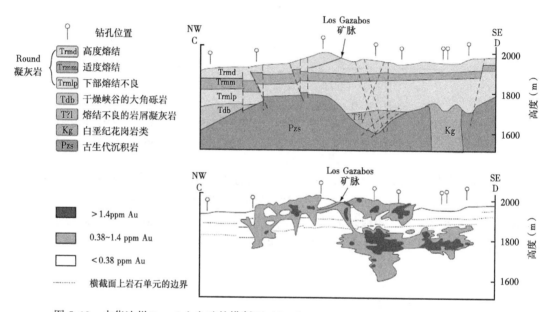

图 5.10　内华达州 Round 山金矿的横断面（Sander, M. V. and Einaudi, M. T., Economic Geology, 85（2），285-311，1990.）

剖面上部显示了 Round 山凝灰岩下段熔结不良和基质渗透带的地质情况。粗虚线表示断层。底部横截面显示了金矿石的分布情况，其中红色区域含有大于 1.4ppm 的金，橙色区含有 0.38~1.4ppm 的金。值得注意的是，Trmlp 层中金矿分布广泛，且多数产于无断层地区，反映出基质渗透性高。但上涌的含金地热流体似乎在一定程度上受到断层控制，这些断层是下部凝灰岩的通道

5.10　裂缝渗透率和地壳扩张

美国西部 Great 盆地的地热系统位于正断层，渗透率以裂缝渗透率为主。这些断层控制着向上流动的地热流体，如果遇到可渗透地层，可以在地层内部流动。例如加利福尼亚的 Long Valley 火山口和 Casa Diablo 地热田。然而，Great 盆地地热储层大多发育在剧烈破裂

带。大多数的裂缝都是由于地壳的拉伸造成，地壳拉伸使岩石破裂并分开，为流体建立了流动空间和可渗透区域。内华达大学里诺分校的 Jim Faulds 和他的同事们研究了盆地的 200 多个地热系统，确定了 5 个高压地质构造，包括台阶状断层、断层终端、断层交叉、拉分带和逆断层倾角带。这与伸展正断层和拉张走滑断层有关（Faulds et al.，2011；Jolie et al.，2015）。高压地质构造使裂缝保持开放，促进流体循环。结构或断层控制的地热系统将在第 8 章中详细讨论。

　　Desert Peak 地热系统位于台阶状正断层，装机容量约为 25MWe，通过水力压裂改造将一口井产量提高了 38%。生产区北部地层温度高，但是为干层且非常致密。台阶区域的特征是小断层和裂缝密集分布，共同构成了可渗透地热储层（图 5.11）。因此，小断层和高密度裂缝比一个或两个大断层更为重要。构造发育的次生孔隙度和渗透率在第 8 章进一步讨论。

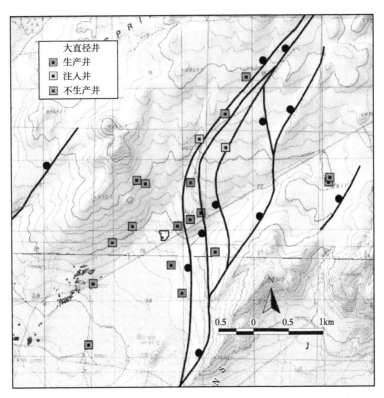

图 5.11　Desert Peak 地热系统井位分布图（Faulds, J. E. et al., in Great Basin Evolution and Metallogeny, Steininger, R. and Pennell, B., Eds., DEStech Publications, Lancaster, PA, 2011, pp. 361-372. Copyright © Geological Society of Nevada.）

值得注意的是，生产井位于两个主要的东北向正断层之间的过渡区域。详情见正文

5.11　总结

　　孔隙度和渗透率是影响地热系统开发的关键内在属性。孔隙度反映了岩石中的开放空间，以百分数表示，如 30% 的孔隙度表明约有三分之一的岩石具有可填满液体或气体的开

放空间。然而，除非这些孔隙是连通的，否则孔隙中的液体就不能流动。渗透率衡量流体通过多孔介质的流量，采用国际单位 m^2。渗透率也可用 mD 表示；1mD 大约等于 $1×10^{-15}m^2$。良好的岩石渗透率一般被认为大于 10mD 或 $1×10^{-14}m^2$。地下水的流动一般遵循达西方程，该方程包括岩石渗透率、静水压头（压降）和流体的动态黏度。

孔隙度和渗透率分为原生基质渗透率和裂缝渗透率。影响原生基质渗透率的因素包括孔隙连通性、弯曲度、孔隙大小和表面张力效应。裂缝渗透率随裂缝间距和宽度的变化而变化，而裂缝宽度的影响作用更强（裂缝宽度变化 10 倍会导致渗透率变化 1000 倍）。基质渗透率要求较高的孔隙度，才能获得与裂缝渗透率相当的渗透率。例如，一种裂缝非常发育但弱孔隙的岩石，如花岗岩，其渗透率可能比多孔但未破裂的砂岩高 2~3 个数量级。

功率输出很大程度上取决于质量流量，而质量流量又由渗透率决定。虽然孔隙度和渗透率都随深度的增加而降低，但孔隙度的降低基本上是呈线性的，而渗透率在地壳前 5km 左右深度呈指数下降。孔隙度和渗透率的降低主要是由于压缩和胶结（矿物质通过循环流体沉积在孔隙空间）对渗透率影响极大，因为作为流体流动通道的开放空间减少，表面张力和摩擦作用大大增加，如果裂缝宽度由于矿物沉积（胶结）而减半，流体的渗透率会降低 8 倍（即立方定律）。如第 11 章所述，孔隙度和渗透率随深度而降低对增强型地热系统具有重要意义。

新西兰的 Wairakei 地热田就是一个利用原生基质孔隙度和渗透率生产地热系统的好例子。地热储层由特别多孔和可渗透的浮石角砾岩组成，这些角砾岩通过部分压缩并使上覆土地下沉对流体的流出产生影响。内华达中部的 Round 山金矿床是原始的原生基质孔隙度和渗透率，因为金矿化主要分布在熔结不良的灰岩流凝灰岩层中。然而，大多数已开发的地热系统主要是由裂缝和断层产生的次生孔隙度和渗透率。在美国西部的盆地和山脉地区，地热系统的发展尤其如此，因为那里的地壳拉伸导致地壳断裂和破裂。这使得地下水可以深入循环，从深处的热岩石中吸收热量，然后上升到地表，在那里可以形成相对较浅、结构可控的含水层。

5.12　建议的活动

（1）在 http：//www.YouTube.com/watch？v = pKHI6GFIVHs 上查看关于孔隙度和渗透率的 YouTube 视频。这段视频只有 5 分钟，但很好地显示影响孔隙度和渗透率的因素。

a. 解释为什么孔隙度随着沉积物分选性的改善而增加。

b. 为什么改善颗粒的圆整度可以提高孔隙度？

c. 解释为什么孔隙度高的样品的渗透率可能低于孔隙度低的样品？

（2）去探索地球网站输入 "How Does Water Move through the Ground?"（http：//www.classzone.com/books/earth_ science/terc/content/investigations/es1401/es1401 page01.cfm）完成步骤 1 至 5，并回答每个步骤提出的问题。

5.13　建议的问题

（1）使用达西定律，计算在温度为 80℃时，在 1h 内压力梯度为 1kPa/m 的情况下，通过孔径为 1.0cm、长度为 1m 的张开型裂缝中水的总体积（提示：您需要确定 80℃ 时水的动态黏度；请登录工程工具箱网站 www. Engineering ToolBox. com）。附上你的答案。

（2）蒸汽井产生 8MWe 功率所需的质量流量是多少（单位：kg/s）？其中汽轮机进口温度为 165℃，出口温度为 115℃，附上你的答案（提示：需要确定 165℃ 时的蒸汽比热容；请访问工程工具箱网站 www. Engineering ToolBox. com）。

（3）登录探索地球网站输入 "How Does Water Move through the Ground?"（http：//www. classzone. com/ books/earth_ science/terc/content/investigations/es1401/es1401page01. cfm）。

a. 完成步骤 1 至 5。

b. 回答每个步骤提出的问题。

c. 在步骤 5 中，对生成的图表进行屏幕截图，附上前面步骤中问题的回答。

（4）如下图（与图 3.7 相同）所示为 Casa Diablo 地热田钻井的温度剖面，提出两个可以解释 M-1 井遇到的温度剖面的假设。你的假设和你同学的相比如何？你认为哪个假设更可能，为什么？

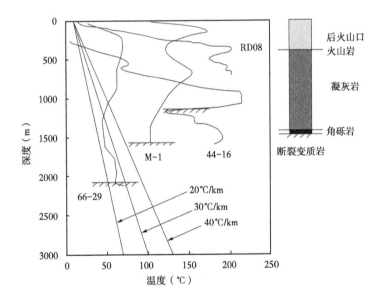

5.14　参考文献和推荐阅读

Faulds, J. E., Hinz, N. H., and Coolbaugh, M. F. (2011). Structural investigations of Great Basin geothermal fields: applications and implications. In: *Great Basin Evolution and Metallogeny* (Steininger, R. and Pennell, B., Eds.), pp. 361-372. Lancaster, PA: DEStech Publications. Copyright © Geological Society of Nevada.

Glassley, W. E. (2015). *Geothermal Energy: Renewable Energy and the Environment*, 2nd ed. Boca Raton, FL: CRC Press.

Henry, C. D., Elson, H. B., McIntosh, W. C., Heizler, M. T., and Castor, S. B. (1997). Brief duration of hydrothermal activity at Round Mountain, Nevada, determined from Ar (super 40)/Ar (super 39) geochronology. *Economic Geology*, 92 (7-8): 807-826.

Jolie, E., Moeck, I., and Faulds, J. E. (2015). Quantitative structural geological exploration of fault-controlled geothermal systems: a case study from the Basin-and-Range Province, Nevada (USA). *Geothermics*, 54: 54-67.

Rosenberg, M. D., Bignall, G., and Rae, A. J. (2009). The geological framework of the Wairakei-Tauhara geothermal system, New Zealand. *Geothermics*, 38 (1): 72-84.

Sander, M. V. and Einaudi, M. T. (1990). Epithermal deposition of gold during transition from propylitic to potassic alteration at Round Mountain, Nevada. *Economic Geology*, 85 (2): 285-311.

6 地热系统的物理化学特征

6.1 本章目标

（1）将水相变图的特征与其化学特性联系起来，包括其极性和氢键。

（2）解释为什么水是普遍的溶剂，以及它如何适用于活跃和非活跃地热系统附近岩石的热液蚀变。

（3）利用水的压力—焓图，解释为什么干蒸汽资源比其他类型的地热资源更有利于发电。

（4）根据沸腾液体的温度，确定沸腾起始深度。

（5）比较不同类型的热液蚀变，讨论其对流体化学和地热发电厂运行的影响。

为了成功地发现和开发地热系统，了解地热系统的物理和化学性质至关重要。本章首先讨论了水的热力学因素。在此基础上，探讨了液态和蒸汽型地热系统的重要特征，特别是热表现和围岩蚀变。

6.2 水的热力学特性

尽管水在地球上普遍存在，通常被认定为是理所当然的，但它是一种特殊的化合物。水的一个重要特征是水（冰）的固相密度小于其液相密度。这对地热资源很重要，因为在地球上发现的高压有利于固态而不是液态。由于固体不能流动或流动速度比液体慢得多，固体无法将足够的热量输送到地表以运行地热发电厂。

6.2.1 热容和比热容

水具有很高的热容，热容是温度升高 1℃（1K）所吸收的热量。因此，改变水的温度需要大量的能量，不管是吸收还是释放。例如，如果将一杯水的温度提高 2℃ 需要 10cal，那么每摄氏度的热容量为 5cal。比热容是单位质量的热容。对于水，将 1g 水的温度提高 1℃ 需要 1cal 的热量，因此水的比热容为 1cal/（g·℃）或 4186J/（kg·℃）。水的比热容高意味着水可以存储大量的能量，空气或花岗岩的比热容低，分别约为 1000J/（kg·℃）和 800J/（kg·℃）。利用水的高比热容特点，核电站的燃料棒储存在大水池中，防止燃料棒过热造成放射性物质泄漏。深部热岩层加热的地下水存储有大量的能量，可用于发电。

6.2.2 极性

水是极性分子。每个 H_2O 分子的一端带有正电荷，另一端带有负电荷。氧原子和氢原子共享电子。氧原子对电子有很高的吸引力，共用电子对多数时间靠近氧一侧，从而导致氧原子带有负电荷，氢原子带有正电荷。水分子不对称结构产生了极性，而二氧化碳的中心碳原子正好处于两个氢原子的中间，呈现出线性（图 6.1）。围绕中心氧原子的孤立电子对之间的排斥力"推动"了氧氢键。电子共享不均和水分子的不对称性质共同导致水的极性性质。

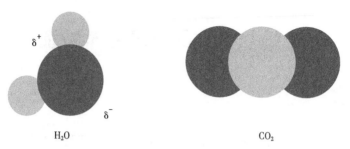

图 6.1　水（H_2O）和二氧化碳（CO_2）分子形状的模型

黑色圆圈是氧原子，线条圆圈是氢原子，网状圆圈是碳原子。注意水是非对称分子，
而二氧化碳分子是线性的。水分子上的 δ 符号表示氧原子带负电荷，氢原子带正电荷

水的极性对地热系统有什么影响？

（1）解释了水的表面张力。相邻的水分子之间形成弱键（氢键），使得一个分子的氧端被另一个分子的氢端吸引（图 6.2）。这有助于解释受表面张力的影响，无法完全利用所有的地下水或地热水。

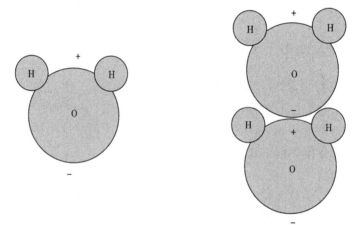

图 6.2　水分子的极性和不对称性质如何相互作用形成弱氢键的示意图

（http：//www. k12science. org/media/live/curriculum/waterproj/images/watermolecule. jpg.）
氢键的形成是由于极性作用，一个水分子的正端（H 端）被另一个水分子的负端（O 端）吸引形成。
氢键的形成有助于阐明一些水的独特特性，包括低分子化合物的表面张力和高沸点

（2）许多物质溶于水，特别是离子化合物（图 6.3）。大多数岩石矿物成分由离子化合物组成，在高温下溶解会加剧，从而导致地热流体附近的岩石（如本章后面所述）发生蚀变。例如，温度高于 150℃时，地热能溶解某些矿物，如细粒硅酸盐矿物，也能沉淀其他矿物，如方解石（$CaCO_3$）或硬石膏（$CaSO_4$）。

（3）水分子的不对称性质以及相邻水分子之间形成氢键导致水在结冰时体积膨胀了约 10%（图 6.4）。因此，在恒定温度下增加压力将导致冰融化或使水保持液态。对于地热资源来说，随着压力的增加地层深处的水是液态，能够用于传递热量和地热发电。

（4）液态水分子氢键的间歇性形成和分解特性也有助于说明水的高比热容特性。温度

是分子运动速度的度量单位，随着热量的增加，分子运动速度也增加。对水分子而言，水分子间由于氢键暂时粘在一起，需要更多的热量使分子运动更快，因此水具有很高的热容量。水中储存的高热量意味着它能很好地用于地热设施中。

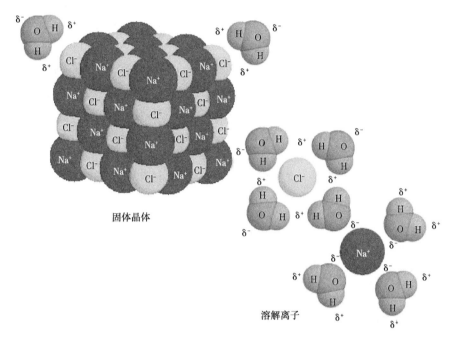

图 6.3　盐溶解于水中（https：//www. chem. wisc. edu/eleptfiles/genchem/sstutorial/Text7/Tx75/tx75p3. GIF）

水分子的负氧离子端包围着钠离子，而水分子的正氢离子端包围着氯离子。

水的极性有助于解释水的普遍溶解能力

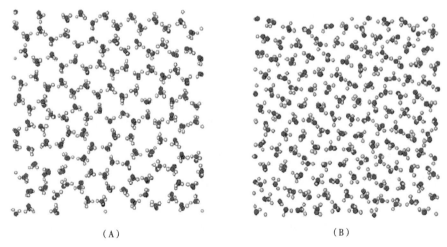

图 6.4　水结冰体积膨胀示意图（A）冷冻水分子；（B）液态水分子

（http：//www. nature. com/nphys/journal/v6/n9/images_ article/nphys1708-f3. jpg.）

注意：结合的冷冻水分子比未结合的液态水分子密度更低

6.2.3 水相关系和临界点

温度用于测量物体热或冷程度，物体温度越高，其分子振动越快，拥有热量越多。温度是以℃（摄氏度）或 K（开尔文）等不同标度来衡量的，而热量或热能则是以焦耳或 cal（卡路里）❶ 来衡量。为了说明温度和热量之间的区别，以水杯中 90℃ 的咖啡和浴缸中 40℃ 的热水为例，咖啡的温度比浴缸中水的温度高，但是浴缸中水质量大，因此浴缸里的水含有更多的热量。

水有三种主要相态——冰（固体）、液体和蒸汽（第四种状态，即超临界状态，将在下一节讨论）。水的三个主要相态都有自己的比热容，其中液态水的比热容最高（超临界水的比热容根据温度和压力的条件而变化）。冰的比热容约为 $2.1J/(g \cdot K)$，每克冰需要 2.1J 的能量才能使温度升高 1K。液态水的比热容约为冰的 2 倍，约为 $4.2J/(g \cdot K)$；而蒸汽比热容约等于冰的 $2.1J/(g \cdot K)$。每个相的不同比热容反映在图 6.5 中温度变化斜率上。注意液态水相对于冰和蒸汽的斜率更小，说明改变液态水的温度比改变冰和蒸汽需要更多的热量。

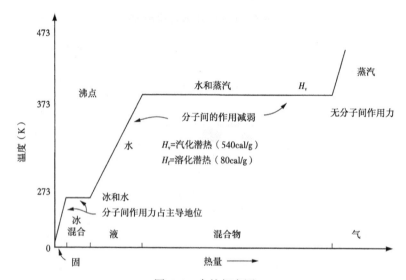

图 6.5　水的相变图

解释了温度随附加热量（能量）的变化——随着热量增加，温度升高。当存在两相时，温度保持恒定，直到只剩下一个相。值得注意的是，与蒸汽和冰相比，液态水的高比热容由更平缓的斜率反映。蒸汽中含有大量热，当冷凝变为液态水时，部分热量用于做功（连接到发电机的涡轮发动机）

在相态转变过程中，温度保持不变❷，因为增加的热量会驱动相变（图 6.5）。驱动相变所需的热量称为潜热，并根据相变的类型而变化。例如，冰的熔化潜热为每克 80cal（或

---

❶　焦耳（J）是国际单位制能量的度量单位，而卡路里（cal）是公制能量的度量单位。1cal 为将 1g 液态水的温度提高 1℃（或 1K）所需的热量。1cal 大约等于 4.2J。

❷　相变过程中的恒温是吉布斯相律的结果，由方程式 $F = 2 + C - P$ 给出，其中 F 是自由度，C 代表化学成分，P 代表存在的相。对于图 6.5 中的水系统，当水沸腾为蒸汽时，一个单组分（水）系统存在两个阶段。因此，$F = 2 + 1 - 2 = 1$，这意味着温度必须恒定，因此曲线的斜率为零（水平）。如果只有一个相存在，温度和热量都会因为 $F = 2$ 而改变，曲线的斜率不再为零，而是等于水的特定相的比热容。

每克 336J），而汽化潜热（液态水到蒸汽）为每克 540cal（或每克 2268J）。为了使水从低能状态（如冰）转移到高能状态（如蒸汽），必须从环境中吸收能量，同样，从高能量的蒸汽转移到低能液态水，必须释放能量。从地热角度来看，这意味着当蒸汽凝结成液态水时，其中的一部分能量就可以用来驱动涡轮叶片和发电机。

　　图 6.5 说明了恒压条件下的不同水相的温度变化，若考虑地热系统，有必要将水相变化视为温度和压力的函数（图 6.6）。图 6.6 中冰—液边界的负斜率反映了冻结时的体积膨胀。换句话说，在恒温下，冰会随着压力的增加而融化。另一个关注点是临界点，它发生在大约 374℃ 和 22MPa 或 220bar（218 个大气压）处。当温度和压力超过临界点时，液体和蒸汽之间的区别不再存在，水具有液体和蒸汽的性质，能像蒸汽一样扩散以增加渗透性，也有液体溶解矿物的能力，可能对设备有腐蚀性或损坏作用。一些温度特别高的地热系统，例如冰岛的地热系统，在更深处（深度大于 3km）可能有超临界流体；如果像第 11 章中所讨论的那样对其进行开采和开发，能够大幅提高发电量（e. g.，Fridleifsson and Elders，2005；Fridleifsson et al.，2014）。

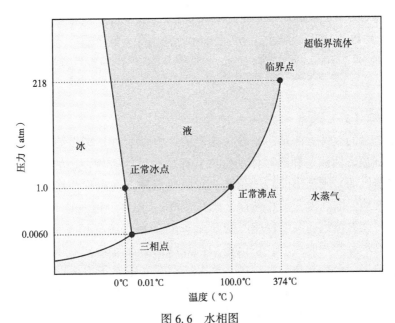

图 6.6　水相图
其中冰—液—水边界是负斜率，在高压下有利于液相和 374℃、220bar 以上的超临界水区域

　　冰岛深层钻探项目（IDDP）目前正在研究开发超临界地热流体。第二口实验井（IDDP-2）近期计划在冰岛西南部的 Reykjanes 地热田开始钻探；而第一口测试井（IDDP-1）在到达预定目标深度前遇到岩浆时被废弃（图 6.7）。尽管如此，废弃的 IDDP-1 井还是取得了部分成功，因为在井口温度为 450℃、压力为 40~140bar 的条件下，进行了为期两年的流量测试，产生的过热（干）蒸汽❶能够产生约 36MWe 的电力（Fridleifsson et al.，2015），是全

---

　　❶　过热或干蒸汽是指在给定压力、温度在汽化点以上的情况下，没有液态水存在的蒸汽。相反，湿蒸汽处于汽化点，液态水和蒸汽共存。

球温度最高的地热井。

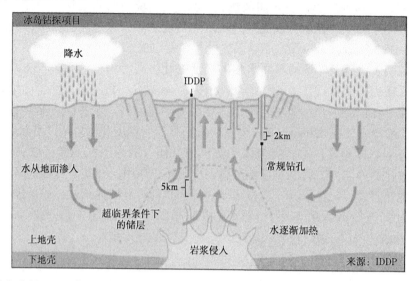

图 6.7　冰岛北部 Krafla 火山口钻探的 IDDP-1 井的地质剖面示意图（插图由冰岛深层钻探项目提供）
显示了超临界流体的预期目标深度为 4~5km。该井眼在与岩浆岩岩脉相交后，在约 2km 深处被废弃。
这个洞现在代表了世界上第一个潜在的岩浆工程地热系统

6.2.4　压力和焓（热）关系

描述热水能量的一种方法是绘制焓（热能的热力学术语）随压力的函数变化曲线（图 6.8）。中间的圆顶形曲线勾勒出液体和蒸汽共存的区域。边界左边的区域是纯液体场，右边的区域是纯蒸汽场。圆顶形曲线的顶端表示临界点。在圆顶形曲线下方汽液共存区域绘制出水平的温度等值图。由于两相共存（水和蒸汽），温度等值线是水平的，因此，增加的热量将液态水转化为蒸汽，温度保持不变（图 6.5）。在汽液共存区域还绘制出蒸汽的百分率，随着更多的水煮沸变成蒸汽，焓值增加，蒸汽的百分比也向右增加。为了将图 6.8 与上面讨论的水的汽化潜热联系起来，在一个大气压下（略大于 1bar），图中的 100℃ 等温线在图中液体和蒸汽两端的与圆顶形曲线相交的地方。在 100℃ 时，液态水的焓约为 420kJ/kg，蒸汽的焓约为 2688kJ/kg。这两个焓值的差值是汽化潜热，如前所述，其焓值为 2268kJ/kg，它代表了储存在蒸汽中的能量，可以用来做功（涡轮发动机）。

例如在 235℃ 和压力 30bar（图 6.8 点 1）时的干蒸汽地热储层，蒸汽做功计算如下所示：

$$W = H_i - H_f \tag{6.1}$$

式中　W——功；

　　　H_i——蒸汽进入涡轮机的初始焓；

　　　H_f——蒸汽离开涡轮机的最终焓。

使用图 6.8，初始焓约为 2800kJ/kg。在效率为 100% 的理想情况下，如果冷却到 50℃，最终焓约为 1980kJ/g（图 6.8 点 2），所做的功为 820kJ/kg。由于摩擦和不可回收的热量导

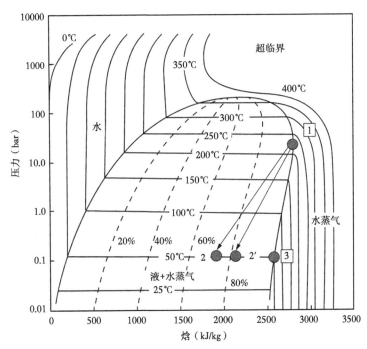

图 6.8　等温线的水的压力—焓图（一）（Glassley, W. E., Geothermal Energy: Renewable Energy and
the Environment, 2nd ed., CRC Press, Boca Raton, FL, 2015.）
图中段的圆顶形区域是液体和水蒸气共存的区域。虚线表示水蒸气百分比的轮廓。
你能在这张图上画出临界点吗？

致能量损失（图 6.8 点 2′处约 2150kJ/kg），因此，所做功通常比理想情况少 15%到 20%。
工作效率是衡量涡轮机效率的一个指标。因此，在本例中，（2800-2150）（实际功）/（2800-
1980）（理想功）= 0.79，或 79%。影响涡轮机效率的另一个因素是蒸汽中含有液态水。经验
关系表明，蒸汽中液体每增加 1%，汽轮机效率就会降低 0.5%（Glassley, 2015）。

　　快速移动的液滴会损坏涡轮叶片并减缓叶片旋转速度。如果已知流量和工作情况（图
6.8），则可以确定油井的功率输出：

$$功率（P）= 对涡轮机所做的功×流量 \qquad (6.2)$$

　　例如，如果油井的流量为 8kg/s，则功率输出为 640kJ/kg 的实际做功值（图 6.8 中 1 点
的焓值减去 2′点的焓值）：

$$P = 8kg/s×640kJ/kg = 2560kJ/s×1MWe/1000kJ/s = 2.56MWe$$

　　蒸汽型地热系统与水热型地热系统相比的优势如图 6.9 所示。许多地热储层条件由压
力—焓图左上角的阴影区域或临界点的低焓侧所示，为便于讨论，简化为点 1。在第 1 点，
液体的焓约为 1000kJ/kg。随着压力逐渐降低，液体在约 30bar 和 235℃时开始闪蒸。如果
温度降低至 50℃或压力降低至 0.15bar（如图 6.9 第 3 点所示），则只有约三分之一的液体
转化为蒸汽。因此，在相同的温度和压力条件下，水热型地热发电厂将需要大约三倍热水

流量才能与蒸汽型地热发电厂输出功率相同。图6.9表明当压力和温度尽可能降低时，蒸汽量最大化。例如，在新西兰Wairakei地热田工作的工程师根据经验发现，冷凝器中的压力每增加10mbar，输出功率就会下降约1MWe（T. Montegue, pers. comm., 2013）。

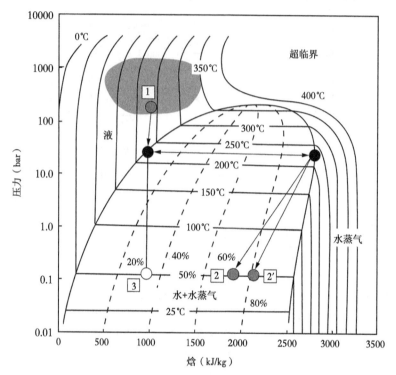

图6.9 水的压力—焓图（二）（Glassley, W. E., Geothermal Energy: Renewable Energy and the Environment, 2nd ed., CRC Press, Boca Raton, FL, 2015.）
说明在以液体为主的系统中，只有大约30%的液体闪蒸成为蒸汽，为涡轮发电机提供动力，这意味着按照质量计算，液体系统提供的功率潜力仅为干蒸汽储层三分之一。讨论见正文

6.3 水热型地热系统

目前所开采的地热系统主要以水热型为主，用于发电和热能直接利用。如图6.10所示，水的沸点随外界压力变化而改变。若水的温度不变，压力越高，沸点增加，在沸点曲线以上，水为液态。相反，压力降低，沸点减少，在沸点曲线以下，水开始沸腾或闪蒸出现蒸汽。

除了外界压力，地热流体的沸点也受溶解固体和气体的影响。固体溶解量的增加会使沸点增加，而不溶气体（如CO_2）溶解浓度的增加降低沸点（图6.10）。

6.3.1 流体温度范围

加利福尼亚东南部Imperial Valley中有一些高温盐水储层，温度在$100 \sim 350℃$。对于电力生产，通常流体需要高于$125℃$，也可以低至$80℃$，例如阿拉斯加的Chena Hot温泉。如第2章所述，双循环地热发电系统要求液体温度在$125 \sim 175℃$，单级闪蒸发电系统在$175 \sim 210℃$，两级或三级闪蒸发电系统在$210℃$以上。热能直接利用需要液体温度在$50 \sim 100℃$。

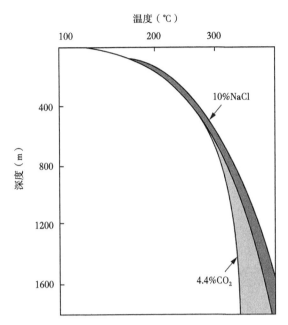

图 6.10　水的沸点随深度的变化（Haas, Jr., J. L., Economic Geology, 6（6），940-946, 1971.）
溶解的溶胶，如氯化钠会提高沸点温度，而溶解的气体，如二氧化碳会降低沸点

6.3.2　流体成分

依据液体成分，可将其分为三大体系：中性氯化物、酸性硫酸盐和盐水。中性氯化物体系的酸碱度接近中性（弱酸性至弱碱性，酸碱度为 6~8.5），总矿化度在 0.1%~1%。由于流体没有腐蚀性，不产生硅质或钙质水垢，易于生产设备维护。内华达州所有已开发的地热田，包括 Steamboat Springs、Beowawe、Tuscarora 和最近投产的 McGinness Hills 发电厂，产出的流体都是这种类型液体。

酸性硫酸盐液体（酸碱度通常小于 4，有时小于 1）富含溶解的硫酸盐，通常出现在活火山喷发口附近，并伴有富含二氧化硫和氯化氢岩浆蒸汽。

硫酸盐液体对设备具有很强的腐蚀性。虽然温度和焓很高（大于 220℃），但是需要对液体进行中和反应后才能够进行地热开发。例如，Costa Rica 的 McGinness Hills 地热田的高温带，靠近活跃安山岩火山侧翼，需要注入稀释的氢氧化钠（NaOH）来中和地热液体，减少地热井套管和地面设备的腐蚀。尚未开发的新西兰 White Island 的硫酸盐地热系统温度大于 300℃，还包括新西兰 Ruapehu 山的火山湖和印度尼西亚爪哇的 Kawah 地热系统（Purnomo，2014 年）。

盐水地热系统的总矿化度（相当于海水）超过 3.5%。有些地热系统总矿化度更高，例如加利福尼亚东南部的 Salton Trough 盆地（第 7 章讨论的一个拉张构造裂谷盆地）（图 6.11）。Salton Trough 盆地包括 Salton Sea、Heber、Brawley 和 East Mesa 地热田，总矿化度为 26%，在 2~3km 深处的温度高达 365℃（McKibben et al., 1988a）。矿化度高的主要原因是地热流体遇到并溶解蒸发岩地层（主要由石膏和石盐组成）。墨西哥南部 Cerro Prieto 地热田也是 Salton Trough 盆地的一部分（图 6.11），但矿化度并不高，因为没有蒸发岩或蒸发岩层发育程度低。

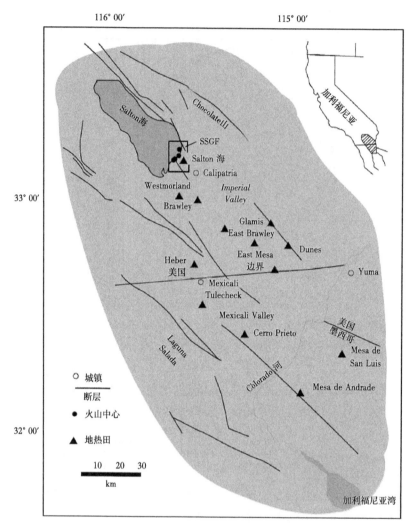

图 6.11　加利福尼亚东南部和下加利福尼亚简化地质图

(McKibben, M. A. et al., Geochimica et Cosmochimica Acta, 52 (5), 1047-1056, 1988.)

显示了 Salton Ranch 和相关的地热田。SSGF 代表 Salton Ranch 地热田

　　盐水会严重腐蚀设备，生产井和管道内结垢会造成堵塞。最近建成的装机容量为 49.9MWe 的 Hudson Ranch 一号地热发电厂盐水温度 350℃，TDS 含量超过 20%，包括高浓度的锂（Li）、锰（Mn）和锌（Zn）。为防止 Hudson Ranch 发电厂（现更名为 John L. Featherstone 地热厂）设备结垢，首先向闪蒸后残余水中加入晶粒材料，使盐水矿物沉淀到晶粒上，而不是在闪蒸室和管壁。然后将液体送至化学厂，进一步降低矿化度，防止注入井井筒和储层堵塞。从分离的固体中回收锂、锰和锌用于电池和钢铁制造。Hudson Ranch❶

---

　　❶ 有关 Hudson Ranch 一号发电厂的详细视频，请访问 http：//www. youtube. com/watch? v = ds9p4tfr1re。这段视频详细讲解了发电过程，但没有提到矿物回收过程。

一号发电厂的另一个显著特点是只利用了两口生产井。

6.4　围岩蚀变

由于水的极性和强溶解矿物的能力，地热系统附近的岩石会发生蚀变。蚀变类型和程度与液体温度和化学性质相关，并且不同液体沸腾和混合过程会影响围岩蚀变。通常围岩蚀变具有区域性，液体温度最高和流量最大的地方蚀变最剧烈，温度较低和流量较小的地方蚀变较小。从实用性来看，热液蚀变的意义具有以下几个方面：

（1）岩石的地球物理性质，包括其密度、孔隙度、渗透率和电学性质（在第 8 章中进一步讨论）。

（2）地热流体温度沿储层平面和深度分布。

（3）确定流体上升区和最高温度区（地温目标）和补给区。

（4）地热流体化学成分。

（5）确定渗透层和隔层位置。

（6）影响钻探和工厂运营。

图 6.12 是常见热液蚀变矿物及温度稳定性范围。石英和方解石温度稳定性范围大，无

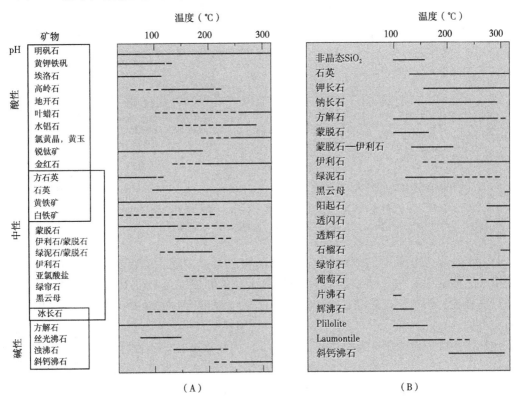

图 6.12　根据井眼内温度确定常见热液蚀变矿物的温度稳定性范围

（Henley, R. W. and Ellis, A. J., Earth-Science Reviews, 19（1），1-50，1983.）

（A）根据地热流体 pH 值从酸性到碱性对矿物分组。（Hedenquist, J. W. et al.,
Reviews in Economic Geology, 13, 245-277, 2000.）（B）常见蚀变矿物温度稳定性范围

法依据这类常见热液矿物来推算储层温度。相反，温度稳定性范围小的矿物，如绿帘石（通常形成于200℃以上）和阳起石（高于300℃形成），有助于评估储层温度。可依据钻井岩心中矿物判断系统温度上升或下降。地质学家利用显微镜观察钻屑，分析某些矿物组合的稳定性，确定是否存在相互替换。例如，绿帘石正被葡萄石所取代，由于葡萄石稳定温度较低（图6.13），表明地热储层可能已经冷却。

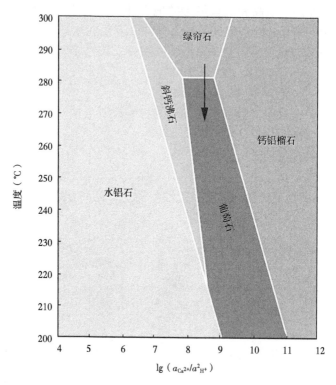

图6.13　地热系统中含钙硅酸盐矿物的稳定范围（J. Moore at a workshop on geochemistry of geothermal fluids at University of California, Davis, in 2012. Adapted from Bruton, 1996. ）

X轴简要反映了Ca^{2+}离子浓度与H^+离子的浓度比值。如箭头所示，随着温度的降低，葡萄石将代替绿帘石

　　热液矿物组合也反映了液体成分，如图6.14所示。温度为250℃，不同热液矿物的相对稳定性是溶液中K^+和Ca^{2+}浓度与H^+浓度之比。在高K^+浓度和低H^+浓度（或pH值呈中性至轻度碱性）下冰长石是稳定的。但随着H^+浓度（酸度）的增加，冰长石会被伊利石和高岭石取代。

　　地热系统中围岩蚀变有三种主要类型：（1）由接近中性的碱性氯化物地热流体形成的低硫化作用；（2）酸性溶液形成的高硫化作用，包括下伏岩浆侵入的脱气作用；（3）接近中性的碱性氯化物水沸腾，释放出H_2S和CO_2等气体，这些气体与水蒸气和接近地表的地下水结合形成酸性条件，汽化加热后形成强酸性蚀变。

　　硫化作用反映了热水溶液的氧化态和硫化物含量。低硫化作用的蚀变是由于来自地下或大气的水中硫化物浓度降低。高硫化作用的蚀变是由富含硫酸和硫化物的酸性氧化流体引起，其中酸性物质由岩浆气体SO_2的歧化作用产生。

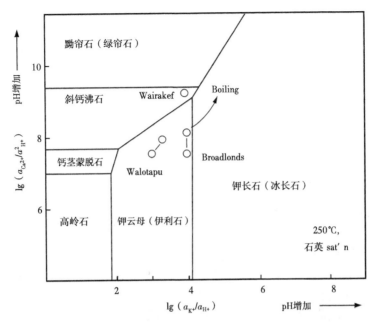

图 6.14　一些重要的热液蚀变矿物在 250℃时的稳定性

（Browne, 1978; Browne and Ellis, 1970; Simmons and Browne, 2000.）

坐标轴为 K^+ 和 Ca^{2+} 离子浓度与 H^+ 离子浓度之比。横坐标向右或纵坐标向上酸度逐渐降低。因此，高岭石
在大多数酸性条件下和最低浓度的钙和钾离子下是稳定的。图中绘制了新西兰地热系统的一些流体成分
（如 Wairakei）。由于酸性气体优先被分为气相，沸腾会使 Broadlands 地热田溶液的 pH 值提高

6.4.1　低硫化蚀变

由于流体中碱性氯化物的 pH 值接近中性，围岩的蚀变类型（形成的矿物类型）主要受温度控制。地热上升区渗透性高，温度在 200～350℃，是地热井的开采目的层位。流动通道如裂缝和断层，通常含有石英、冰长石和方解石等矿物。流动通道附近围岩被各种混合矿物取代，包括绿帘石、阳起石、绿泥石、钠长石、钾长石（冰长石）和钙石。温度大于 300℃也会出现少量石榴石、黑云母和透辉石。该地区的蚀变围岩颜色呈绿色，可能是绿泥石、绿帘石，也可能是阳起石。阳起石会替代镁铁质矿物和斜长石。对于现代地热系统或活动地热系统，绿磐岩蚀变标志着地热储层的甜点区域，存在 pH 值接近中性的碱性氯化物流体。

在低温浅地层中，绿磐岩蚀变使岩石变得不稳定并逐渐硅化，在岩石的孔隙中沉淀细颗粒冰长石和微晶二氧化硅，破坏基质渗透率并使岩石变硬变脆。当受到热应力或构造应力时，岩石会产生裂缝。

如果热流体沿着裂缝上升到达地表，可以形成温泉钙华或硅质泉华。如果地热储层温度低于 150℃，会使钙华沉积。如果液体温度升高，钙华会在深部沉积，因为随着温度的升高方解石的溶解性降低：

$$Ca^{2+} + 2HCO_3^- \longrightarrow CaCO_3 + H_2O + CO_2 \tag{6.3}$$

在高温下，溶液中二氧化碳溶解度降低，容易逸出。正如 Le Chatlier 原理❶所述，这会促使上述反应正向进行，促进方解石的沉淀。

如果储层温度超过 180℃，随着温泉水排出至地面，会出现硅质泉华沉淀❷。随着温度的降低，二氧化硅在溶液中的溶解量也随之减少（Fournier，1985）。如图 6.15 所示，美国 395 号公路西侧内华达州里诺以南约 15km 是 Steamboat Springs 地热田中的硅质泉华台地（在第 10 章中详细讨论）。

图 6.15　硅质泉华（照片由 D. Hudson 提供）

（A）2014 年内华达州里诺附近 Steamboat Hills 硅质泉华；早在 20 世纪 80 年代中期，水蒸气冒出产生裂缝向北延伸，产生了硅质泉华沉淀。（B）20 世纪 80 年代中期 Steamboat 硅质泉华，在活跃台地中沉淀泉华。箭头所指为镍质结垢。硅质泉华的泡沫状结构表明沸腾液体中二氧化硅沉淀物

在温度较低的地方，例如在上升流区域边缘或下降流体的补给区，围岩会变为黏土和细粒云母的混合物，例如伊利石和绢云母。这类蚀变岩相对较软，总体呈白色，颜色更明显，因此是一种有效的勘探标志（第 8 章将进一步讨论）。地热流体中的氢离子取代硅酸盐矿物中的阳离子而产生黏土或细粒云母：

$$2KAlSi_3O_8(s)+3H_2O(aq) \rightarrow Al_2Si_2O_5(OH)_4(s)+4SiO_2(aq)+2KOH(aq) \qquad (6.4)$$

$$钾长石+地热流体 \rightarrow 高岭石（黏土）+硅石+氢氧化钾$$

在稍高的温度（>180℃）下会生成细粒云母，如伊利石或细云母，而不是高岭石。

6.4.2　高硫化蚀变

高硫化蚀变类型的特征是矿物稳定温度高（200~350℃）和液体为酸性（pH 值通常小于 3，有时小于 1）。典型的非硫化矿物包括明矾石和铝质黏土，如高岭石和地开石、硬石

---

❶　Le Chatlier 原理表明，一个受平衡扰动的系统会努力保持平衡。例如，在反应（6.3）中，如果 CO_2 从系统中流失或逸出，反应会向右进行以产生更多的 CO_2（和碳酸钙），因此反应物和产物的量保持大致相同。

❷　硅质泉华沉淀是指在高温（沸腾）温泉边缘沉积的二氧化硅。

膏（CaSO$_4$）和天然硫黄[1]。硫化矿物包括黄铁矿和富含硫的含铜矿物，如硫砷铜矿。蚀变区域位于活火山喷口附近，其中岩浆气体，如SO$_2$和HCl含量较高。

由于酸性条件，围岩中的阳离子成分（K$^+$、Na$^+$、Ca^{2+}和Mg^{2+}）会被过滤，留下多孔状硅质泉华，对流体循环十分有利。

高硫化蚀变区温度和热含量高，流体具有腐蚀性。蚀变区边缘有碱性氯化物溶液（图6.16）。菲律宾的Tiwi地热田（图6.17）说明了从火山口附近的高硫化蚀变向边缘低硫化蚀变（Moore et al.，2000）。

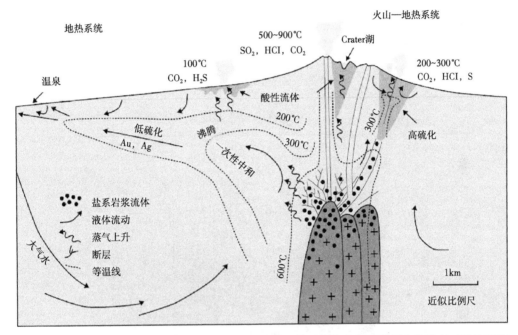

图6.16　活火山喷口附近的高硫化蚀变（火山—热液系统）到火山侧面的低硫化蚀变（地热系统）
横向剖面示意图（Hedenquist, J. W. et al.，Reviews in Economic Geology, 13, 245—277, 2000.）
火山口或火山湖下方的手指状区域代表岩浆岩侵入体，是地热和火山—热液系统的热源。此外，还描述了在不同深度形成不同类型矿化区域，以及在地表和附近发现的不同形式的热液蚀变、高硫化蚀变和低硫化蚀变

6.4.3　蒸汽加热酸性硫酸盐与碳酸氢盐蚀变

酸性硫酸盐和碳酸氢盐蚀变区位于低硫化硅质绿磐岩上部。绿磐岩的形成与底部沸腾的碱性氯化物有关。向上流动的蒸汽遇到浅层地表水发生冷凝，地下水又在蒸汽冷凝时被加热（凝结潜热）。为了更好地理解这个过程，需要简单地研究一下沸腾的性质。

如前所述，地热流体的沸点主要是温度和压力（深度）的函数，如图6.10所示。影响沸点的其他因素包括总矿化度和溶解气体。矿化度会使沸点增加，而CO$_2$和H$_2$S等溶解气体使沸点降低（图6.10）。在对流地热储层中，热量循环使温度几乎不随深度变化。当流

---

[1]　这种pH值低、温度在200~300℃条件下形成的矿物组合也被称为高级泥质蚀变，而不是泥质蚀变，其中还包括黏土，但发生在温度较低和弱酸性条件的情况下。

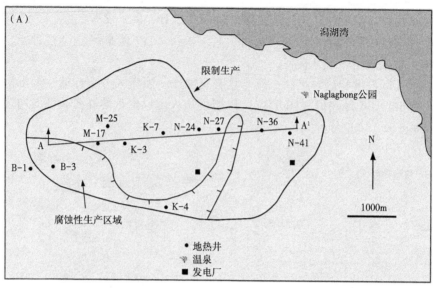

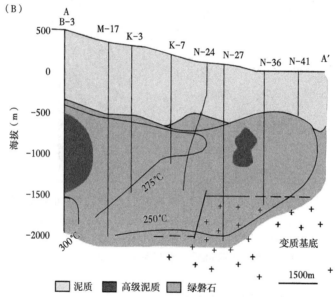

图 6.17 （A）Tiwi 地热田中地热井位置的平面图，（B）横截线 A-A′

（Moore, J. N. et al., Economic Geology, 95 (5), 1001-1023, 2000.）

请注意，大多数井都是在绿磐石化蚀变的低硫化区钻探的。高硫化蚀变区（即高级泥质蚀变）和最高地热温度区要位于上述生产区的西部。泥质岩主要代表黏土蚀变，可能在绿磐石带沸腾溶液上方形成蒸汽加热区（见正文讨论）

体上升，压力降低，沸点到达沸点—深度曲线相交时，液体开始沸腾。流体继续上升，冷却遵循沸点—深度曲线。基于这一特性，如果知道温度值可以确定沸腾的深度。

确定沸腾深度的一个有效方法是在沸腾溶液产生的矿物中寻找流体包裹体。流体包裹体是在矿物生长过程中被矿物包裹的微小流体（1~100μm 或 1/1000~1/100mm）。当流体处于沸腾状态时，包裹体的液气比会发生变化，一些包裹体会包裹更多的液体，另一些包裹体会包裹更多的蒸汽。由于液体在冷却时体积收缩，任何包裹体的蒸汽体积都大于包裹体形成时的体积。在实验室中重新加热包裹体，液体会膨胀，直到达到原始包裹温度。这被称为均化温度，能够反映沸腾液体的实际温度。一旦确定均化温度，可通过参考沸点—深度曲线确定深度。注意，如果不能证明流体包裹体存在沸腾现象，则无法确定地层压力或深度。通过分析在不同时间形成的不同矿物的流体包裹体**❶**，可以揭示地热系统的温度历史，从而判断温度是否稳定、上升或减弱。

　　如果沸腾液体的 CO_2/H_2S 比值高，冷凝蒸汽产生富含碳酸氢盐（HCO_3^-）的温泉，由于存在弱碳酸（H_2CO_3），泉水呈弱酸性（pH 值约为 5）。另一方面，当地下水位较低时，H_2S 含量较高的沸腾液体会产生酸性的、富含硫酸盐的泉水或泥温泉。因为 H_2S 在空气中氧化生成硫酸，导致流体的 pH 值为 2 或更低。这种酸性冷凝蒸汽通常会将岩石变成软黏土，成为地热储层上部隔层，地热储层中含有 pH 值接近中性的碱性氯化物液体。事实上，蒸汽加热的酸性硫酸盐蚀变类似于火山脱气产生的高温高硫化蚀变。后者的矿物蚀变同样具有 pH 值较低（1~2）和温度较高的特征，包括黏土如地开石（高岭石的多晶型），水合氧化铝矿物如硬铝石，以及可见的或粗粒度的硫酸盐矿物如明矾石、硬石膏（硫酸钙、$CaSO_4$）或重晶石（钡）。

6.4.4　与高矿化度水有关的蚀变

　　与高矿化度水有关的蚀变属于低硫化型蚀变，如南加利福尼亚州 Salton Trough 的地热田。地热储层存在绿磐岩，含有丰富的绿帘石和绿泥石（McKibben. et al.，1988a）。在该系统中，绿帘石矿脉（连同石英和黄铁矿）随着深度和温度的变化而改变矿物结构。方解石与绿帘石存在于 2000m 深处，冰长石在 1700~2745m 深处，阳起石在 2890m 以下（Caruso et al.，1988）。在 3000~3180m，存在热液辉石（Cho. et al.，1988）。蒸发岩层（石膏和石盐）在 1~3km 深处的部分溶解蒸发岩层造成了页岩夹层的局部溶蚀（McKibben. et al.，1988b）。岩层体积收缩会增加渗透性（至少局部增加），并改善流体循环。由于流体密度高、富含矿物，大多数高盐度卤水系统很难到达地面。在 Salton Trough 地区，地热储层上部覆盖着页岩、蒸发岩和三角洲砂岩组成的防渗盖层。三角洲砂岩中的硬石膏和方解石从向下渗透的水中沉淀并堵塞孔隙，使渗透性降低（Moore and Adams，1988）。通过防渗盖层中的局部裂缝，流体到达地表，局部形成富含黏土的热泥泉，表面地热流体呈低流量特征和酸性特点。在深部地层沸腾溶液而产生上升的 H_2S，H_2S 氧化形成硫酸导致地热流体呈酸性。

6.5　蒸汽型地热系统

　　蒸汽型地热系统是最佳地热储层，所有的流体都是以干蒸汽的形式进入涡轮。该类系统在地质学上很罕见，需要非常特殊的地质条件才能形成（如下节所述）。地球上最大的两个蒸汽型地热系统是北加利福尼亚州和意大利的拉德雷罗的间歇泉。两个系统的总装机容量约 1700MWe，10 年前约占全球地热装机容量的 25%，但由于闪蒸和双循环地热系统的出

---

　　❶　相对年代关系是通过地质观测确定的，包括流体包裹体矿物的置换结构或不同矿脉的相互交错。

现以及间歇泉的可持续生产，2015 年这一比例下降至 14%。

6.5.1　形成条件与其罕见性

大型蒸汽型地热系统，如间歇泉，在地质学上是罕见的，原因如下：首先，这些系统通常开始时是以液体为主的系统，然后演变成蒸汽型的系统，需要一个有效的热源和低液体补给率。随着液体沸腾，蒸汽帽会随着时间的推移而形成（大约几万年）。第二，为了使蒸汽帽生长，必须有一些蒸汽逸出。如果没有蒸汽逸出，系统压力增加，导致沸腾停止。若存在蒸汽泄漏，蒸汽帽会随着沸腾区的蒸发而增大。大部分向上流动蒸汽可能在储层上部边缘凝结并向下流动，从而使得少量的液体与蒸汽共存于储层中。在 Geysers 地热田，在一些深约 4000m 井中已经发现沸腾液体区（Donnelly Nolan. et al.，1993；M. Walters，pers. comm，2015）。

勘探开发表明这类地热系统的温度相对均匀，约为 240℃，压力约为 35kgf/cm²，即约 34bar。因此，对于深度大于 300m 的系统，蒸汽压力小于静水压力，并随着深度的增加而增大。要实现这一点，蒸汽储层必须与周围饱和水围岩隔开。否则，水在静压力梯度作用下大量流入储层，对低压蒸汽储层造成破坏。因此，大型蒸汽型地热储层的形成需要许多特殊地质条件，还包括不平衡的注入和排出速率、隔离层以及下部潜在热源。

图 6.18　加利福尼亚州 Geysers 地热田一部分泥盆
和周围蒸汽酸浸地面图（作者照片）

泥盆直径约为 1.5m，表明蒸汽加热的地下
水呈酸性，由于 H₂S 上升在地表附近氧化生成硫酸，
使岩石变成了黏土和泥浆。蒸汽型地热储层上方基本
没有含氯泉水和硅质泉华。远处的冷凝水蒸气来自
隐藏在树下一个地热发电厂的冷却塔

6.5.2　地表围岩蚀变

大型蒸汽型地热储层的地表存在岩石蚀变，这与沸腾水热型储层上部存在一个局部浅层蒸汽储层相类似。在这两种情况下，都发现了喷气孔、泥盆、泥火山、塌陷火山口、浊池和酸浸地面。泉水的含氯量通常较低，因为氯不是一种特别易挥发的元素，与海水蒸发类似，与盐水共存。但硫酸盐含量相对较高，并且泉水通常呈酸性。在富含碳酸氢盐的二氧化碳逸出地区，可能会发现一些弱酸性泉水（由于碳酸的缘故，pH 值约为 5~6）。在以沸腾液体为主的储层上方，可以通过覆盖面积区分蒸汽型的热液蚀变地层和高浓度酸性蒸汽型的蚀变地层。对于前者，酸浸地面及与其相关的贫氯、富含硫酸盐的温泵、泥盆和蒸汽塌坑分布相当广泛。但富氯池、硅质泉华或硅化岩很少存在（图 6.18）。另一方面，水热型系统中，存在许多局部酸性蒸汽加热区、含氯温泉、硅质泉华或钙质泉华。

6.6　人工产生的蒸汽型系统

在一些高温（>200℃）、用于发电的水热型地热系统中，液体产出量超过补给量，地下水位下降。静水压力减小，促使蒸汽沸腾。随着生产进行，可能会形成蒸汽帽，生产井内液体先转变为汽液两相流体，最终转变为干蒸汽，例如日本的松川和新西兰的 Wairakei。由于 Wairakei 地热电站生产 50 多年，储层条件发生了变化，一些浅井（小于 500m 深）开始生产源于蒸汽帽的干蒸汽。邻近的装机容量 55MWe 的 Poihipi 发电站使用水热型地热系统中蒸汽帽的干蒸汽发电。

6.6.1　日本 Matsukawa 地热系统

Matsukawa 地热发电厂于 1966 年开始生产，装机容量 23.5MWe（Hanano，2003）。在生产的前 6 个月，井中产出液体或液体—蒸汽混合物。随着生产持续，地下水位下降，蒸汽帽向更深地层延伸，一些井开始出现干蒸汽。图 6.19 表明水热型储层上部存在一个隔水的黏土层，该黏土层是浅层岩层受蒸汽加热的酸性硫酸盐蚀变产生。黏土层限制了生产过程中的液体补给。在开始生产时，储层在 1000m 处的压力约为 85bar，当蒸汽取代液体后，压力迅速下降到 25~30bar。该储层压力下降非常缓慢，但每口井的蒸汽产量下降较快，需要钻更多的生产井，保证 23MWe 的发电量。在 20 世纪 70 年代早期和中期，6 口生产井的生产电能约为 23MWe。然而，从 2000—2005 年，为了保持同样的产量，又增加了 8 口新

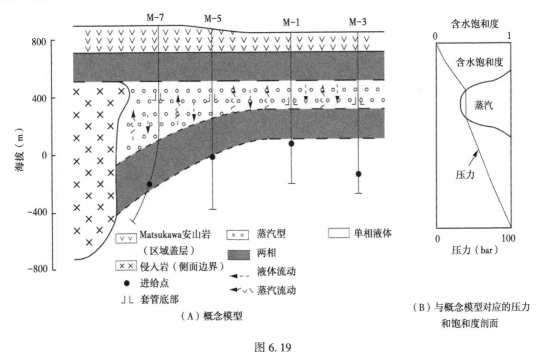

图 6.19

（A）Matsukawa 地热田初始地下状况示意图。上部两相区对应蒸汽冷凝区，蒸汽和液体在黏土蚀变的安山岩盖层共存。下部两相区代表单相液体沸腾区。当低密度蒸汽聚集在不透水盖层和蒸汽冷凝带下方时，蒸汽型地热区面积扩大。进给点标记储层的大致底部，其中有大量的蒸汽或汽液两相进入井筒深处。（B）压力和含水饱和度随深度变化示意图

（Hanano, M., Geothermics, 32（3），311-324，2003.）

井。在这 25~30 年期间，每口井的平均蒸汽产量减少了一半左右，从 38t/h（10.6kg/s）减少到 18t/h（5kg/s）。直到自 1988 年，开始将冷凝水和河水回注至储层，有助于稳定生产和蒸汽压力。经过 40 年的开采，蒸汽储层已从 700~900m 的基本深度延伸到 2000m 以上（Hanano，2003）。

6.6.2 新西兰 Wairakei Te Mihi 地热田

Te Mihi 是 Wairakei 地热田中最新的地热发电厂，自 2014 年开始运行，总装机量为 166MWe（图 6.20）。根据规划，在今后大约 12 年的时间内，Te Mihi 将取代 Te Mihi 以东约 5km 处老化的 Wairakei 地热发电厂。新的发电厂采用双闪蒸技术，在流量相同的情况下，比 Wairakei 发电厂多生产约 25% 的电能（Peltier，2013）。

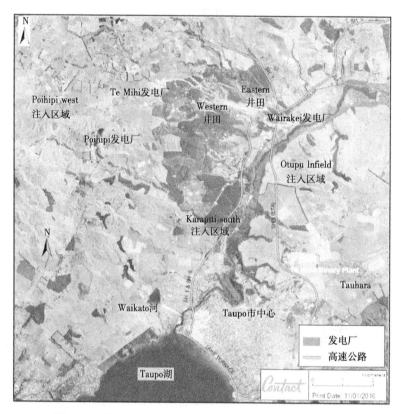

图 6.20　新西兰 Wairakei 和邻近 Tauhara 地热田的鸟瞰图

（Annotated image courtesy of T. Montegue，Contact Energy，Wellington，New Zealand.）

图中显示了两个地热田的发电厂位置

Te Mihi 地热发电厂使用两个地热田，约 40% 热量来自西部地热田，由 30 口井组成，开采深度约 600m 的水热型地热储层。其余 60% 热量来自混合型地热田，有 300~500m 深处开采压力约 10bar 的浅层蒸汽型地热储层和在 2500m 深处水热型地热储层，两个储层温度都在 240~250℃，尽管温度相同，但蒸汽的热含量更高，如图 6.8 和图 6.9 所示。

20 世纪 60 年代，最初在 Te Mihi 地区钻探的生产井以水热型储层为主，但在 80 年代中期，开始钻探浅层蒸汽型地热储层，利用两种热流体实现长期持续生产。与 Matsukawa 地热储层一样，蒸汽区在蚀变黏土层下方发育。Te Mihi 将使用深层盐水注入蒸汽型地热储层中，维持储层压力。

6.7 总结

水独特的化学性质是地热能利用的主要驱动力，包括：

（1）液体或气体可将能量从热岩石转移到地表。

（2）高热容量可以利用涡轮发电。

（3）水的极性使其具有高沸点，否则，水将主要以气体的形式存在，由于气体的流动性较高，大部分水会逸出到大气中，无法利用地层热量。

（4）弯曲的分子形状使水在冻结时膨胀。

地热系统分为水热型和蒸汽型，前者更为常见。根据流体化学，水热型系统主要分为三种：

（1）pH 值近中性的碱性氯化物溶液（低硫化体系），通常位于远离火山喷口或下部岩浆侵入体。

（2）酸性硫酸盐溶液（高硫化体系）通常位于火山口附近，这是由于深层岩浆中酸性气体（HCl 和 SO_2）的脱气作用。

（3）富含盐水的系统，如加利福尼亚东南部的 Salton 海区，该地区的地热流体在深处沉淀产生富含盐的蒸发岩矿床。

不同的流体类型导致了不同围岩蚀变特征，有助于勘探地质学家定位和区分不同地热系统。pH 值近中性的碱性氯盐溶液形成符合低硫化条件的围岩蚀变。在主要的地热储层中，典型的有绿泥石、绿帘石、方解石，还可能有冰长石（绿磐岩矿物组合）。如果温度大于 300℃，则绿磐岩组合还可能包括阳起石、透辉石、黑云母和石榴石。伊利石、绢云母和黏土（取决于温度和 pH 值）可在补给区和这种地热系统的顶部形成。在沸腾的温泉中沉积硅质泉华，可在地下热水层形成围岩硅化作用。低硫化蚀变可在层状火山的末端侧翼形成，如菲律宾的 TiWi，或在有或没有岩浆热源的伸展盆地形成，如内华达州的 Steamboat Spring（最近的流纹岩火山）和内华达州 Dixie Valley（没有最近的浅层岩浆活动）。

富含酸性硫酸盐的流体导致高硫化蚀变，其典型特征是富含明矾的黏土（高岭石和地开石）、由于岩石的酸蚀和渗透而残留的二氧化硅或多孔石英，以及在温泉中普遍缺乏硅质泉华。其他可能出现的矿物是明矾石和硬石膏。高硫化蚀变类似于沸腾低硫化系统顶部形成的蚀变。然而，在这种情况下，H_2S 从 pH 值近中性的碱性氯化物流体中沸腾并氧化形成硫酸，从而破坏上覆岩层。蒸汽加热蚀变岩以高岭石为代表，但通常不含地开石、明矾石和硬石膏。

由于流体密度高、富含矿物，大多数高矿化度水很难到达地面。通过防渗盖层中的局部裂缝，流体到达地表，局部形成富含黏土的热泥泉，表面地热流体呈低流量特征和酸性特点。在深部地层沸腾溶液产生上升的 H_2S，H_2S 氧化形成硫酸导致地热流体呈酸性。

大型蒸汽型地热系统的形成需要特殊地质条件，例如加利福尼亚的间歇泉和意大利的 Larderello，属于罕见的地质现象。形成条件包括长期有效的热源和适当的渗透条件，允许蒸汽在地热储层逸出。与周围岩石的静水压条件相比，储层两侧的渗透性也必须受到限制，限制水补给，防止蒸汽储层在压力不足的情况下坍塌。为了维持蒸汽储层生产，需要在储层上方逸出一些蒸汽；否则，压力将增大，阻止液体沸腾。生产引起的蒸汽帽形成于水热型地热储层上部，在这种系统中，通过回注液体无法平衡蒸汽产量。蒸汽型储层上方的围岩蚀变与沸腾水热型储层上方的蒸汽加热蚀变基本相似。不同的是，前者通常没有含氯池或硅质泉华，但后者可能在局部存在。

6.8　建议的问题

（1）水的化学性质如何使其成为水热蚀变的通用溶剂和重要媒介？

（2）如下图所示（Lagat，2009），石榴石对推算井中温度变化历史的意义？是否适用

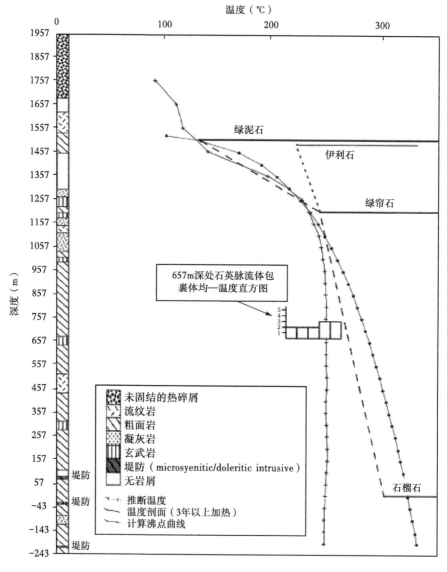

问题（2）的图

于上部储层？解释其原因？

（3）地热井在235℃的温度下，在800m深处开采水热型地热储层。假设静水压力梯度和稀释总矿化度：

①井底的液体沸腾了吗？为什么？如果没有，在什么压力下开始沸腾或闪蒸？

②使用图6.8和方程（6.2），如果涡轮入口温度为235℃，出口温度为50℃，质量流量为5kg/s，计算从井中输出的功率。功率等于焓的变化，假设涡轮两端理想膨胀，涡轮效率为85%。

（4）假设你正在监测地热钻机的进度。在300m深处，你会遇到液体和蒸汽的混合物。在400～600m深度处，只遇到蒸汽。在深度大于600m时，只钻遇液体区。你如何解释这种转变，以及在地表可能发现哪些热液特征和围岩蚀变？

（5）在开发地热资源时，是否建议降低地下水位以产生蒸汽帽？回答中考虑这样做的优势和劣势。

6.9　参考文献和推荐阅读

Browne, P. R. L. (1978). Hydrothermal alteration in active geothermal fields. *Annual Review of Earth and Planetary Sciences*, 6 (1): 229-248.

Browne, P. R. L. and Ellis, A. J. (1970). The Ohaki-Broadlands hydrothermal area, New Zealand; mineralogy and related geochemistry. *American Journal of Science*, 269 (2): 97-131.

Caruso, L. J., Bird, D. K., Cho, M., and Liou, J. G. (1988). Epidote-bearing veins in the State 2-14 drill hole: implications for hydrothermal fluid composition. *Journal of Geophysical Research*, 93 (B11): 13123-13133.

Cho, M., Liou, J. G., and Bird, D. K. (1988). Prograde phase relations in the State 2-14 well metasandstones, Salton Sea geothermal field, California. *Journal of Geophysical Research*, 93 (B11): 13, 081-13, 103.

Deely, J. M. and Sheppard, D. S. (1996). Whangaehu River, New Zealand; geochemistry of a river discharging from an active crater lake. *Applied Geochemistry*, 11 (3): 447-460.

DiPippo, R. (2012). *Geothermal Power Plants: Principles, Applications, Case Studies, and Environmental Impacts*, 3rd ed. Waltham, MA: Butterworth-Heinemann.

Donnelly-Nolan, J. M., Burns, M. G., Goff, F. E., Peters, E. K., and Thompson., J. M. (1993). The Geysers-Clear Lake area, California: thermal waters, mineralization, volcanism, and geothermal potential. *Economic Geology*, 88 (2): 301-316.

Fournier, R. O. (1985). The behavior of silica in hydrothermal solutions. *Reviews in Economic Geology*, 2: 45-61.

Fridleifsson, G. O. and Elders, W. A. (2005). The Iceland Deep Drilling Project: a search for deep unconventional geothermal resources. *Geothermics*, 34 (3): 269-285.

Friethleifsson, G. O., Elders, W. A., and Albertsson, A. (2014). The concept of the Iceland Deep Drilling Project. *Geothermics*, 49: 2-8.

Fridleifsson, G. O., Palsson, B., Albertsson, A. L., Stefansson, B., Gunnlaugsson, E., Ketilsson, J., and Gislason, I. (2015). IDDP-1 Drilled into Magma—World's First Magma-EGS System Created, paper presented at World Geothermal Conference 2015, Melbourne, Australia, April 19-24 (http://www.geothermal-energy.org/pdf/IGAstandard/WGC/2015/37001.pdf).

Glassley, W. E. (2015). *Geothermal Energy: Renewable Energy and the Environment*, 2nd ed. Boca Raton, FL:

CRC Press.

Haas, Jr., J. L. (1971). The effect of salinity on the maximum thermal gradient of a hydrothermal system at hydrostatic pressure. *Economic Geology*, 66 (6): 940–946.

Hanano, M. (2003). Sustainable steam production in the Matsukawa geothermal field, Japan. *Geothermics*, 32 (3): 311–324.

Hedenquist, J. W., Simmons, S. F., Giggenbach, W. F., and Eldridge, C. S. (1993). White Island, New Zealand, volcanic–hydrothermal system represents the geochemical environment of high–sulfidation Cu and Au ore deposition. *Geology*, 2 (8): 731–734.

Hedenquist, J. W., Arribas, A., and Gonzalez – Urien, E. (2000). Exploration for epithermal gold deposits. *Reviews in Economic Geology*, 13: 245–277.

Henley, R. W. and Ellis, A. J. (1983). Geothermal systems ancient and modern: a geochemical review. *Earth–Science Reviews*, 19 (1): 1–50.

Lagat, J. (2009). Hydrothermal Alteration Mineralogy in Geothermal Fields with Case Examples from Olkaria Domes Geothermal Field, Kenya, paper presented at Short Course IV on Exploration for Geothermal Resources, Lake Naivasha, Kenya, November 1–22 (http://www. os. is/gogn/unu–gtp–sc/UNU–GTP–SC–10–0102. pdf).

McKibben, M. A., Andes, Jr., J. P., and Williams, A. E. (1988a). Active ore formation at a brine interface in metamorphosed deltaic lacustrine sediments; the Salton Sea geothermal system, California. *Economic Geology*, 83 (3): 511–523.

McKibben, M. A., Williams, A. E., and Okubo, S. (1988b). Metamorphosed Plio–Pleistocene evaporites and the origins of hypersaline brines in the Salton Sea geothermal system, California: fluid inclusion evidence. *Geochimica et Cosmochimica Acta*, 52 (5): 1047–1056.

Moore, J. N. and Adams, M. C. (1988). Evolution of the thermal cap in two wells from the Salton Sea geothermal system, California. *Geothermics*, 17 (5–6): 695–710.

Moore, J. N., Powell, T. S., Heizler, M. T., and Norman, D. I. (2000). Mineralization and hydrothermal history of the Tiwi geothermal system, Philippines. *Economic Geology*, 95 (5): 1001–1023.

Peltier, D. (2013). Contact Energy Ltd.'s Te Mihi power station harnesses sustainable geothermal energy. *Power Magazine*, 8: 38 – 42 (http://www. slthermal. com/3 _ Recognition/Te% 20Mihi% 20Power% 20Magazine% 20Marmaduke%20Award%20Aug%202013. pdf).

Purnomo, B. J. and Pichler, T. (2014). Geothermal systems on the Island of Java, Indonesia. *Journal of Volcanology and Geothermal Research*, 285: 47–59.

Simmons, S. F. and Browne, P. R. L. (2000). Hydrothermal minerals and precious metals in the Broadlands–Ohaaki geothermal system: implications for understanding low – sulfidation epithermal environments. *Economic Geology*, 95 (5): 971–999.

Wood, C. P. (1994). Mineralogy at the magma–hydrothermal system interface in andesite volcanoes, New Zealand. *Geology (Boulder)*, 22 (1): 75–78.

7 选定地热系统的地质和构造环境

7.1 本章目标

（1）解释岩浆和非岩浆地热系统的区别及对能源开发的影响。

（2）介绍不同构造环境下的地热资源类型、相应的发电厂和不同构造背景下的潜在热能。

本章重点讨论选定地热系统及与构造环境之间的关系。首先介绍两种主要地热系统——岩浆型和非岩浆型地热系统，以及各自地质和地球化学特征。地热系统的构造背景和地质类型不但影响地热资源的物理化学特征，同时还对这些资源的最终开发方式有着较大的影响。这些讨论几乎都遵循前人所建立的地热系统模式（Erdlac et al.，2008；Muffler，1976；Walker et al.，2005），并且最近扩展到将地热资源表征为类似于石油工业的概念（Moeck，2014）。建立一个消除分类界线（如消除了温度或熵的人为界限）的分类方法，区分地热系统，并侧重于决定地热资源特征的基本地质参数，以及如何最好地勘探和开发这些资源。

7.2 岩浆和非岩浆地热系统

岩浆地热系统传热方式主要是直接热传导，热源来自熔岩层或地热储层下部的岩浆。在地壳减薄或伸展的区域会导致地热梯度升高（$>50℃/km$）和大地热流值增加（$80 \sim 120mW/m^2$），并且岩浆地热系统与岩浆热源没有直接的关系。在非岩浆地热系统中，深部循环流体经加热后向上传递至地热储层，流体温度通常在 $150 \sim 200℃$（但也有局部地区温度可高达 $250℃$，如内华达州迪克西山谷），其深度通常小于 3km。

在某一指定深度下，大多数岩浆地热系统中流体温度比与非岩浆地热系统中的流体温度高，通常不需要钻深井来获得既定的温度（图 7.1），可以节省钻探成本。此外，大多数地热系统都可以建立发电厂，发电厂产生电能比双循环发电厂多。绝大多数非岩浆系统采用双循环发电厂，提高发电效率。

7.2.1 岩浆地热系统

岩浆加热的地热系统通常形成于活跃或年轻火山活动区域。地热系统附近的岩浆岩年龄小于 150 万年（通常小于 50 万年），且分布相当广泛。岩浆岩的组成通常是安山岩到流纹岩，受地质构造影响，玄武岩可能是一种主要的岩石类型。有少部分岩浆地热系统具有独特的地球化学特征，主要体现在岩浆具有易挥发的气体，包括可检测到的二氧化硫或热水中升高的硫酸氢根离子，以及可能导致植物死亡的大量二氧化碳，这种情况见于内华达州里诺附近的 Steamboat Springs 地热系统和加利福尼亚州中东部的 Mammoth 地热系统。此外，由于存在岩浆挥发物，包括 HF 和 HCl，许多岩浆系统可能显示是酸性的，具有腐蚀

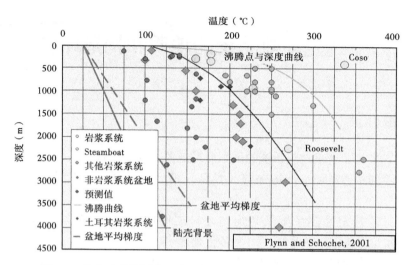

图 7.1　特定地热储层的温度和深度图（图由 M. Coolbaugh 提供）

图中间的黑色曲线是右边岩浆系统和左边非岩浆系统之间的经验划分界线。请注意，非岩浆系统需要更大的深度才能获得与岩浆系统相同的温度。深度曲线上沸点组成的曲线，其说明除了 Coso 以外大部分储层的流体都没有沸腾，如果 Coso 的储层流体继续沸腾，且补给与排放之间达到平衡，则会形成以蒸汽型的地热系统

性，增加了开发难度。例如，Geysers 蒸汽田❶的西北部虽然比其他地区更热（与240℃相比其温度在280~400℃），但在一定程度上由于该地区蒸汽的腐蚀性和酸性，阻碍了常规开发（Lutzet al.，2012；Rutqvistet al.，2013；Walterset al.，1992）。事实上，蒸汽型地热系统都是岩浆系统，因为需要一个强大的、长期存在的热源使水煮沸足够长的时间（可能至少数万年），从而形成一个蒸汽盖（Hulen et al.，1997）。如果盖层可以泄露一些蒸汽，并且储层的侧边界限制液体补充。这种过程可能发生在加利福尼亚东部的 Coso 地热储层，因为温度高于沸点深度曲线（图7.1）。

然而，水热型地热系统也可以被岩浆加热。例如，新西兰 Taupo 火山带和冰岛火山活动裂谷带的强大地热系统以液体为主，分别提供了该国约15%和30%的生产能力。岩浆地热系统的另一个典型特征是它们的流体具有较高的$^3He/^4He$ 比值（Kennedy and van Soest，2007）。^3He 同位素是地球形成过程中遗留下来的原始同位素，主要储存在地幔中，但是^4He 同位素是由铀（U）和钍（Th）的衰变形成的，这两种元素都在地壳中富集。随着铀和钍的衰变，地壳中产生的放射性元素^4He 量随时间的增加而增加，而^3He 随时间的增加而缓慢减少，这主要是因岩浆脱气所致。因此，地幔岩石部分熔融形成的岩浆将具有较高的$^3He/^4He$ 比值，并传递给地热流体。然而，在某些情况下，如果断层穿透到足够深的地方，与地幔直接或间接地相互作用，就可以在没有岩浆作用的情况下产生较高的$^3He/^4He$ 比值，如位于洛杉矶盆地深部断裂带的深油井所显示的那样（Boles et al.，2015）。

7.2.2　非岩浆地热系统

非岩浆地热系统形成于缺乏年轻火山或活火山活动的地区。它们主要形成于地壳扩张、

---

❶ 西北间歇泉现在是 EGS 示范项目的一部分，该项目将来自圣罗莎镇处理过的废水重新注入现有的井中，结果使邻近潜在生产井中蒸汽中的不可冷凝气体浓度降低了约90%，进而降低蒸汽的酸度。

地壳变薄的区域，使高温地幔岩石更接近地表，造成较高的地温梯度。因此，非岩浆系统也被称为伸展地热系统，例如，内华达州许多已开发的地热系统均为非岩浆系统。此外，岩石在张应力作用下容易导致断裂并产生正断层，形成流体与地壳深部循环的通道。将近地表的冷水带到深部，温度提升，然后再向上循环到近地表。与非岩浆地热系统相关的流体通常是中—碱式氯化物，除非煮沸产生高浓度的酸—硫酸盐溶液。流体总矿化度在低至中等，通常小于0.5%。由于非岩浆地热系统的流体在地壳内加热并循环，通常具有较低的^{3}He/^{4}He比值，这反映了地壳岩石中含有较高的放射性物质^{4}He。所有已开发的非岩浆地热系统以液体为主，这通常反映了与岩浆地热系统相比，这些系统的温度较低。

7.2.3　勘探和生产对岩浆和非岩浆系统的影响

　　由岩浆加热的地热系统通常支持闪蒸汽或干蒸汽的地热发电厂。若不在上升流区域范围内，可以使用双循环地热发电厂，例如在加利福尼亚州Mammoth附近的Casa Diablo发电厂。内华达州的Steamboat温泉，既有闪蒸发电厂，也有双循环发电厂，Steamboat山闪蒸发电厂的井在接近上升区域的地方抽取温度在180~200℃的流体。对于Steamboat温泉的双循环发电厂的生产井，其主要是自来水冷却器（150~160℃）浅层（<300m）羽状流（图7.2）（Klein et al.，2007）。由于岩浆地热储层浅，流体温度高于岩浆热储层，因此开发岩浆地热系统钻井成本较低，发电量较高，经济前景良好。如果对现有的资源进行充分的研究和设计，非岩浆地热系统仍具有经济价值。此外，还有一些温度大于200℃的非岩浆地热

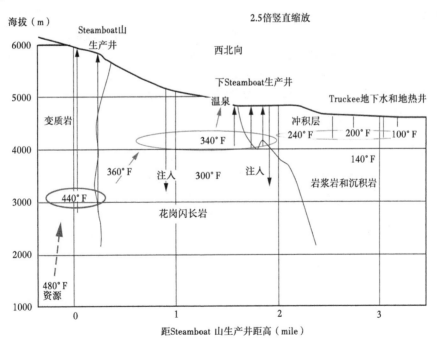

图7.2　Steamboat地理流体系统从西南向东北的剖面图（Klein，C. W. et al.，Geothermal Resources Council Transactions，31，179–186，2007.）

由于随着时间的推移，冷却作用增强，Steamboat山丘下面的上升流区和其下部的外流区温度
比图中显示的要低10~15℃（15°~25℉）

系统热含量高，如内华达州 Fallon 东部的 Dixie Valley 和内华达东北部的 Beowawe。这两个地热系统都是闪蒸发电厂和双循环发电厂，但是其生产井很深，Dixie Valley 约为 3km，Beowawe 为 1.5~3km（Benoit, 2014）。本章末会描述关于这两个发电厂的更多内容。

7.3　特定地热系统的构造环境

构造环境在地热系统的热化学特征中起着重要的作用。本文研究了下列构造环境下的地热系统：

（1）以冰岛地热系统为例的特殊种类。

（2）汇聚构造背景下，又细分为（a）俯冲环境（岛弧和大陆火山弧）和（b）非俯冲大陆碰撞带。

（3）转换边界（如索尔顿海）或在地壳三叉点（如北加州的间歇泉）之后的转换边界。

（4）发生在非洲东部和美国西部的盆岭区的大陆裂谷作用。

（5）夏威夷和亚速尔群岛等热点地区。

（6）在大陆稳定的克拉通内部，如澳大利亚的库珀盆地和北美中部的威利斯顿盆地，有放射性成因的花岗岩和深层沉积盆地。

7.3.1　冰岛地热系统

正如在第 2 章和第 4 章中了解到的，冰岛位于大西洋洋中脊，是北美构造板块的东部边缘和欧亚板块的西部边缘的分界线。冰岛频繁的火山活动成为人们关注的焦点，沿着山脊或汇聚的海底边界产生的地质热点及沿地幔柱蔓延的区域是其火山的主要分布区。事实上，研究人员认为冰岛是一个与扩张山脊重合的热点地区。这种构造过程的重叠使得山脊能够在海平面以上生长，形成岛屿（Arnorsson et al., 2008；Vogt, 1983）。在冰岛南部，大西洋洋中脊由两个亚平行的分支组成，它们通过转换断层连接到一个单一的山脊带，并穿过冰岛中部和北部。

冰岛发达的地热系统分布在三个主要地区：Reykjanes peninsula、Hengil 火山和 Krafla（图 7.4）。Reykjanes 和 Hengil 地热系统位于大西洋洋中脊的西部分支内，而 Krafla 位于中北部分支内。Reykjanes 地区有两个已开发的地热发电厂，一个在 Reykjanes，另一个在 Svartsengi。在 Hengil 地区，Hellisheidi 地热发电厂位于 Hengil 火山的南侧，在火山的北侧是 Nesjavellir 地热发电厂。Hellisheidi 地热发电厂是世界上最大的地热发电厂和热电厂的联合体，装机容量 303MWe，计划的最大装机容量为 400MWe，可直接用于附近的 Reykjavik。事实上，冰岛超过 90% 的建筑都是使用地热流体供暖。此外，地热发电约占冰岛发电总量的 30%（Orkustofnun, 2016）。电力平衡来自水力发电设施；因此，冰岛生产的 100% 的电力都来自可再生能源。

由于地质构造和火山活动，冰岛所有的地热系统，无论是发育还是不发育的，其热源均是来自于岩浆。深度约 1km 处的温度始终大于 200℃，发电厂采用单闪蒸或双闪蒸。在某些情况下，温度还要高。例如，在 Krafla（2008—2009）钻探了冰岛第一口深井 IDDP-1，以勘探深层中超临界流体。但是，该项目在大约 2.1km 处钻遇一个岩浆带，未能达到目标深度 5km。经过几次流量测试，发电功率 36MWe（超过附近 60MWe 的 Krafla 地热发电厂产能的一半），约为典型冰岛地热井产量的 5 倍（Fridleifsson et al., 2015）。不幸的是，450℃的蒸汽呈酸性，对管道和设备有很强的腐蚀性。如果使这口井商业应用，需要用碱性地热水降低酸性，如果可行，IDDP-1 井将是世界上第一口直接由岩浆加热的地热井，并且可能使 Krafla 发电厂的发电能力增加约 60%。

7.3.2 汇聚大陆和岛屿火山弧

大洋岩石圈的俯冲导致上覆地幔岩石的部分融化。由于增加了挥发分，降低了岩石的熔点，并形成了岩浆，岩浆上升到上地壳，局部喷发形成火山。在大洋岩石圈俯冲到大陆岩石圈之下的地方，形成大陆火山弧，如南美洲的安第斯山脉或北美洲的瀑布。另一方面，岛弧形成于古老而寒冷的大洋岩石圈俯冲到年轻而相对温暖的大洋岩石圈之下的地方，如西太平洋的许多火山岛链（包括日本、菲律宾、马里亚纳群岛和汤加岛）。

在大陆和岛屿的火山弧中，火山下面有浅层岩浆层，成为当地开发地热系统的热源。在大陆火山弧环境下形成地热系统的例子包括墨西哥的 Los Azufres（Martinez, 2013）和 Los Humeros（Elders et al., 2014）、哥斯达黎加的 Miravalles（Ruiz, 2013）、尼加拉瓜的 San Jacinto Tizate（Chin et al., 2013）和萨尔瓦多东部的柏林和 Ahuachapan（Herrera et al., 2010）。有趣的是，南美的地热发电还没有出现，但一些先进的勘探项目正在智利进行。例如，由 Enel Green Power 和国有石油公司 ENAP 共同建造的装机容量为 48MWe Cerro Pabellon 地热发电厂，计划于 2017 年年中开始发电。尽管南美洲西部位于活跃的陆缘火山弧上，为什么在地热能源开发方面会落后呢？原因比较复杂，但要形成一个可行的地热系统需要的不仅仅是热量，其他的关键属性包括岩石渗透率、流体可用性和化学成分。在许多情况下，还包括有助于限制流体流动的盖层。岩石渗透率与构造复杂性呈正相关。在一定程度上，许多地热系统都发生在活动频繁、拉伸应变高（>0.5mm/a）的地区（Faulds et al., 2012）。在火山弧中，应变的方式可以从主要是挤压的（汇聚方向是正的）到扩张的（俯冲带），例如 Taupo 火山带，也可以是变化的扭张到转扭的（汇聚方向是倾斜的）（Hinz et al., 2015）。对于南美洲西部大部分地区来说，弧内应变主要是挤压应变，表现为弧平行于活动逆冲断层和局部正交正断层。因此，拉伸应变和相关区域的渗透率改善显得相对有限。此外，由于安第斯山脉较高的抬升率和随之而来的侵蚀，许多地方的潜在盖层可能已经被破坏（Coolbaugh et al., 2015）。对于目前安第斯山脉有限的地热开发来说，其他的非地质因素包括测试钻探的高成本和高风险，例如地形复杂、海拔高、山区气候恶劣等因素造成建设成本增加。此外，智利现有的可再生能源大部分来自水力发电，因为水力发电技术发展完善、风险小。

形成地热系统的区域同时存在于火山弧的挤压和拉伸应变区域。Wilmarth 和 Stimac（2015）观察到，具有更高功率密度和输出功率的系统，通常都是由汇聚引起的复杂地质结构的岛弧有关，特别是涉及转换张力（如印度尼西亚的 Salak）或弧内裂谷相关的伸展（如新西兰的 Wairakei）（图 7.3）。在斜向汇聚处，上覆板块可形成斜向走滑断层。在断层阶梯式转换的地区，可能会发生拉张，形成可能的拉张盆地，从而促进地壳扩张和岩浆上升到上地壳。

强烈的岩浆侵入也会在热作用下削弱上覆岩石，导致重力塌陷和膨胀，一般与板块汇聚方向垂直。因此，可以形成一系列伸展盆地或地堑，这些盆地或地堑与火山作用产生的

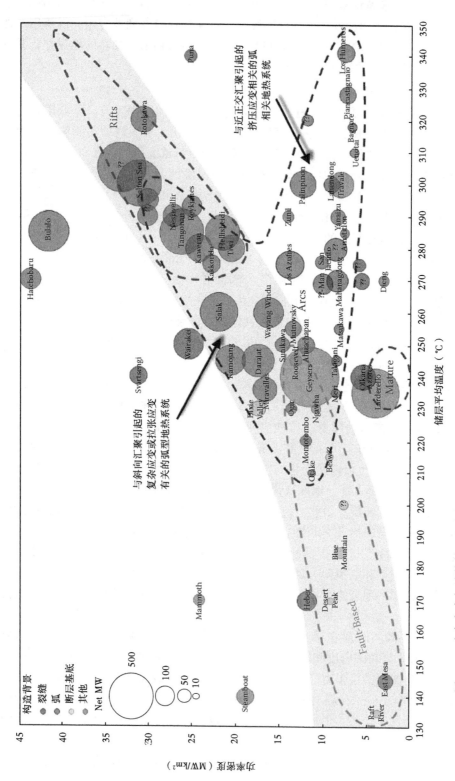

图 7.3 功率密度与地热储层温度关系图(Wilmarth, M. and Stimac, J., in Proceedings of World Geothermal Congress 2015, Melbourne, Australia, April 19-24, 2015.)

绘制的地热系统是根据某些地质环境进行编码和分组的。值得注意的是,在与弧相关的环境中,与以挤压应变为主的地热系统相比,复杂应变或拉张应变相关的地热系统具有更高的功率密度和输出功率

热量相结合，有助于产生地热系统，例如，在跨墨西哥火山带中的 Los Humeros 和 Los Azu-fres。本章后面关于与转换边界相关的地热系统一节提供了更多关于转换张力盆地和拉张盆地的信息。

哥斯达黎加的 Miravalles 地热田是另一个在大陆火山弧的局部拉张（变形）区域形成的地热系统的例子（图 7.3）。该地热田目前处于开发阶段，由三个闪蒸发电厂和一个底部双循环发电厂提供动力，总装机容量为 162.5 MWe（DiPippo，2012）。产生地热的区域位于 Miravalles Quaternary❶ 第四纪层状火山❷ 的南翼，该火山上次喷发大约在 7000 年前。矿区位于火山西南侧北东偏北的地堑内，面积约 16km²。北—北东向地堑可能与西—北西向左旋断层（转换张力）的左阶有关，左旋断层由下倾的科索板块与上覆的加勒比海板块的斜向（左旋）汇聚形成。地堑的边界断裂和内部断裂形成了岩浆岩的次生裂隙，促进了地热流体的对流，是该地区重要的动力来源。

在火山岛弧环境中开发地热系统的另一个例子是 Hatchobaru 地热发电厂（装机容量 112MWe），位于日本西南部的九州岛。Hatchobaru 是日本最大的地热发电厂，由 26 口综合质流量为 560kg/s 的生产井供电（Tokita et al.，2000）。高生产率的一个重要因素是 Hatchobaru 地热田位于弧形平行、北东偏东的北蒲岛—石原地堑内。该地堑横贯全岛，向北—北西方向延伸（Ehara，1989）。与 Miravalles 类似，Hatchobaru-Otake 地热田位于一座活火山（久居山）的侧面。北蒲岛—申巴拉地堑的扩张性构造反映了俯冲的菲律宾大洋板块的板状回滚（讨论如下）。Hatchobaru 地热流体的流动既受北东走向的地堑平行断层和北西向正断层的控制（Momita et al.，2000）。北西向正断层可能是北东向地堑平行断层上的某些走滑运动的结果，从而在北东向断陷的区域内造成局部向北东方向伸展。

7.3.3 汇聚弧后或弧内延伸

除了与汇聚有关的压缩，或与斜汇聚相关的张力和位移外，还可能出现称为弧后或弧内延伸的现象。在这种情况下，延伸的方向垂直于弧，导致伸展地堑平行于弧的重要部分。因此，如前一节所述，这种扩张比与超张力或重力塌陷有关的局部区域扩张更为广泛。弧后或弧内扩张的演化尚未完全了解，但人们提出了几种模型来解释它们的成因。与大陆弧相比，岛弧外扩张和弧内扩张发展更为普遍。此外，它最常发生在俯冲大洋岩石圈相对较老（>5500 万年）和俯冲板块中间倾角大于 30° 的地方。一些模型进一步解释了弧后和弧内扩张。

（1）随着时间的推移，由于运动的垂直分量，向下运动的板块会变陡，假设的槽内吸力将弧拉起（图 7.4）。当弧与覆盖板的其余部分脱离时，就会产生张力。

（2）在下降板块之上，由于临近下降板块的向下牵引力和下降板块挤压出来的上浮的挥发性覆盖物相互作用，会产生对流附属物（图 7.5）。这也可以解释弧后扩张或弧内扩张在岛弧中比大陆弧更为常见的原因是海洋地壳相对较薄。

弧内或弧后是否发生伸展和地壳裂陷作用，可能反映了俯冲带上覆板块的流变和力学

---

❶　形成于近 200 万年前的地质时期。

❷　平流层火山是典型的圆锥形火山，例如日本的富士山，并且是在大陆和岛弧中发现的最常见的火山类型。

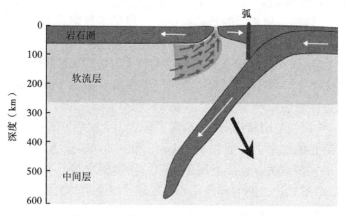

图 7.4　板块回弹引起弧后扩张的图解

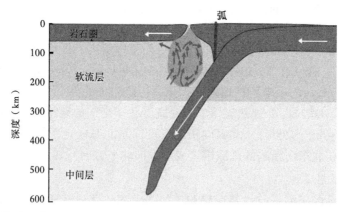

图 7.5　俯冲板块上方拖曳力和上涌的浮力、挥发性带电地幔引起的次级对流的弧后伸展图解

特性。在俯冲带倾角较小的地方，由于压应力分布在包括活动火山弧在内的上覆板块的更大范围内，弧后扩张得到促进。另一方面，如果俯冲带的倾角较大，则汇聚压应力分布较窄，主要集中在上覆板块的增生楔区和弧前区。在这些条件下，扩张或伸展更有可能发生在弧内和弧后。在弧后地壳因岩浆的附加热量而流变性减弱（图7.6）。

弧后或弧内扩张与地热系统有什么关系？由于拉张力的作用，次生岩石的渗透性和地壳的膨胀得到了促进，从而帮助岩浆侵入到浅层地壳，可以作为热源，并形成上覆对流和潜在的可开发的地热系统。图7.3所示的裂谷相关地热系统，如新西兰 Taupo 火山带的 Wairakei 和 Rotokawa，其功率密度和输出功率均有所提高，这表明了地热开发的潜在环境。弧后和弧内扩张可区分为岩浆和非岩浆两种主要的类型。

7.3.4　岩浆弧内伸展环境

典型例子是新西兰北岛的 Taupo 火山带，主要局限于北东向的伸展性地堑内，地堑位于向西倾斜的俯冲带之上，其海沟位于东侧近海。该区域长约 200km，宽约 30~50km。它是地球上火山活动最活跃的地区之一，在过去 35 万年里平均每秒产生 0.3m³（约 26000m³/d）的岩浆（Wilson et al.，1995）。毫无疑问，Taupo 火山带也是地球上地热资源最丰富的

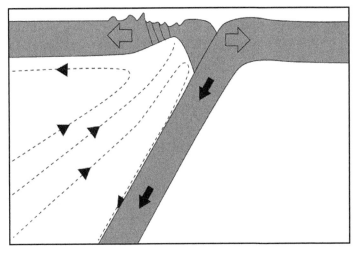

图 7.6　在火山弧内引起扩张的陡倾俯冲带的横截面

(Martinez, F. and Taylor, B., Geological Society Special Publications, 219, 19 - 54, 2003.)

地区之一。每年大约有 $10^8 m^3$ 的 250℃ 流体通过陶波火山带中部的流纹岩部分排出（Bibby et al. , 1995；Rowland and Simmons, 2012）；流体的体积和温度表示其热功率输出大约为 4000±500MWe（Hochstein, 1995）。总的来说，陶波火山带总共供能新西兰 14 个地热发电站中的 13 个，总装机容量为 1005MWe（Bertani, 2015），约占新西兰总装机容量的 15%。

1958 年，位于 Taupo 火山带南部的 Wairakei 地热发电厂投入运行，开始了地热发电的历程（图 7.7）。Wairakei 电站目前总装机容量为 171MWe，包括两个闪蒸电站（67MWe 和 90MWe）和一个循环电站（14MWe）；净输出功率为 132MWe。

大多数生产井的深度在 500~1000m，最初开采渗透性很强的陡倾正断层；然而，最近的一些井与具有原生基质渗透性的岩层相交，导致一些井的水平井距高达 2km，以最大化井筒表面积和储层内的流速。其中一些具有显著水平范围的井，由于其高流速，每口井的产量高达 20MWe。在怀拉基地热田的大部分生产历史中，废流体没有回注的部分原因是节约成本措施以及地热流体的良性化学性质（pH 值接近中性和低 TDS，<0.15%Cl），可在附近的怀卡托河中轻易处理，而不会引起水质发生任何变化。此外，工程师们还担心，夜间注入会对储层产生不利的降温作用，并产生地热流体，从而减少电力输出。

然而，由于没有重新注入流体，出现了两个问题。首先，没有液体补充系统的压力下降，流体容易沸腾形成蒸汽型的区域。因此，22 个间歇泉和附近的间歇泉谷的众多温泉消失了，留下残余成堆的硅质泉华作为地热表面活动唯一的证据。不回注流体的另一个主要后果是地面沉降，沉降速率为 0.45m/a。在过去的 50 年里，地面总沉降约为 15~20m，但自 20 世纪 90 年代中期开始回注以来，地面沉降速率已降低至 10~15cm/a（Bromley et al. , 2013）。然而，对于城市地下水的开采，当前的沉降大部分是由于水温改变和覆盖在地热储层之上的浮岩角砾岩（地下含水层）被压实了。关于地热引起的沉降将在第 9 章进行进一步探讨。

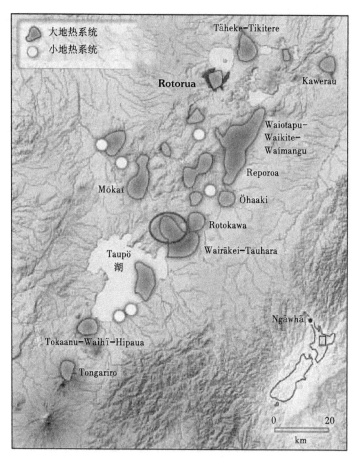

图 7.7 陶波火山带地图，显示地热田的位置（http：//www. teara. govt. nz/files/m-5418-enz. jpg.）

怀拉基地热田被椭圆所包围，与东南面的 Tauhara 地热田相邻。陶波火山带拥有大约 20 个地热系统

7.3.5 弧后扩张非岩浆地热系统

典型例子是土耳其西南部的 Menderes 地堑。土耳其大多数正在运行的地热发电厂都位于该地区，其中最老的是位于地堑东端的 Kizildere 发电厂，1984 年投产，如图 7.8 所示。第二个地热设施于 2013 年投入运行，装机容量为 80MWe。截至 2014 年底，土耳其的地热发电装机容量为 400MWe，另有 165MWe 在建（Mertoglu et al.，2015）。Menderes 地堑向东西延伸约 200km，宽度在 10~20km。可能是由于板块后退（希腊俯冲带变陡），整个南北向伸展，中新世火山弧的火山活动向现今南爱琴海火山弧西南迁移就是证据。希腊俯冲带标志着与非洲构造板块相关的海洋地壳正缓慢地俯冲到包括土耳其西部在内的覆盖欧亚板块之下。尽管如希腊火山岛 Santorini 和 Milos 那样存在一条火山弧，但弧后火山活动没有充分研究。它反映出俯冲的速度缓慢，其可能限制弧后的浅层上涌和部分熔融流体形成岩浆。弧后拉张应力从深部向地表传递，形成东西走向的 Menderes 和 Gediz 地堑（图 7.9）。

Kizildere 地热系统位于一个东向正断层带的东端，该正断层带与 Menderes 地堑北侧接壤。在 Kizildere 地区，断裂带分裂成几个八字形，形成高密度的裂缝，为地热流体提供流

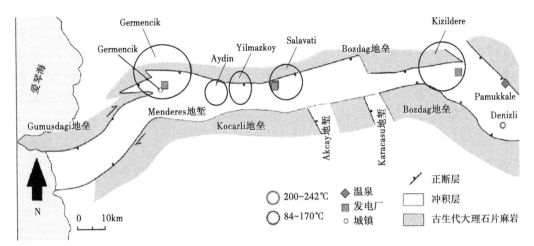

图 7.8　Menderes 地堑位置和地热发电设施（包括最大的 Kizildere）位置图（Faulds, J. et al., in Proceedings of World Geothermal Congress 2010, Bali, Indonesia, April 25-30, 2010.）
西东向的正断层与地堑相连。由于断层向南北延伸而形成地垒

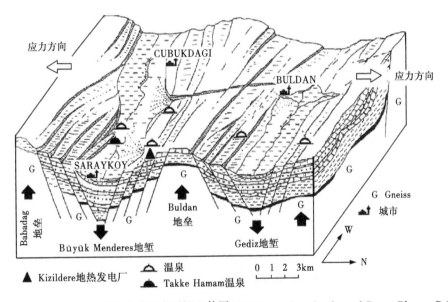

图 7.9　Menderes—Gediz 地堑系统的西向透视立体图（DiPippo, R., Geothermal Power Plants: Principles, Applications, Case Studies, and Environmental Impacts, 3rd ed., Butterworth- Heinemann, Waltham, MA, 2012.）
注意 Kizildere 地热发电厂的位置是由实心三角形来表示的，它以沿着 Menderes 地堑北缘的许多正断层为中心

动通道（图 7.10）。实际上，这也是位于 Menderes 地堑西端的土耳其第二大的地热发电设施（69.9MWe 装机容量）——双重闪蒸式地热设施的结构样式，储层流体温度高达 232℃（Mertogluet al., 2015）。此外，土耳其地热系统的构造环境类似于内华达盆地的许多地热系统，如热 Gerlach 温泉，反映了两个地区的整体伸展成岩环境（Faulds et al., 2010）。

Kizildere 地热发电厂建设了一个 15MWe 的闪蒸发电装置和一个 6.8MWe 的双循环装置。生产储层有三个，最浅的约为 400~600m，最深的为 2000~3000m。所有储层均以流体

为主,流体温度一般随深度增加而增加,从 200℃ 左右到 240℃ 左右。尽管流体的 TDS 较低至适中(0.25%~0.32%),但它们含有高浓度的不凝性气体(NCGs)。在涡轮进口处的蒸汽重量平均为 13%。二氧化碳占天然气总重量的 96%~99%,与硫化氢相平衡。高浓度的 CO_2 主要源于由石灰岩组成的储层岩石(Haizlip et al.,2013)。随着生产井中的流体的上升和压力的下降,CO_2 的逸出造成了生产井中方解石的严重结垢问题(图 7.11),因此需要使用井下化学阻垢剂来保持一定流动速度。控制方解石沉淀的反应:

$$2HCO_3^- + Ca^{2+} \rightarrow CaCO_3 + H_2O + CO_2 \tag{7.1}$$

（碳酸氢盐）+（溶解钙离子）→（方解石）+（水）+（二氧化碳）

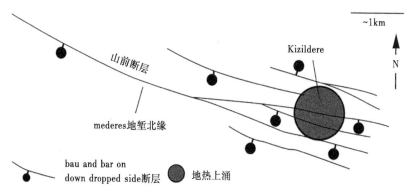

图 7.10　Kizildere 地热系统构造背景图（Faulds, J. et al., in Proceedings of World Geothermal Congress 2010, Bali, Indonesia, April 25-30, 2010.）

图中黑色粗线表示正断层,带圆点一侧断层上翘。将一个单一的大断层分裂成几个较小的断层,可以提高地热流体上涌的渗透率

图 7.11　土耳其 Kizildere 地热田某生产井井口附近方解石结垢情况图

（Haizlip, J. R. et al., in Proceedings of the 37th Workshop on Geothermal Engineering, Stanford, CA, January 30-February 1, 2012, http://geothermalenergy.org/pdf/igastandard/sgw/2012/haizlip.pdf）

随着井中流体的上升，CO_2 由于压力下降而逸出，反应向右进行，促进方解石的沉淀。

2013 年，在 Kizildere 新建了一座新的 80MWe 的闪蒸发电厂，该发电厂包括几口新的生产井和改进的部分现有井。此外，双循环厂已经翻新并扩大到 15MWe 的装机容量，总装机容量为 95MWe。这些新工厂还回收了大量的 CO_2，用于制作干冰，用过的液体直接用于温室和附近社区 2500 户居民的取暖。

7.3.6　大陆汇聚环境

在所有的构造环境中，诸如喜马拉雅、兴都库什山和中亚南部的扎格罗斯山脉地区等大陆汇聚区域并不一定适合形成可开发的地热系统。由于大陆汇聚作用，地壳过度增厚，降低了地温梯度，温度会随深度的增加而扩散到更远的地方。此外，在这种构造环境中，整体的挤压应力限制了与裂缝和断层相关的扩张，从而降低了岩层渗透率。最后，由于碰撞的大陆地壳不能俯冲，在汇聚的大陆弧和岛弧中发现的一种重要的岩浆生成载体，可以作为驱动上地壳地热系统的热源，目前还很缺乏。然而，与大陆碰撞带有关的高温高压变质作用会导致下地壳和中地壳岩石的部分熔融，从而形成潜在的岩浆热源。其他热源可以是地下放射成因的花岗岩和高级变质岩，它们可以加热深层循环地下水，反射出非岩浆性的地热环境。因此，地热系统确实存在，而且主要与局部区域的扩张或者压缩应力有关。

由于地壳在大陆碰撞过程中变厚，当隆起变厚的地壳在自身的重量的作用下开始崩塌或扩张时，拉张应力开始与压缩的方向正交。根据岩石的类型和强度，伸展正断层可以在局部地带和边界地垒和地堑中发育，这些地堑一般垂直于山脉的主走向。拉张正断层和伴生的扩张增大了渗透率，有利于地下水循环到容易被加热的重要深度，然后沿着其他正断层返回地表，形成温泉和较浅的地热储层。西藏的羊八井和新开发的杨邑地热田是局部扩张环境下形成的地热系统的良好例子。

7.3.6.1　西藏羊八井

羊八井位于拉萨西北约 90km 处。其海拔 4300m，是世界上最高的地热发电设施。1976 年开始生产，装机容量 1MWe，1991 年增加到装机容量 25MWe。其生产的电力供应是拉萨市电力需求的一部分。该发电厂在温度为 150~175℃的条件下，通过在浅层油藏（南部 50~150m，北部 100~300m）开凿生产井来运行，其通常不足以在装机容量下运行。水文研究和钻井结果表明，目前开采的浅层油藏是油田北端一个较高温上升流带流出的羽流（Ji and Ping，2000；Xiaoping，2002）。一口 2000m 深的井遇到了 329℃的温度，但由于渗透率有限，流动不稳定，导致该油井无法使用。1996 年钻了另一口深井（ZK 4001）（图 7.12），深达 1459m，井口温度条件为 200℃，有 15 个沙坝，流量为 84kg/s，足以产生约 12MWe 的电力；然而，目前还不清楚这口井是否与该厂连通。该发电厂采用双闪蒸设计，生产井的流体温度通常低于 200℃。

羊八井地热田位于一条以正断层为界的北东—南西向地堑内。浅层（200~400m）地热田北部为强断裂区，温度较高（160~170℃），其位于地堑的西北边缘，似乎位于上升流区域之上，上升流区域为东南方较冷（120~160℃）、偏浅的外流羽流提供补给（图 7.13 和图 7.14）。覆盖北部山脉的冰川融水的渗透对该地热系统提供补给，地热设施位于地堑的西侧。断层将大气流体（地下水）输送到深处，在那里它们被放射性的花岗岩和变质岩加热，然后沿着断层上升到地表，形成上升带。这些流体的 pH 值接近中性，TDS 含量较低，较

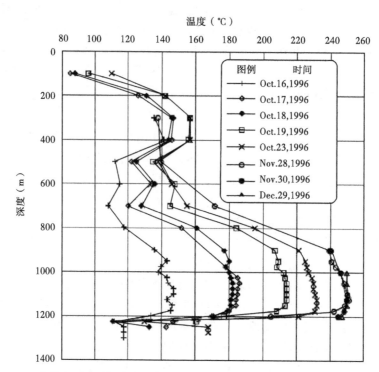

图 7.12 ZK 4001 井北部温度—深度剖面图 (Xiaoping, F., Conceptual Model and Assessment of the Yangbajing Geothermal Field, Tibet, China, The United Nations University, Geothermal Training Programme, Reykjavik, Iceland, 2002.)

在油田 1000~2000m 钻探到一个地热储层，平衡温度约为250℃

深的上升流区域为0.28%，浅层油藏为0.15%。

羊八井地热系统共钻了54口井，从目前查找的文献来看，尚不清楚是否有回注井。据了解，从1983年到1993年，地热田南部由于水力发电的流体抽出和孔隙体积坍塌，总共发生了36cm的沉降（图7.15）。与此同时，压力和温度下降，导致发电量下降。然而，在同一时间，由于上升流带和外流羽流南部之间的压力梯度增强，场北部的温度和压力略有升高（图7.16）。事实上，虽然南区已经下沉，但油田北区实际上却上升了（图7.15）。

7.3.6.2 西藏杨邑地热田

杨邑地热田位于羊八井西南偏南45km，拉萨以西75km处，装机容量40 MWe（Zheng et al., 2013）。拉伸环境与羊八井相似，以南北走向的地堑边界断裂为特征，与北东走向的断裂交汇，其使地热活动具有区域性。储层流体温度约为180~210℃。杨邑地热流体的化学性质与羊八井相似，属于碱氯重碳酸盐型，TDS 低（TDS 为0.14%~0.18%），pH 值接近中性至中等偏碱性（7.5~9.5）。重碳酸盐（HCO_3^-）是最常见的阴离子（占阴离子总含量的60%），钠（Na^+）是最常见的阳离子（占阳离子总含量的85%）。虽然 CO_2 是最主要的气体成分，但钙含量较低，表明碳酸钙（方解石）结垢问题不大，因为碳酸钠或碳酸氢钠比方解石更容易溶解。

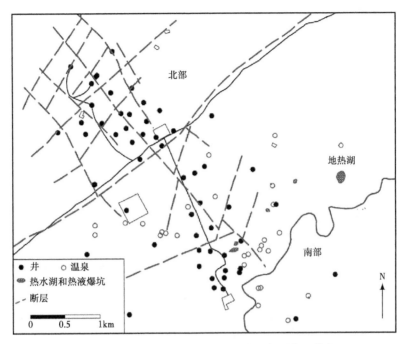

图 7.13　羊八井地热田南北部分油井及断层位置分布图

（Xiaoping, F., Conceptual Model and Assessment of the Yangbajing Geothermal Field, Tibet, China, The United Nations University, Geothermal Training Programme, Reykjavik, Iceland, 2002）

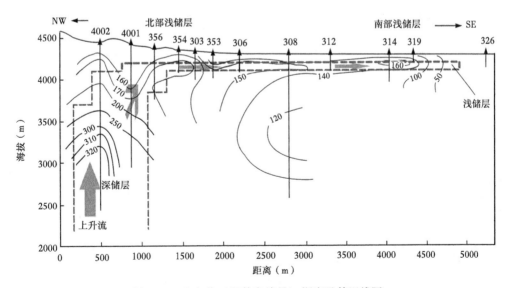

图 7.14　生产井（以数字编号）深度及等温线图

（Xiaoping, F., Conceptual Model and Assessment of the Yangbajing Geothermal Field, Tibet, China, The United Nations University, Geothermal Training Programme, Reykjavik, Iceland, 2002.）

图中所示为上升流区，该上升流区向东南方向泄流，其为南部和北部的浅储层提供热流。

断层如图 7.19 所示，已从该图中省略

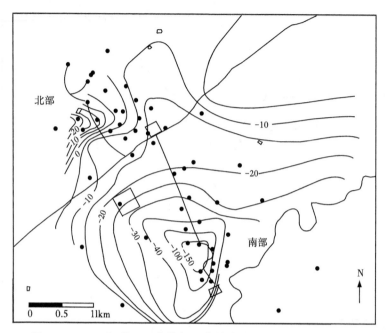

图 7.15   1989 年到 1993 年期间地表等高线变化图（单位：mm）

（Xiaoping, F., Conceptual Model and Assessment of the Yangbajing Geothermal Field, Tibet, China,

The United Nations University, Geothermal Training Programme, Reykjavik, Iceland, 2002.)

请注意，虽然南部地区下沉了 15cm，但是北部地区却上升了 2.5cm

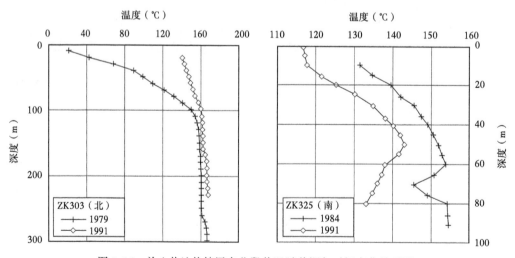

图 7.16   羊八井地热储层南北段井温随井深与时间变化关系图

（Xiaoping, F., Conceptual Model and Assessment of the Yangbajing Geothermal Field, Tibet, China,

The United Nations University, Geothermal Training Programme, Reykjavik, Iceland, 2002.)

注：储层北部温度随时间略有升高，而南部温度随时间明显降低

7.4　转换边界

如第 4 章所述，大部分转换边界位于海底中脊扩展区域。然而，也有少部分转换边界在陆地上，包括土耳其北部的 Anatolian 断层、新西兰南岛的 Alpine 断层，以及 San Andreas 断层从墨西哥西北部的 Baja 延伸到加利福尼亚的北西部。San Andrea 断层内侧是一个由加利福尼亚州东部剪切带和内华达州西部的 Walker 狭窄带组成一个右旋剪切带。地质调查和全球定位系统（GPS）研究表明，太平洋和北美构造板块之间大约 20% 的右旋运动由不连续的北至北西走向的右旋断层造成，这些断层构成了 Walker 狭窄带和东加利福尼亚剪切带（Faulds et al.，2005）。通常地热系统很少发育在转换边界。然而，存在一些例外情况是转换边界运动会促使地壳拉伸变薄和岩浆活动产生地热系统。

7.4.1　San Andreas 断层系统

与许多转换断层地质构造相同，San Andreas 断层内含有少量地热系统。但是，断层两端发育地热系统，南端的 Salton Sea/Cerro Prieto 地热田和北端的 Geysers 地热田。San Andreas 断层系统的南端是一个由一系列向右错开、向北西方向撞击的右旋断层所形成的断层带。这种右行走向形成了右侧断层的局部延伸区域和充满沉积岩和火山岩的拉张地堑，因此形成了多层可渗透的地热储层和相对不可渗透的上覆盖层。由于地壳变薄和压力锐减，岩石熔点降低，产生向上运动的热流。此外，在该区域，随着狭窄的扩张脊向北消散，在海底扩张及 Cortez 海的拉张作用而使该区域转变为转换断层。在某些地方，火山活动局限于走滑断层（"泄漏转换"）或北东走向的正断层，这些正断层是右侧阶梯状、北西走向、右旋的（图 7.17）。因此，断层的南部区域有利于形成地热系统。首先，它是一个局部转换拉伸区域，形成北东走向的正断层，为加热流体的上升和循环提供良好的流动通道（Bennett，2011）。第二，由于埋藏的扩张脊和地壳因伸展而变薄，以及较低压力导致岩石熔化，浅层存在来自岩浆热能。

Cerro Prieto 是墨西哥最大的地热田，装机容量超过 800MWe，温度高达 350～370℃。Salton Sea 附近的地热田和北面的 Imperial Valley 地热田温度相似，但总矿化度非常高。两个地区总溶解盐含量的差异源于组成地热储层的不同类型的岩石。在 Cerro Prieto，岩石主要是由海岸三角洲沉积物堆积而成。然而，在 Salton Sea 地区，岩石由蒸发岩（盐和石膏的沉积物）和干燥的湖床沉积物组成，这表明在干旱环境中存在内部排水。因为盐和石膏很容易溶解，所以 Salton Sea 地区的地热流体矿化度很高。与 Cerro Prieto 地热田相比，降低矿化度和建设新的输电线路使得成本增加，导致地热田开发缓慢。随着加州对可再生能源政策变化（到 2020 年，加州使用的 33% 的能源必须来自可再生能源，到 2030 年能源消耗占 50%），在不久的将来可能会修建更多的输电线路。Salton Sea 地区的地热发电装机容量约为 610MWe，预计到 2015 年 Hudson Ranch 二期工程将扩大至 660MWe。据估计，到 2030 年，Salton Sea 地区可开发的地热发电潜力将高达 1800MWe（Gagne et al.，2015），这意味着在未来 5～10 年内，它将超过 Geysers，成为加利福尼亚州最大的地热能生产区。

Geysers 地热田位于 San Andreas 断层的北端附近，是世界上最重要的蒸汽型地热系统，装机容量约为 2000MWe，来自 22 个发电厂。然而，该发电厂的净发电量平均约为 800MWe（M. Walters. pers. comm.，2015）。装机容量和净发电量之间的巨大差异源于 20 世纪 80 年

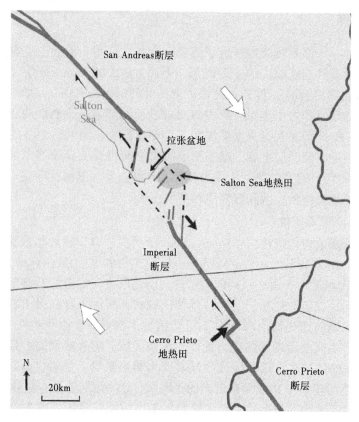

图 7.17　San Andreas 断层南部的地图

(http：//citizensjournal. us/WP-content/uploads/2014/12/SanAndreasSalton-835x1000. jpg)

粗线表示走滑断层，细线表示连接走滑断层的延伸正断层。拉张盆地局部延伸、火山作用和地热系统。

Imperial Valley 是加利福尼亚州第二大已开发的地热田，Cerro Prieto 是墨西哥最大的地热田

代中期至 90 年代初的最初的过渡生产，只有约 25%的蒸汽回注至储层，大部分能量以蒸发形式从冷却塔上损失，导致储热库中的压力迅速下降。为了遏制这一下降趋势，1997 年和 2003 年分别完成了两条管道，每天输送 $2000×10^4$gal 来自 Clear 湖和 Santa Rosa 的经处理的市政污水。管道输送的流体回注到储层中，使得回注液量是生产液量的 80%，使得输出功率稳定在 800MWe。虽然回注效果显著，但这还不到 Geysers 在 20 世纪 80 年代末和 90 年代初产量的一半。因此，必须仔细管理地热系统才能保持可持续性（第 12 章将进一步讨论）。

从地质背景来看，Geysers 的热源是岩浆，但与地壳拉伸无关，就像 San Andreas 断层南端情况一样。如第 4 章所述，Geysers 的岩浆作用与从以前的俯冲边缘到现在的转换边缘的过渡有关。San Andreas 断层形成了一个扩张的山脊，Farallon 板块转换边缘消失（图 7.18），形成了 2 个三叉点：一个随时间向南移动的山脊—转换—俯冲地质结构（Rivera 三叉点），以及另一个随时间向北移动的转换—俯冲—转换地质结构（Mendocino 三叉点）。在向北移动的 Mendocino 三叉点之后，地幔热物质沿着早期俯冲的 Farallon 板块后面形成的"缝隙"涌出。随着地幔向上涌出，压力降低，地幔开始融化，岩浆体上升到上地壳，形成岩浆岩层。岩浆层喷发形成一些年轻火山湖群（在图 7.25 中标注为 CL），它与 Geysers 地

热田相邻 (Donnelly-Nolan et al., 1981, 1993)。

大部分 Geysers 地热田下方是一个花岗岩侵入性杂岩，以前称为深成杂岩。它由三个结构和矿物学上不同的单元组成 (Dalrymple et al., 1999; Huler and Walters, 1993; Hulen et al., 1997)。侵入杂岩样品的辐射定年 (锆石的铀—铅年龄) 表明，侵入杂岩形成的于距

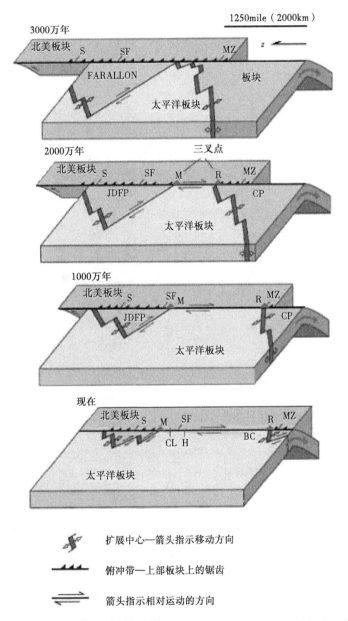

图 7.18　San Andreas 断层随时间变化 (USGS, Geologic History of the San Andreas
Fault System, U.S. Geologic Survey, Washington, DC, 200)

Geysers 地热田和火山湖群形成的北向的 Mendocino 三叉点 (M)。在 San Andreas 断层形成之初，Farallon 板块分为 Fuca 板块正朝着 (JdFP) 北部和 Cocos 板块 (CP)。向南迁移的 Rivera 三叉点 (R) 与 San Andreas 断层的南端相连。其他的缩写有西雅图 (S)，旧金山 (SF)，霍利斯特 (H)，MZ (Mazatlan) 和 BC (下加利福尼亚州)

今约 110~180 万年（Schmitt et al.，2003）。模拟和热流计算表明，与 Geysers 基本大小相当的 100 万年侵入体不能够产生足够的热量来维持现代地热系统（Stimac et al.，2001 年）。取而代之的是，Geysers 地热田的热源似乎来自遍布整个高热气流区域（约 750km²）的大量小型浅层硅质侵入体。大多数侵入体现在已经固化或接近固化状态（Stimac et al.，2001）。

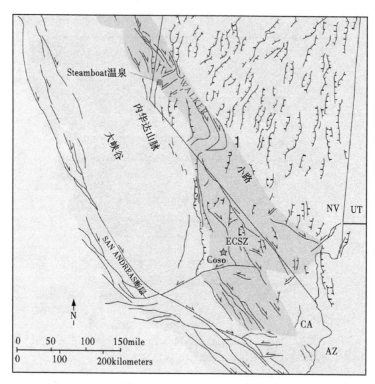

图 7.19 Steamboat 温泉地热系统位置图（Henry，C. D. and Faulds，J. E.，Geological Society of America Special Papers，434，59-79. 2007.）

阴影区域代表 Walker 狭窄带和东加利福尼亚剪切带，由不连续的北西走向右侧断层和相关断层组成。沿着断层的箭头表示走滑运动的一个大的组成部分，具有短断层的断层主要表示正常运动，断层位于下降侧

7.4.2　Walker 狭窄带和东加利福尼亚剪切带

如前所述，太平洋板块和北美板块之间约 20% 的右旋运动是沿着内华达山脉东侧（东加利福尼亚剪切带）和内华达西部的 Walker 狭窄带（图 7.19）的扩散右旋剪切带进行的。这里的运动不是沿着 San Andreas 这样的主要贯穿断层，而是沿着一系列北和北西走向的右侧断层。这里有地热系统的两个最好的例子，分别是 Walker 狭窄带的 Steamboat 温泉和东加利福尼亚剪切带的 Coso。

Steamboat 温泉位于内华达州里诺市的南部，并于 20 世纪 80 年代中期开始生产地热能。它由 1 个双循环的闪蒸发电厂和 5 个双循环风冷发电厂组成，总装机容量约为 140MWe，年平均净功率输出约为 90MWe，反映了负载以及冷凝水的季节性和每日变化效率（冬季输出较高，夏季输出较低；夜间产量较高，白天产量较低）。尽管 Steamboat 温泉位于北西走向

的右旋剪切带内，但主要控制地热活动的断层通常是北向东北走向的正断层。东北走向的断层还定位了一系列小流纹岩穹隆（距今已有 150 万年），这些穹隆向东北延伸穿过 Steamboat 山，到达弗吉尼亚山脉的山脚，该山脉以山谷的东侧为界。虽然这些穹隆很年轻，但并不是 Steamboat 温泉地热系统的热源，深层岩浆可能是热源（White，1985）。Walker 狭窄带的右旋剪切运动使其拉伸从而产生了北—北东走向的正断层。当这种情况发生时，西—北西到北西方向拉伸延伸形成了北—北东向滑移正断层，其方向大致垂直于拉伸方向（图 7.27）。

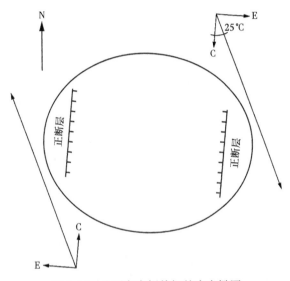

图 7.20　北西向右侧剪切的应变椭圆

如果一个圆受到剪切，如本例所示的右侧，它将变形为一个椭圆。长轴被拉或向北西方向延伸，而短轴被压向
北东方向。随着更多的剪切被施加，椭圆被进一步拉伸并顺时针旋转，产生一系列北—北东走向的正断层

尽管 Steamboat 温泉的年轻流纹岩穹隆不是地热储层直接的热源，根据钻井数据，流体温度在西南方向流纹岩中最高达到 220℃ 或更高。这种关系表明，流纹岩穹隆的热源来自于深部巨大的岩浆连通，地热流体通过穹隆向上运动时被加热。更高温度的热水被 Steamboat 山闪蒸厂和 Galena 双联合循环发电厂利用，分离的蒸汽进入背压蒸汽涡轮。排出的蒸汽和分离的盐水用来蒸发和辅助预热另外一个条管线的工作流体，然后进入一个单独的涡轮发电机连接。大多数其他的双循环地热发电站利用浅层羽流，深度 200~300m，流动方向北东，平均温度约为 165℃。

Coso 地热系统位于东加利福尼亚剪切带的南端（图 7.21 和 7.22），建设有 4 个装机容量为 270MWe 的地热发电厂。然而，Coso 设施处于干旱环境，必须与邻近牧场共享地下水，缺少冷却蒸汽的水，平均净输出功率小于 200MWe。地热储层中水的温度在 200~328℃，主要采用双闪蒸发电技术。地热流体矿化度为 0.7%~1.8%。

Coso 和 Steamboat 温泉一样，由岩浆加热，有 38 个流纹岩穹窿，最早有 4 万年的历史。这些穹窿是下部硅质岩浆层向上的延伸部分。从结构上来说，Coso 地热田位于两条右旋北—北西走向的断层的拉伸区：南西方向的 Little Lakes 断层和没有名字的北东方向断层（图

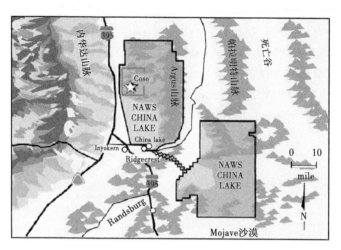

图 7.21　Coso 地热田附近主要地貌特征的地图（F. C. , Geothermal Resources
Council Bulletin, 31（5）, 188-193, 2002）

Coso 完全封闭在海军航空基地

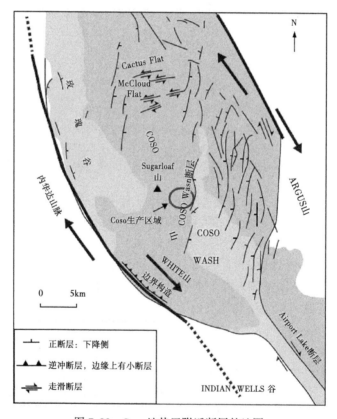

图 7.22　Coso 地热田附近断层的地图

（Monastero, F. C. , Geothermal Resources Council Bulletin, 31（5）, 188-193, 2002. ）

北东走向断层是连接构成东加利福尼亚剪切带一部分的右旋走滑断层中的一个台阶（或释放弯曲）的正断层

7.22）。在南北两端由密集排列的北东走向的正断层和北西走向的右旋滑移 Airport Lake 断层。北东正断层和北西走滑断层共同作用产生一个裂缝发育的渗透区域，该区域可能促进了岩浆上升从而形成流纹岩穹窿，增加了渗透率和促进热水循环。利用全球定位技术，研究人员已经确定，Coso 附近的 Argus 山脉相对于西边的内华达山脉，正以每年 6.5mm 的速度向北西方向移动，反映了该地区右侧剪切活动（Dixon et al.，2000；Unruh et al.，2003）。

美国能源部资助的地热能源 FORGE 研究项目考虑将 Cosco 作为一部分内容（EERE，2016），将探索和测试增强型地热系统开发，降低开发成本，第 11 章和第 12 章将进一步讨论环境治理标准。

7.5　大陆裂谷和地热系统

大陆裂谷由地壳拉张伸展形成。如果时间允许，可以形成新的海洋盆地，比如红海，在大约 500 万年前阿拉伯板块从非洲板块拉伸断裂形成（该地区的大陆裂谷开始于大约 3000 万年前，2500 万年裂谷形成）。这里介绍了两种不同的大陆裂谷——东非裂谷和主要位于内华达州和犹他州西部的裂谷，前者是岩浆热源，后者是非岩浆热源。

7.5.1　岩浆东非裂谷带

东非裂谷带从红海南端和亚丁湾的交界处向西南偏南延伸。事实上，在阿法尔三角地区，红海和亚丁湾已经开始侵入东非大裂谷的北端。裂谷主要分布在吉布提、布隆迪、埃塞俄比亚、肯尼亚、乌干达和坦桑尼亚，也影响一些国家，厄立特里亚、卢旺达、刚果民主共和国、赞比亚，马拉维和莫桑比克。目前，水电和燃油发电是这些国家的主要电能来源，但随着气候变化，包括长期干旱、水库淤塞和柴油燃料成本高，人们开始担心资源的持续性。由于这些国家基本不存在化石能源，特别是肯尼亚，正在利用其地质环境积极勘探和开发地热资源。

肯尼亚是非洲开发地热资源的先驱国家，地热发电始于 20 世纪 80 年代中期，主要开采 Olkaria 火山复合体，装机容量为 540MWe。这比两年前装机容量为 198MWe 时增加了 100%。肯尼亚裂谷内共有 14 个已知地热区，估计地热发电潜力为 3000MWe，满足肯尼亚未来 20 年的电力需求。Menengai 地热田位于 Olkaria 以北约 50km 处，地质勘探表明有潜力再开发 400MWe 的电能。假设可以获得额外的金融资本，到 2020 年，肯尼亚最有希望的地热田（Olkaria、Menengai、Longonot、Eburru）的地热发电能力将接近 1000MWe（图 7.23）。

从地质角度来看，Olkaria 由一系列流纹岩熔岩和穹窿组成，其中最年轻的只有几百年历史。地热系统覆盖约 80km²，主要位于东非裂谷带西侧正断层和火山中心的边缘。一些正断层是温度最高的地热流体上升通道，而其他断层似乎起到补给通道作用。地热发电厂所用流体温度在 200~220℃，有些地方流体温度超过 300℃。地热田东部和北部的 Olkaria 一号和 Olkaria 二号是闪蒸式发电厂。西部的 Olkaria 三号采用组合闪蒸双循环发电装置。蚀变矿学由硅石、方解石和伊利石组成，与近中性至中等碱性的酸碱流体一致。Olkaria 一号生产井平均深度 1200m，Olkaria 二号生产井平均深度 2200m，最近钻探井平均深度约为 3000m。对于岩浆热源，井深增加表明岩浆热源可能相当小或分布非常分散。

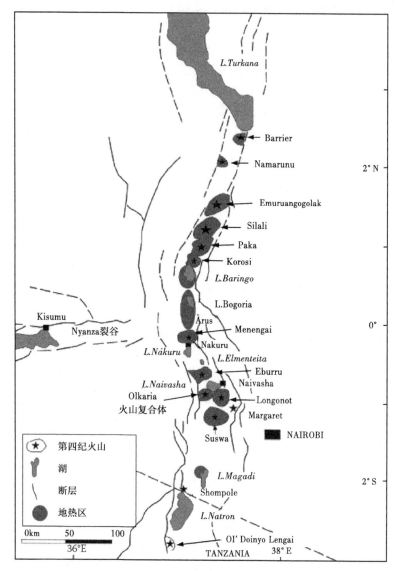

图 7.23　肯尼亚主要地热系统位置的地图

（http：//www. renewableenergy. go. ke/asset _uplds, images/Geo%20sites. jpg.）

大多数地热田都与火山或活火山有关，这表明岩浆热源是驱动地热的动力

7.5.2　北部岩浆盆地和山脉区

主要位于在内华达州北部，也延伸到俄勒冈州东部、爱达荷州南部和犹他州西部。该地区在经历每年几毫米的地壳拉张、地壳变薄，使热地幔岩石更接近地表，导致地温梯度分布广（平均 $50 \sim 60 ℃/km$，这是地壳平均值的两倍以上）和热流高（在许多地方大于 $150mW/m^2$，也是地壳平均值的两倍左右）。此外，由于地壳伸展一直存在，正断层继续形成和移动，为流体循环到深处提供通道，在此加热，然后沿着其他正断层上升到地表，形成潜在的可利用的地热储层。

由于持续的拉张和地壳变薄而降低了下部地幔岩石的压力，但在盆地中部和 Range Province 不存在岩浆或火山作用。火山作用的缺乏还没有合理解释，可能是在 20～25km 的地壳中，由于岩浆和地壳岩石之间的密度差很小，浮力作用很小，岩浆向上运动受阻。在 3000 万年到 2000 万年前，岩浆作用影响了盆地中北部和 Rang Province 的大部分地区，使下地壳岩石转化成低密度岩石。由于地壳中不存在岩浆，地热流体温度通常小于 200℃，大部分流体温度在 150～180℃。因此，内华达州的大多数地热发电厂都是双循环型，装机容量主要在 15～30MWe（图 7.24）。但是，Dixie Valley 的双闪蒸发电厂，装机容量达到 67 MWe。McGinness Hills 新双循环发电厂，装机容量为 72 MWe。Dixie Valley 生产流体温度在 210～230℃，平均井深 3km，而内华达州其他地热田中大多数井深通常不到 2km。

大地电磁研究表明 Dixie Valley 地热流体温度较高的第二个可能原因是 Dixie Valley 区域的下面可能有一个部分熔融的岩石区域，深度为 10～15km，新增热量比该省其他地方发现的要多（见第 8 章图 8.18）（Wannamaker，2005）。McGinness Hills 新的地热发电设施由两个额定功率各为 30MWe[1] 的双循环发电厂组成。然而，两个工厂的实际发电量超过装机容量约 10%，流体温度在 150～170℃，流体流量高达 677gal/min[2]（Nordquist and Delwiche，2013），所以在 McGinness Hills 建造第二个地热发电，使两个发电厂成为仅次于 Coso 地区 Great 盆地最大的地热发电厂（72MWe）。大多数生产井深度为 600～1000m，温度大于 150℃，其中一口井在大约 1600m 的深度达到大约 160℃（Nordquist and Delwiche，2013）。

7.6　火山爆发点和相关的地热系统

热点是地幔物质上升流和相对稳定的羽流的地表形式。随着地幔物质的上升，压力降低，导致部分熔融和岩浆上升，形成火山中心。当构造板块在地幔向上移动时，形成了一系列火山中心或火山岛屿。热点火山作用的最好例子之一是夏威夷群岛，它位于太平洋大板块的中部。夏威夷群岛位于羽流上方，由 5 座火山组成，其中最活跃的是群岛东南端的 Kilauea 火山，位于羽流上方。

7.6.1　夏威夷

在夏威夷群岛，Puna 地热田和发电厂设施位于 Kilauea 火山东裂谷带的东端附近。2005 年，井眼在 2488m 处与岩浆相交成为该地区火山活动的证据。岩浆温度高达 1050℃，温度高到足以将钻头的硬质合金齿移除并卡住钻柱。Puna 地热储层位于玄武岩流和碎屑岩中，主要生产区与 Kilauea 裂谷带的裂缝和断层有关。储层位于 1500～2000m，以液体为主，尽管在某些储层中有蒸汽。流体温度超过 260℃，有些地方超过 300℃。流体是酸性的，pH 值为 4.5，需要一些预防措施来减少设备的腐蚀。液体酸性反映了气体从附近的岩浆源逸出，主要是 SO_2（与第 6 章所述的 H_2SO_4 和 H_2S 不成比例）、HF 和 HCl。由于热点地质构造，Puna 地热系统成为最发达的最热的地热系统之一，可与 Salton Sea 地区和冰岛的地热

---

[1]　设施的第一阶段于 2012 年完成，由 5 口生产井和 3 口注入井支持。第二阶段于 2015 年完成，也由 5 口生产井和 3 口注入井支持。

[2]　产能指数由公式 $Q/p_s - p_f$ 给出，其中 Q 为流速。关井时井底的静压是 p_s，井底的压力是 p_f。p_s 和 p_f 之间的微小差异表明岩石渗透性非常好。p_f 在生产过程中仅略有降低。

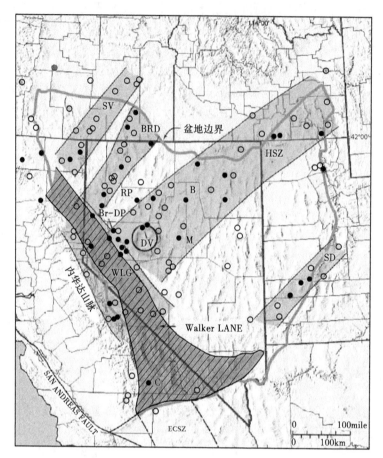

图 7.24　Dixie Valley 和 Beowawe 发电厂位置的地图（Faulds, J. E. et al., in *Great Basin Evolution and Metallogeny* Steininger, R. and Pennell, B, Eds., DEStech Publications, Lancaster, PA, 2011, pp. 361–372 Copyright © Geological Society of Nevada.）

空圆圈表示温度为 100~160℃的地热系统，实圆圈表示温度高于 160℃的地热系统。灰色区域表示地热带。缩写：SV, Surprise Valley；BRD, Black Rock Desert；HSZ, Humboldt 构造区；SD, Sevier 沙漠；WLG, Walker 狭窄带；ECSZ, 东加利福尼亚剪切带；RP, Rye Patch。Br-DP, Brady 和 Desert Peak；C, Coso；M, McGinness Hills

系统相媲美。Puna 地热发电厂采用循环和双循环系统的组合，装机容量为 38MWe，足以满足 20%的电力需求。联合循环发电厂（图 7.25）利用具有高蒸汽压力的地热系统（在一些 Puna 井的井口高达 70bar），高压蒸汽流入背压式涡轮机。在蒸发器中，蒸汽冷凝的余热用来汽化为单独的涡轮机提供动力的工作流体。

1993 年开始最初生产 30MWe，2011 年安装了一个独立的 8MWe 双循环装置。这是该州目前唯一的地热设施，由于担心地热发电会对自然风景造成影响，扩建工作受阻。批评者们应该警惕这样一个事实：Puna 地热发电厂每年节省近 15 万桶重燃料油，减少了进口。此外，居民们需要了解发电厂可以提供其他好处，比如洗澡和洗衣用热水，虾养殖用热水，这些都可以给夏威夷这个低收入地区带来经济上的收益。

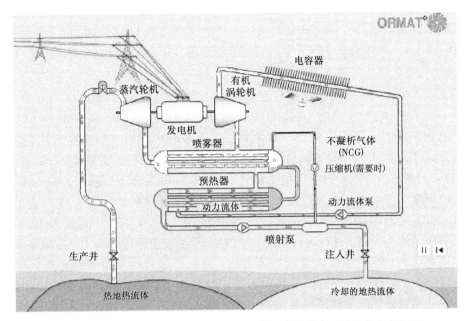

图 7.25　在 Puna 使用的联合循环发电厂中地热流体和工作流体运行原理
（http：//www. ormat. com/solutions/ Geothermal_Combined_Cycle_Units. ）
图中未显示使用来自井口分离器的盐水的 8MWe 独立双循环

7.6.2　亚速尔群岛

　　亚速尔群岛的构造环境不像夏威夷那样简单。亚速尔群岛有点类似于冰岛、加拉帕戈斯群岛和留尼汪岛，似乎是由于海底扩张，地壳断裂和地幔上升流的相互作用下形成。由于重叠作用，亚速尔群岛的火山岛没有像夏威夷群岛是简单的线性年龄演化过程，地球化学和地球物理数据表明亚速尔群岛下方仍存在地幔热流（Adam et al.，2013；Madureira et al.，2011）。亚速尔群岛目前有两座双循环地热发电厂，总装机容量为29MWe（Bertani，2015）。这两家工厂开采240℃的水热型地热储层，为圣米格尔岛提供了约42%的电力（Carvalho et al.，2015）。奇怪的是，地热储层的高温肯定能支持一个闪蒸或双闪设施，但为什么没有这样做尚未清楚。可能是二氧化硅溶解度很高，闪蒸装置中会出现严重结垢，导致输出功率降低。然而，在双循环装置中，地热流体压力在闪蒸压力以下，从而抑制溶解的成分沉淀。此外，流体可能含有不可冷凝的气体（氢、硫或一氧化碳），可能导致闪蒸装置存在气体排放问题。另一个因素可能是成本，双循环发电厂可以是模块化结构，降低了建设成本。该岛地热发电成本（包括折旧和税收）约为 0.08 美元/(kW·h)，不到柴油发电机发电成本的一半。在邻近的特尔赛拉岛上发现了额外的地热资源，输出功率约为 2.5~3.0MWe，增加生产井数量可以提高输出功率至 5MWe（Carvalho et al.，2015）。

7.7　稳定的克拉通

　　这些区域远离构造板块边界，位于地质稳定的大陆区域（很少或没有地震，也没有活跃的火山活动）。例如在深沉积盆地（例如，位于北达科他州西部和怀俄明州中部的 Teapot

Dome 油田）油田生产热水，以及深埋古老且热的花岗岩。花岗岩由铀和钍的放射性衰变产生，如在澳大利亚中东部的 Cooper 盆地。这两个例子都主要处于实验阶段——前者是由于低温（90~95℃），后者是由于渗透率问题导致注水难。第三个例子是 Paris 盆地。

7.7.1　克拉通内含油气沉积盆地

由国家可再生能源实验室、能源部地热技术办公室和落基山石油测试中心组成的联合研究团队一直在研究如何利用 Teapot Dome 油田产出低温热水。从 2008 年开始，一个 280kW 的双循环发电工厂利用从生产油井中分离出来的水发电（净发电量约为 200kW），水的温度为 92℃。该工厂 97% 的时间都处于生产状态，从 1090 万桶共同生产的地热水产出了 1918MWe 的能源。国家可再生能源实验室正在试验一种混合冷却系统，该系统在白天和夏季的炎热温度下将水喷洒到风冷冷凝器上，提高冷却效率和发电量（NREL，2011）。虽然在 Williston 盆地的油井中生产的热水温度范围为 100~150℃ 以上，深度为 4km，但流量太低，无法用于地热发电（Gosnold et al.，2013）。低抽吸速率可以最大限度地增加产油量。然而，当油井注入水时，流量可能会显著增加，从而可能产生数百兆瓦甚至更多的电能。当前，在经济上，石油和天然气的开采比石油中热量开采更受青睐。因为石油和天然气直接进入市场，而流体热能的利用需要建造一座地热发电厂。尽管如此，来自石油和天然气的资金也可以用于建造低温双循环发电厂，以满足油田的电力需求和电网的额外电力需求，并有可能改善长期的收入。

7.7.2　埋藏的放射性花岗岩

在稳定的克拉通内部，地热能的另一个潜在来源是深埋 3~5km 的放射性花岗岩，其含有高浓度的铀、钍和钾，产生的放射性是正常花岗岩产量的 4~20 倍。当这些花岗岩被低热导率的页岩掩埋（3~5km），温度远远超过 200℃。在澳大利亚，两家能源公司一直在积极探索和尝试从这种地质环境中开发地热能发电，一个是位于南澳大利亚北东部 Cooper 盆地的 Habenero 项目，另一个是位于 Cooper 盆地以南约 250km 处的 Petratherm Paralana 项目。这两个项目的目标都是放射性花岗岩的裂缝带。在 Habenero 项目中，在大约 4.4km 的深度温度达到 240℃，在大约 5km 的深度温度为 280℃。一个注采井联组的试点示范厂，两口井相距约 0.5km，井口温度为 215℃ 和质量流量为 19kg/s 的条件下，连续 160d 生产 1MWe 的电量。该项目能否扩大规模以使其具有经济性在很大程度上取决于传统化石燃料的价格、政府的财政激励措施以及控制温室气体排放的政策。截至 2015 年年中，澳大利亚的两个项目都被搁置，主要原因是来自低成本化石燃料的竞争。

7.7.3　巴黎沉积盆地

巴黎盆地特别是 Dogger 含水层的地热开发始于 20 世纪 70 年代。在 1500~2000m 的深度，流体温度为 65~85℃，有 30 多组双井（一口生产井和一口注入井）。另外 10 组三井和 18 组双井预计也将投入使用。双井技术的一个明显问题是，将低温液体回注储层，会干扰生产井流体温度。大多数双井组已经运行了 20 多年，只有一组井温度降低。目前，巴黎约有 17 万户家庭使用井网提供的地热流体供暖。到 2015 年，预计还有 1 万户家庭将使用地热资源供暖（Patel，2014）。

7.8　建议问题

（1）下一页是位于西南太平洋和澳大利亚北部的新几内亚地区的构造图。作为一名勘探地质学家，您已经发现了一些指示地热活动的有趣迹象，包括热液蚀变岩石和局部温泉，在地图上用的 X 标出。讨论①构造环境，②地热系统可能是岩浆或非岩浆，③相关的局部应力状态和可能的断层类型，④哪种类型的地热发电厂可能是可靠的。证明您的决定，请尽可能具体。请注意地图上沟槽、扩展脊段和转换断层的标记。黑色箭头表示不同显示板的绝对运动。

（2）利用下一页显示的图表，我们可以推断出 Coso 地热储层的条件，以及随着时间的推移储层会发生什么变化？（提示：考虑深度曲线相对于绘制的沸点的 Coso 位置）。

（3）通过阅读默克的论文（Moeck，2014）您从中学到了什么或从与本章涵盖不同的内容中学到了什么？例如，Geysers 和 Olkaria 的分类与本章所介绍的有什么相似或不同之处？

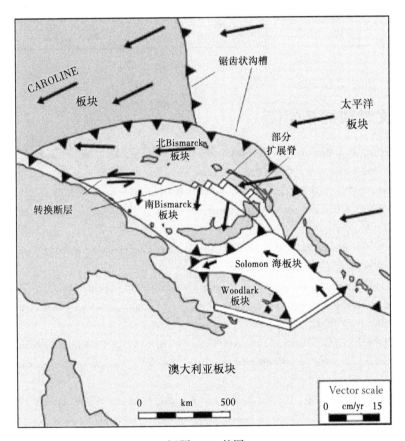

问题（1）的图

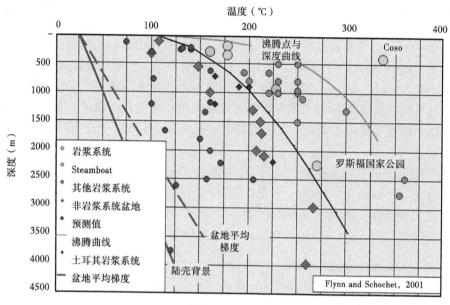

问题（2）的图

7.9　参考文献和推荐阅读

Adam, C., Madureira, P., Miranda, J. M., Lourenco, N., Yoshida, M., and Fitzenz, D. (2013). Mantle dynamics and characteristics of the Azores Plateau. *Earth and Planetary Science Letters*, 362：258-271.

Arnorsson, S., Axelsson, G., and Samundsson, K. (2008). Geothermal systems in Iceland. *Jokull*, 58：269-302.

Bennett, S. (2011). Geothermal potential of transtensional plate boundaries. *Geothermal Resource Council Transactions*, 35 (1)：703-707.

Benoit, D. (2014). The long-term performance of Nevada geothermal projects utilizing flash plant technology. *Geothermal Resources Council Transactions*, 38：977-984.

Bertani, R. (2015). Geothermal power generation in the world—2010-2015 update report. In：*Proceedings of World Geothermal Congress* 2015, Melbourne, Australia, April 19-24 (http：//www. geothermal-energy. org/pdf/IGAstandard/WGC/2015/01001. pdf).

Bibby, H. M., Caldwell, T. G., Davey, F. J., and Webb, T. H. (1995). Geophysical evidence on the structure of the Taupo Volcanic Zone and its hydrothermal circulation. *Journal of Volcanology and Geothermal Research*, 68 (1-3)：29-58.

Boles, J. R., Garven, G., Camacho, H., and Lupton, J. E. (2015). Mantle helium along the Newport-Inglewood fault zone, Los Angeles Basin, California：a leaking paleo-subduction zone. *Geochemistry*, *Geophysics*, *Geosystems*, 16 (7)：2364-2381.

Bromley, C., Brockbank, K., Glynn-Morris, T. et al. (2013). Geothermal subsidence study at Wairakei-Tauhara, New Zealand. *Proceedings of the Institution of Civil Engineers—Geotechnical Engineering*, 166 (2)：211-223.

Carvalho, J. M., Coelho, L., Nunes, J. C. et al. (2015). Portugal country update (2015). In：*Proceedings of World Geothermal Congress* 2015, Melbourne, Australia, April 19-24 (http：//www. geothermal-energy. org/pdf/IGAstandard/WGC/2015/01065. pdf).

Chin, C., Wallace, K., Harvey, W., Dalin, B., and Long, M. (2013). Big Iron in Nicaragua: a muscular new geothermal plant! The San Jacinto-Tizate geothermal project, *Geothermal Resources Council Transactions*, 37: 687-691.

Coolbaugh, M., Shevenell, L., Hinz, N. H., Stelling, P., Melosh, G., Cumming, W., Kreemer, C., and Wilmarth, M. (2015). Preliminary ranking of geothermal potential in the Cascade and Aleutian volcanic arcs. Part III. Regional data review and modeling. *Geothermal Resources Council Transactions*, 39: 677-690.

Dalrymple, G. B., Grove, M., Lovera, O. M., Harrison, T. M., Hulen, J. B., and Lanphere, M. A. (1999). Age and thermal history of The Geysers plutonic complex (felsite unit), Geysers geothermal field, California: a 40Ar/39Ar and U-Pb study. *Earth and Planetary Science Letters*, 173 (3): 285-298.

DiPippo, R. (2012). *Geothermal Power Plants: Principles, Applications, Case Studies, and Environmental Impacts*, 3rd ed. Waltham, MA: Butterworth-Heinemann.

Dixon, T. H., Miller, M., Farina, F., Wang, H., and Johnson, D. (2000). Present-day motion of the Sierra Nevada block and some tectonic implications for the Basin and Range Province, North American Cordillera. *Tectonics*, 19 (1): 1-24.

Donnelly-Nolan, J. M., Hearn, Jr., B. C., Curtis, G. H., and Drake, R. E. (1981). *Geochronology and Evolution of the Clear Lake Volcanics*, USGS Professional Paper 1141. Reston, VA: U. S. Geological Survey.

Donnelly-Nolan, J. M., Burns, M. G., Goff, F. E., Peters, E. K., and Thompson, J. M. (1993). The Geysers-Clear Lake area, California: thermal waters, mineralization, volcanism, and geothermal potential. *Bulletin of the Society of Economic Geologists*, 88 (2): 301-316.

EERE. (2016). FORGE. Washington, DC: Office of Energy Efficiency & Renewable Energy, U. S. Department of Energy (http://energy.gov/eere/forge/forge-home).

Ehara, S. (1989). Thermal structure and seismic activity in central Kyushu, Japan. *Tectonophysics*, 159 (3-4): 269-278.

Elders, W. A., Fridleifsson, G. O., and Albertsson, A. (2014). Drilling into magma and the implications of the Iceland Deep Drilling Project (IDDP) for high-temperature geothermal systems worldwide. *Geothermics*, 49: 111-118.

Erdlac, Jr., R. J., Gross, P., and McDonald, E. (2008). A proposed new geothermal power classification system. *Geothermal Resources Council Transactions*, 32: 322-327.

Faulds, J. E., Henry, C. D., Coolbaugh, M. F., Garside, L. J., and Castor, S. B. (2005). Late Cenozoic strain field and tectonic setting of the northwestern Great Basin, Western USA: implications for geothermal activity and mineralization. In: *Symposium 2005: Window to the World: Symposium Proceedings* (Rhoden, H. N., Steininger, R. C., and Vikre, P. G., Eds.), pp. 1091-104. Reno: Geological Society of Nevada.

Faulds, J. E., Bouchot, V., Moeck, I., and Orgiz, K. (2009). Structural controls on geothermal systems in western Turkey: a preliminary report. *Geothermal Resources Council Transactions*, 33: 375-381.

Faulds, J. E., Coolbaugh, M., Bouchot, V., Moeck, I., and Oguz, K. (2010). Characterizing structural controls of geothermal reservoirs in the Great Basin, USA, and western Turkey: developing successful exploration strategies in extended terranes. In: *Proceedings of World Geothermal Congress* 2010, Bali, Indonesia, April 25-30.

Faulds, J. E., Hinz, N. H., and Coolbaugh, M. F. (2011). Structural investigations of Great Basin geothermal fields: applications and implications. In: *Great Basin Evolution and Metallogeny* (Steininger, R. and Pennell, B., Eds.), pp. 361-372. Lancaster, PA: DEStech Publications. Copyright © Geological Society of Nevada.

Faulds, J. E., Hinz, N., Kreemer, C., and Coolbaugh, M. (2012). Regional patterns of geothermal activity in the Great Basin region, western USA: correlation with strain rates. *Geothermal Resources Council Transactions*, 36: 897-902.

Flynn, T. and Schochet, D. N. (2001). Commercial development of enhanced geothermal systems using the combined EGS-hydrothermal technologies approach. *Geothermal Resources Council Transactions*, 25: 9–13.

Fridleifsson, G. O., Palsson, B., Albertsson, A. L., Stefansson, B., Gunnlaugsson, E. et al. (2015). IDDP-1 Drilled into Magma—World's First Magma – EGS System Created, paper presented at World Geothermal Conference 2015, Melbourne, Australia, April 19 – 24 (http: //www. geothermal – energy. org/pdf/IGAstandard/WGC/ 2015/37001. pdf).

Gosnold, W. D., Barse, K., Bubach, B. et al. (2013). Co-produced geothermal resources and EGS in the Williston Basin. *Geothermal Resources Council Transactions*, 37: 721–726.

Haizlip, J. R., Gunney, A., Tut Haklidir, F. S., and Garg, S. K. (2012). The impact of high noncondensible gas concentrations on well performance: Kizildere Geothermal Reservoir, Turkey. In: *Proceedings of the 37th Workshop on Geothermal Reservoir Engineering*, Stanford, CA, January 30–February 1 (http: //www. geothermal–energy. org/pdf/IGA standard/SGW/2012/Haizlip. pdf).

Haizlip, J. R., Tut Haklidir, F., and Garg, S. K. (2013). Comparison of reservoir conditions in high noncondensible gas geothermal systems. In: *Proceedings of the 38th Workshop on Geothermal Reservoir Engineering*, Stanford, CA, February 11–13 (http: //www. geothermal–energy. org/pdf/IGAstandard/SGW/2013/Haizlip. pdf).

Henry, C. D. and Faulds, J. E. (2007). Geometry and timing of strike-slip and normal faults in the northern Walker Lane, northwestern Nevada and northeastern California: strain partitioning or sequential extensional and strike-slip deformation? *Geological Society of America Special Papers*, 434: 59–79.

Herrera, R., Montalvo, F., and Herrera, A. (2010). El Salvador Country Update. In: *Proceedings of World Geothermal Congress* 2010, Bali, Indonesia, April 25 – 30 (http: //www. geothermal – energy. org/pdf/IGAstandard/WGC/2010/0141. pdf).

Hinz, N. H., Coolbaugh, M., Shevenell, L. et al. (2015). Preliminary ranking of geothermal potential in the Cascade and Aleutian volcanic arcs. Part II. Structural – tectonic settings of the volcanic centers. *Geothermal Resources Council Transactions*, 39: 717–725.

Hochstein, M. P. (1995). Crustal heat transfer in the Taupo volcanic zone (New Zealand): comparison with other volcanic arcs and explanatory heat source models. *Journal of Volcanology and Geothermal Research*, 68 (1–3): 117–151.

Hulen, J. B. and Walters, M. A. (1993). The Geysers felsite and associated geothermal systems, alteration, mineralization, and hydrocarbon occurrences. *Society of Economic Geologists Guidebook*, 16: 141–152.

Hulen, J. B., Heizler, M. T., Stimac, J. A., Moore, J. N., and Quick, J. C. (1997). New constraints on the timing of magmatism, volcanism, and the onset of vapor-dominated at The Geysers steam field, California. In: *Proceedings of the 22nd Workshop on Geothermal Reservoir Engineering*, Stanford, CA, January 27–29 (http: //www. geothermal–energy. org/pdf/IGAstandard/SGW/1997/Hulen. pdf).

Ji, D. and Ping, Z. (2000). Characteristics and genesis of the Yangbajing geothermal field, Tibet. In: *Proceedings of World Geothermal Congress* 2000, Kyushu–Tohoku, Japan, May 28–June 10 (http: //www. geothermal–energy. org/pdf/IGAstandard/WGC/2000/R0070. pdf).

Kennedy, B. M. and van Soest, M. C. (2007). Flow of mantle fluids through the ductile lower crust; helium isotope trends. *Science*, 318 (5855): 1433–1436.

Klein, C. W., Johnson, S., and Spielman, P. (2007). Resource exploitation at Steamboat, Nevada: what it takes to document and understand the reservoir/groundwater/community interaction. *Geothermal Resources Council Transactions*, 31: 179–186.

Lutz, S. J., Walters, M., Pistone, S., and Moore, J. N. (2012). New insights into the high – temperature reservoir, Northwest Geysers. *Geothermal Resources Council Transactions*, 36: 907-916.

Madureira, P., Mata, J., Mattielli, N., Queiroz, G., and Silva, P. (2011). Mantle source heterogeneity, magma generation and magmatic evolution at Terceira Island (Azores archipelago): constraints from elemental and isotopic (Sr, Nd, Hf, and Pb) data. *Lithos*, 126 (3-4): 402-418.

Martinez III, A. M. (2013). Case History of Los Azufres: Conceptual Modelling of a Mexican Geothermal Field, paper presented at Short Course V on Conceptual Modelling of Geothermal Systems, Santa Tecla, El Salvador, February 24-March 2 (http://www.os.is/gogn/unu-gtp-sc/UNU-GTP-SC-16-08.pdf).

Martinez, F. and Taylor, B. (2003). Controls on back-arc crustal accretion: insights from the Lau, Manus and Mariana Basins. *Geological Society Special Publications*, 219: 19-54.

Mertoglu, O., Simsek, S., and Basarir, N. (2015). Geothermal country update of Turkey (2010-2015). In: *Proceedings of World Geothermal Congress* 2015, Melbourne, Australia, April 19-24 (http://www.geothermal-energy.org/pdf/IGAstandard/WGC/2015/01046.pdf).

Moeck, I. S. (2014). Catalog of geothermal play types based on geologic controls. *Renewable and Sustainable Energy Reviews*, 37: 867-882. This article catalogs geothermal systems with respect to geologic and tectonic settings from a slightly different perspective than presented in this chapter (http://www.sciencedirect.com/science/article/pii/S1364032114003578).

Monastero, F. C. (2002). Model for success: an overview of industry-military cooperation in the development of power operations at the Coso geothermal field in Southern California. *Geothermal Resources Council Bulletin*, 31 (5): 188-195.

Momita, M., Tokita, H., Matsudo, K., Takagi, H., Soeda, Y., Tosha, T., and Koide, K. (2000). Deep Geothermal Structure and the Hydrothermal System in the Otake-Hatchobaru Geothermal Field, paper presented at the 22nd New Zealand Geothermal Workshop, Auckland, November 8-10 (http://www.geothermal-energy.org/pdf/IGAstandard/NZGW/2000/Momita.pdf).

Muffler, L. J. P. (1976). Tectonic and hydrologic control of the nature and distribution of geothermal resources. In: *Proceedings of the Second United Nations Symposium on the Development and Use of Geothermal Resources*, San Francisco, CA, May 20-29, pp. 499-507.

Nordquist, J. and Delwiche, B. (2013). The McGinness Hills Geothermal Project, paper presented at Geothermal Resources Council 37th Annual Meeting, Las Vegas, NV, September 29-October 2.

Otago. (2016). *Tectonic Setting of New Zealand: Astride a Plate Boundary Which Includes the Alpine Fault*. Dunedin, New Zealand: University of Otago, Department of Geology (http://www.otago.ac.nz/geology/research/structural-geology/alpine-fault/nz-tectonics.html).

Rowland, J. V. and Simmons, S. F. (2012). Hydrologic, magmatic, and tectonic controls on hydrothermal flow, Taupo Volcanic Zone, New Zealand: implications for the formation of epithermal vein deposits. *Economic Geology*, 107 (3): 427-457.

Ruiz, O. V. (2013). The Miravalles Geothermal System, Costa Rica, paper presented at Short Course V on Conceptual Modelling of Geothermal Systems, Santa Tecla, El Salvador, February 24-March 2 (http://www.os.is/gogn/unu-gtp-sc/UNU-GTP-SC-16-32.pdf).

Rutqvist, J., Dobson, P. F., Garcia, J. et al. (2013). The Northwest Geysers EGS Demonstration Project, California: prestimulation modeling and interpretation of the stimulation. *Mathematical Geosciences*, 47 (1): 3-29.

Schmitt, A. K., Grove, M., Harrison, M. T., Lovera, O., Hulen, J., and Walters, M. (2003). The Geysers-Cobb Mountain Magma System, California. Part 2. Timescales of pluton emplacement and implications for its thermal history. *Geochimica et Cosmochimica Acta*, 67 (18): 3443-3458.

Stimac, J. A., Goff, F., and Wohletz, K. (2001). Thermal modeling of the Clear Lake magmatic-hydrothermal system, California, USA. *Geothermics*, 30 (2): 349-390.

Suter, M., Lopez-Martinez, M., Quintero-Legorreta, O., and Carrillo-Martinez, M. (2001). Quaternary intra-arc extension in the central Trans-Mexican Volcanic Belt. *Geological Society of America Bulletin*, 113 (6): 693-703.

Tokita, H., Harauguchi, K., and Kamensono, H. (2000). Maintaining the related power output of the Hatchobaru geothermal field through integrated reservoir management. In: *Proceedings of World Geothermal Congress* 2000, Kyushu-Tohoku, Japan, May 28-June 10 (http://www. geothermal-energy. org/pdf/IGAstandard/WGC/2000/R0381. pdf).

Unruh, J., Humphrey, J., and Barron, A. (2003). Transtensional model for the Sierra Nevada frontal fault system, eastern California. *Geology*, 31 (4): 327-330.

USGS. (2006). *Geologic History of the San Andreas Fault System*. Washington, DC: U. S. Geologic Survey (http://geomaps. wr. usgs. gov/archive/socal/geology/geologic_history/san_andreas_history. html).

Vassilakis, E., Royden, L., and Papanikolaou, D. (2011). Kinematic links between subduction along the Hellenic trench and extension in the Gulf of Corinth, Greece: a multidisciplinary analysis. *Earth and Planetary Science Letters*, 303 (1-2): 108-120.

Vogt, P. R. (1983). The Iceland mantle plume: status of the hypothesis after a decade of new work. In: *Structure and Development of the Greenland-Scotland Ridge* (Bott, M. H. P. et al., Eds.), pp. 191-213. New York: Springer.

Walker, J. D., Sabin, A. E., Unruh, J. R., Combs, J., and Monastero, F. C. (2005). Development of genetic occurrence models for geothermal prospecting. *Geothermal Resources Council Transactions*, 29: 309-313.

Walters, M. A., Haizlip, J. R., Sternfield, J. N., Drenick, A. F., and Combs, J. (1992). A vapor dominated high-temperature reservoir at The Geysers, California. In: *Monograph on The Geysers Geothermal Field*, Special Report 17 (Stone, C., Ed.), pp. 77-87. Davis, CA: Geothermal Resources Council.

Wannamaker, P., Maris, V., Sainsbury, J., and Iovenitti, J. (2013). Intersecting fault trends and crustal-scale fluid pathways below the Dixie Valley geothermal area, Nevada, inferred from 3D magnetotelluric surveying. In: *Proceedings of the 38th Workshop on Geothermal Reservoir Engineering*, Stanford, CA, February 11-13.

Weisenberger, T. (2005). Zeolite Facies Mineralization in the Hvalfjördur Area, Iceland, diploma thesis, University of Freiburg.

Williams, C. F. and DeAngelo, J. (2011). Evaluation of approaches and associated uncertainties in the estimation of temperatures in the upper crust of the western United States. *Geothermal Resources Council Transactions*, 35: 1599-1605.

Wilmarth, M. and Stimac, J. (2015). Power density in geothermal fields. In: *Proceedings of World Geothermal Congress* 2015, Melbourne, Australia, April 19-24.

Wilson, C. J. N., Houghton, B. F., McWilliams, M. O., Lanphere, M. A., Weaver, S. D., and Briggs, R. M. (1995). Volcanic and structural evolution of Taupo volcanic zone, New Zealand: a review. *Journal of Volcanology and Geothermal Research*, 68 (1-3): 1-28.

Xiaoping, F. (2002). *Conceptual Model and Assessment of the Yangbajing Geothermal Field, Tibet, China*. Reykjavik, Iceland: The United Nations University, Geothermal Training Programme (http://www. os. is/gogn/unu-gtp-report/UNU-GTP-2002-05. pdf).

Zheng, X., Duan, C., and Liu, H. (2013). The chemical properties of Yangyi high temperature geothermal field in Tibet, China. In: *Proceedings of the 38th Workshop on Geothermal Reservoir Engineering*, Stanford, CA, February 11-13 (http://www. geothermal-energy. org/pdf/IGAstandard/SGW/2013/Zheng. pdf).

8 地热系统勘探与发现

8.1 本章目标

（1）描述地热系统勘探和开发的主要步骤。

（2）解释层状火山环境和圆顶状流纹岩或火山口环境中的地热系统差异，以及对应用地热设施的影响。

（3）认识地热系统的主要构造，并解释为什么能够产生大地震的活动大断层与众多的小断层相比，难以成为地热开采区域。

（4）利用地热温度仪分析温泉水化学物质，估算地热储层温度。

（5）明确地球物理在寻找地热资源中的应用和局限性。

8.2 介绍

地热能勘探初期，主要以识别地表地热特征为主，例如温泉、泥坑、喷气孔、间歇性温泉。然而，一些地热井生产时间很短，地热能实际来源不清楚。此外，钻探工作可能破坏地面的地热特征。需要尽量降低钻井的费用和数量，最大限度地提高钻遇率，所采取的措施如下：

（1）文献调研。

（2）卫星遥感研究，包括合成孔径雷达干涉（InSAR）。

（3）机载照相和激光雷达测量（LiDAR）。

（4）地面地质研究。

（5）地球化学和水文研究。

（6）地球物理研究（重力、磁性、电阻率、热流量）。

一些步骤可以合并或同时进行，方便不同学科的工作人员共享信息，合作开展野外地质和地球化学水文研究，借助合适的地球物理技术，确定地热开采区域。

地热勘探目标：

（1）确定干热岩下部区域。

（2）估计潜在储层体积和边界，包括储层岩石的类型和渗透率。

（3）确定地热流体的温度和化学性质。

（4）预测储层流体的性质（干蒸汽、液体、沸腾液体上方的蒸汽帽，或沸腾时产生两相状态的大范围流体）。

（5）确定控制地热流体的地质构造区域（如补给区、上升流区和回流区域）。

（6）预测 20~25 年的发电量。

只有钻井能够发现地下地热储层（从廉价的浅层井温度探测，到 100~150m 高温梯度井，再到全井筒生产测井）。全井筒温度测井或生产测井是勘探钻井中最昂贵的部分，可以提供岩石类型和结构、渗透率、温度梯度和流体流量的最准确数据。地质、地球化学和地球物理等方面的研究有利于降低钻井费用。

地热储层温度必须要高于常规地层温度，才可以用于发电厂或热电站。通常，地面会存在地热特征，例如温泉。将来的挑战是识别缺乏地面特征的地下地热储层，并且其深度在可钻深范围内（通常小于4km）。同时地热储层渗透率要很高，产出足够热流体，延长地热电厂寿命。在内华达州，许多地热储层生产体积只有5km^3，平均发电功率20~25MWe。相比之下，蒸汽主导的Geysers地热系统生产体积约为100km^3，输出发电功率800MWe（M. Walters, pers. comn, 2015）。Geysers地热田已经生产50多年，其周围还有一些小发电站已生产10~15年。Steamboat Springs、Dixie Valley和Beowawe等地热发电厂已生产大约30年。

如果地表存在反映地下热能的特征，可以直接分析地热流体温度和化学成分，无须分析地热温度计（本章后面将讨论）和温泉、泥盆或火山喷气孔化学成分。即使地表没有流体流出，可以根据水热蚀变岩石的矿物成分来估算储层温度。依据流体的化学组成，包括所有溶解物质（TDS）和pH值，可以得出地热储层是液体为主或蒸汽型，还是两相混合物。这些关键参数和信息对于设计发电厂的规模和类型（单个或多个闪蒸、蒸汽或双循环发电）至关重要。如果地面没有水热蚀变岩石或流体，只能采用钻井方法获取储层流体。通过地质和地球物理研究，开展热流量和电阻率测试，优化最佳钻探区域，例如复杂断层附近区域。

勘探阶段需要确定地温梯度和分析数据，决定是否钻探生产测试井，开展流量和温度测试，评估电能输出和生产周期。如果具有商业开采可行性，将钻探更多的生产井和注入井，并建设地热发电厂。通常情况下，至少需要2~3口地热评价井，成本在500万~1500万美元。

8.3 文献调研

文献调研是收集信息最经济、最省时的方法。在线文献数据库获得地质、钻井、温泉温度和化学数据、井温和化学成分等信息。俄勒冈理工学院和美国地质调查局存有重要的地热数据。美国地质调查局还拥有交互式地图和地理信息系统（GIS）以及表格数据（USGS, 2016）目前，美国能源部正在为国家地热数据系统（NGDS, 2016）收集和储存所有地热信息，包括美国各地地热系统的地图、出版物、井数据等。例如，图8.1是NGDS网站上Excel电子表格的屏幕截图，显示了位于加利福尼亚东部长谷火山口的Casa Diablo地热储层中井筒内的温度和深度。

对于一些具有地热开采潜力的区域，有人已经开展数据收集工作。数据再分析可以重新认识地热特征，对地热开发具有重要意义。文献综述实际上是一种尽职调查，确定某个地区是否具有开采价值以及资金投入。

	A	B	C
1	CW-1_16JAN92		
2	CW-1, Logged January 16, 1992		
3	Source: USGS, Logged by Farrar using portable temperature logger with sensor 1560		
4	API: N/D		
5			
6	Depth_ft	Depth_m	Temp_C
7	25	7.62	95.1
8	50	15.24	101.8
9	75	22.86	108.6
10	100	30.48	114.3
11	125	38.1	119.64
12	150	45.72	123.95
13	175	53.34	127.98
14	200	60.96	131.45
15	225	68.58	132.52
16	250	76.2	131.8
17	275	83.82	131.1
18	300	91.44	130.63
19	350	106.68	129.84
20	400	121.92	129.61
21	450	137.16	129.23
22	500	152.4	127.92
23	550	167.64	123.13
24	600	182.88	122.06
25	650	198.12	121.76
26	675	205.74	121.87
27			
28			

图 8.1　通过国家地热数据系统网站访问加利福尼亚东部 Casa Diablo 地热系统中一口井的井筒内温度数据的 Excel 电子表格截图

8.4 空间探测研究

已开发地热区域和具有开采潜力的区域，利用卫星或飞行器探测确定地热异常区域，从而扩大或缩小开采区域，指导生产工作。空间探测方法主要包括遥感、航磁测量和航空摄影。

8.4.1 遥感研究

遥感研究是利用卫星和常规飞机进行光学光谱、合成孔径雷达干涉（InSAR）和激光探测与测量（LiDAR）。

8.4.1.1 光学光谱研究

卫星或飞机上的传感器可用于绘制地面近红外和热红外波长。Calvin（2015）和 Van der Meer（2014）等人展示了遥感方法在地热勘探中的应用。依据所使用仪器，收集的数据可以具有几个光波长的光谱或者上百个光波长的光谱。这些数据对岩石表面矿物、岩石类型和地表温度很敏感，能够识别水热蚀变岩区和表面被覆盖的热异常区域。植被稀少的地区此方法识别效果最好，热带地区或森林茂密地区效果较差。因为不同岩石和矿物吸收光谱范围不同，例如，硅质烧结矿、方解石和其他水热矿物，如黏土、硫酸盐和硼酸盐，利用光谱特征能够将它们区分开来（图8.2）。

利用高光谱遥感技术重新识别了内华达州埃斯梅尔达县的哥伦布盐沼中的一个潜在地热区域（Kratt et al.，2009），位于 Walker Lane ❶构造中右旋西北向走滑断层内。右旋断层会逐步产生一个局部拉张盆地，在盆地内极有可能存在地热储层（Fauldsetal.，2010）。测量一口 2m 深井眼内温度，确认了该温度异常区域，这与遥感测试数据相吻合。遥感技术成功探测到了水热蚀变矿物，在某些情况下矿物会沿线性区域分布，从而可以识别裂缝或断层。利用该技术发现了加利福尼亚东部的 Long Valley 火山口和内华达中西部的 Dixie Valley 断层，这些断层是地热流体流动通道（Martini et al.，2003）。

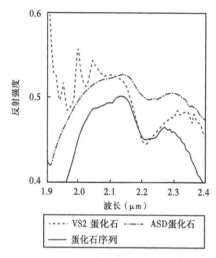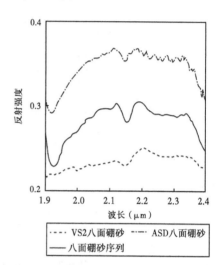

图8.2　蛋化石和锡方解石的矿物光谱（一种硼酸盐矿物，内华达州中西部哥伦布沼泽的地热流体中析出）

（Kratt, C. et al., Geothermal Resources Council Transactions, 32, 153-158, 2009.）

y轴表示反射强度，x轴表示波长，单位为 μm（微米）。两幅图中的实线是蛋化石矿物反射光谱。
虚线为两个不同传感仪器测试的光谱

8.4.1.2　合成孔径雷达干涉（InSAR）

合成孔径雷达干涉利用雷达卫星来测绘大面积的地面变形。这类卫星不断发射微波频率，并记录来自地球的反射信号。当地面特征发生移动，传感器与地面之间的距离改变，测量信号相位发生变化。卫星上装有多个通道获取多个相位信号，测量地面高度的变化。对时间域内的信号相位积分生产干涉图，再使用还原算法描述地形变化，如隆起、沉降或沿活动断层垂直或水平变形，测量精度可以达到毫米级。因此，该技术有助于监测地热开采区域的地形变化，管理地热产量，寻找新注入井和生产井位置，从而提高地热开采周期。由于能够探测地面水平移动，测量数据有助于发现活动且隐藏的断层。

在内华达州西北部的 San Emidio 地热田，InSAR 数据显示了隆起和下沉区域之间的明

---

❶　The Walker Lane 由内华达州西部的地形复杂区域和西北走向的断裂带组成。该区域被认为可容纳北美和太平洋构造板块之间约 20% 的运动，其余运动沿加利福尼亚州的圣安德烈亚斯断层带发生。有关更多详细信息，请参见第 7 章。

显边界。该边界位于山谷中部，可能对流体流动方向产生影响，现有地热田北部和南部可能成为潜在开采区。

8.4.1.3 激光探测与测量研究

激光探测与测量（LiDAR）是一种利用机载传感器发射和探测反射电磁辐射（以脉冲激光的形式）的技术，用于绘制详细的地表形貌。收集的信息都是数字格式，可以与重力、航磁和地震测量数据结合使用，有助于揭示关键的地质关系并开展后续研究。LiDAR 数据可以形成数字化地球海拔模型（DEMs），该模型不受地面植被和人造物体影响，可以描绘出传统的航空拍照中难以识别的结构特征。此外，在 DEM 中描绘的地形是数据格式，可以设置不同太阳照射角度观察地形。在低角度下，有助于突出一些地貌特征，例如在平缓起伏区域的陡坡可以标记为活动的断层。对美国 Great Basin 的最新构造研究表明地热系统和流体流动与新断层或活动断层关系密切（e.g.，Bell and Ramili，2009）。由于分辨率高，DEM 的探测可以发现细微的断层陡坡，再与其他数据（如地球物理和温度测量）相结合，有助于发现潜在地热区域。例如，美国内华达州中西部的加布山谷西侧的地热发电厂使用 LiDAR 技术对一个构造活跃区域进行了探测，DEM 模型如图 8.3 所示（Payneetal，2011.）。

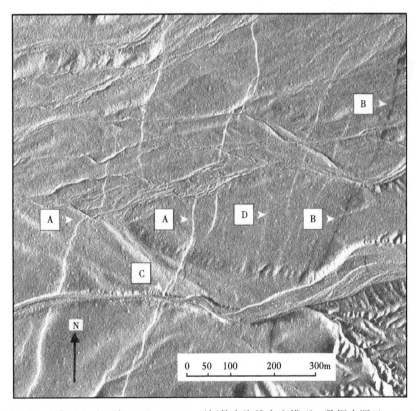

图 8.3　内华达州中西部 Gabbs Valley 西侧数字海拔高度模型，数据来源于 LiDAR

（Payne, J. et al. , 35, 961-966, 2011. ）

DEM 从东面照射，清楚地显示（A）1954 年费尔弗峰地震产生的朝东的断崖；（B）朝西的断崖；
（C）轻微的左侧向运动；（D）向北—东北方向的微弱断崖

8.4.2 航空摄影

彩色立体航空照片能够覆盖数百平方千米，有助于发现断层和水热蚀变岩带。立体航空摄影是地质制图的基本方法，提供了从空中观察地质特征的视角，这些特征难以在地面上分辨。

航空摄影通常在地面地质测绘之前进行，可以识别主要地质构造，包括潜在的断层和水热蚀变岩区域（图 8.4）。此外，航空摄影帮助用户编制多种工作模型用于测试地面岩石单元和相关特质构造。

图 8.4 谷歌地球图像的 Casa Diablo 地热系统在加州长谷火山口

这张彩色航空数字卫星照片，可以由低空飞行的飞机拍摄。椭圆形勾勒出水热蚀变岩区。Casa Diablo 地热发电厂东北方向的线性蚀变岩带标志着一条向北的断层，虚线地热流体沿断层流动

8.4.3 航磁研究

航磁研究是将磁强计拖在飞机或直升机后面，沿着同一高度飞行，覆盖面积大约有几百平方千米。磁强计记录岩石的磁性变化，磁性低区域可能存在水热蚀变岩石。岩石表面覆盖植被、浅层土壤、坡积物或山谷填充物会降低岩石磁性，很难被探测到，如图 8.5 所示。热流体能够改变和破坏岩石中原有的磁性矿物，如将原生磁铁矿转变为非磁性黄铁矿，岩石磁性大幅降低，主要发生在火山地区含原始磁性矿物的深成火成岩。然而，在以沉积岩为主的地区，热流体降低岩石磁性不明显，例如，石灰岩基本上不含原始磁性矿物。如果热流体中富含铁，碳酸盐岩磁性会增加，可能导致磁铁矿的沉淀。此外，低磁性矿物表明形成时期的地球磁场与现在磁极相反。因此，不仅需要了解一个地区的地质组成和岩石类型，确定是否有必要开展航磁研究，如果有必要，还要明确热流体异常变化类型。

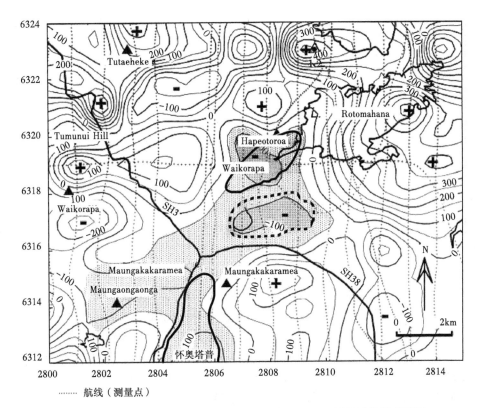

图 8.5　新西兰 Taupo 火山附近 Waimangu 和 Waiotapu 地热区的航磁地图
（Soengkono, S., Geothermics, 30（4），443—459，2001.）
热流体对火山岩退磁作用使岩石磁性降低，阴影区反映了低磁性。粗实线区域存在地热地面特征，
而粗虚线区域反映的是没有地面特征的水热型蚀变岩体

8.5　地质研究

地质研究从文献综述开始，明确地质构造，发现可能存在的地质和地热研究结果。地质研究需要依据测绘开发一个构造模型，用于评估潜在地热系统。

8.5.1　构造背景

如第 7 章所述，构造环境对地热系统的特征有很强的控制作用，如岩浆和非岩浆系统，影响地层温度变化梯度，最终决定地热系统是液体或蒸汽型或两相混合物。例如，在大陆或火山弧环境中，可能是岩浆地热系统。因此，中等深度的地层温度会很高，适合高效的闪蒸式地热发电厂。然而，以液体为主的磁加热系统的固体物质溶解浓度高，pH 值很低，生产设备易于结垢并且存在腐蚀风险。在非岩浆地质构造中，液体中固体溶解物浓度低，pH 值接近 7，地层温度通常低于 180℃，适用于双循环发电厂（通常在 15～30MWe 的范围）。

8.5.2　地质测绘

地质研究的核心是实地测绘，明确岩石类型、地质构造（如断层）和水热蚀变岩或实

际地热矿物分布，例如硅质烧结矿、石灰石或方解石。由于耗时长且效率低，通常只对关心区域进行测绘，有助于评价地热潜力，并结合地球化学和地球物理调查确定可能的钻探位置，明确地热系统分布面积。

8.5.3　地质环境

地质制图主要目的是描绘地质环境的特征，分析年轻火山岩（小于 100 万年，最好小于 10 万年）是否存在。如果存在，需要明确岩石类型和分布情况，有助于分析火山环境。例如，如果火山岩主要是安山岩的中间体，几千英尺厚度，那么很可能是一座具有相当大地形起伏的层状火山❶。另一方面，如果大多数火山岩含有较多的硅质，并由一系列的晶质熔岩、侵入熔岩和厚灰岩矿床组成，可能是具有低到中等地形起伏的火山口构造或复杂侵入熔岩体❷。这两个对比鲜明的地质环境会影响地热系统的类型。虽然两者都能支持高温地热系统（>200℃），但流体化学和相关的水热蚀变作用可能不是，如第 6 章所述（图 8.6）。

8.5.4　水热蚀变测绘

水热蚀变矿物是地热活动留下来的重要痕迹，例如，温泉、泥坑或喷气孔，通过测绘水热蚀变矿物，分析蚀变带分布和范围，从而得到地热系统的规模。第 6 章讨论了不同温度和酸性条件下形成多种蚀变矿物组成，例如，明矾石和叶蜡石的矿物组合是在高温（>200℃）和酸性条件下（通常 pH<2）形成。利用明矾石和叶蜡石的测绘数据确定了日本 Hachimantai 地区地热田的高温区（Wohletz and Heiken，1992），该地区有两座地热发电厂（图 8.7）。在较高温度（分别为 200℃和 150℃）和 pH 值接近中性时下，绿帘石和冰长石会形成蚀变矿物（图 8.7）❸。图 8.8 显示了水热蚀变过程中形成的各种矿物的温度范围。同时，绘制水热蚀变岩石中不同矿物的分布图，能够帮助寻找到高温区，确定最佳钻探位置。

水热蚀变带也可以作高渗透区域的指标。如果岩石是相对不透水的，即使在高温下流体也无法在岩石内部流动。因此，线状蚀变带很可能反映水沿裂缝或断层流动，断层附近裂缝发育，裂缝渗透率高。

地面不存在地热特征，需要确定水热蚀变岩的年龄。如果蚀变作用早于 50 万年，储层下部的地热系统可能已经冷却，而不再适合开发。如果蚀变作用小于 25 万年，依然是一个可开发的地热系统（J. Stimac，pers. Comm.，2016）。利用多种方法测定水热蚀变发生时间。例如，水热蚀变时间一定早于岩石形成时间。有时蚀变岩石上部覆盖未蚀变的熔岩或软岩，通过这些岩石可以间接确定蚀变岩石的最小年龄。另一种是同位素放射性测定法。明矾石、冰长石和伊利石含有矿物成分钾元素，其同位素具有放射性，特别是 K^{40}，会衰变

---

❶　层状火山，也称为复合火山，如富士山等经典的圆锥形山脉。它们的名字来自层层熔岩流和爆炸性火山灰沉积物的重叠序列，这些沉积物构成了火山的结构。

❷　火山口是一个火山洼地，范围从 10~100km 不等，是由浅岩浆（深 4~6km）储层的流纹岩浆发生喷发而形成的。覆盖在岩浆室之上的岩石向下移动到部分抽空的岩浆室中，从而产生准圆形的凹陷。

❸　值得注意的是，指示温度大于 220℃的蚀变矿物通常也指示隆升和侵蚀，这对地热开发潜力既有好处也有坏处。如果封盖的黏土密封层被侵蚀破坏，则地热系统可能已经沸腾并失去了渗透性（J. Stimac，pers。comm。，2016）。

为稳定的 Ar^{40}，衰变速率可以确定岩石年龄❶。

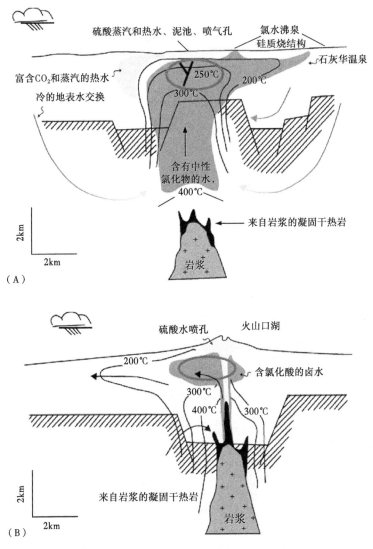

图 8.6 两种地质构造中地热系统概念模型 (Cooke, D. R. and Simmons,
S. F., Reviews in Economic Geology, 13, 221-244, 2000.)

椭圆内是地热系统。(A) 描绘了地势平缓火山口或流纹岩穹顶复合体, 地热流体的 pH 值接近中性, Cl 含量低
至中等。地面特征包括含硅烧结矿的沸泉和含碳酸盐沸泉。如果液体能够在储层内沸腾, 在蒸汽加热作用下,
储层上部会出现硫酸盐蚀变矿物。(B) 是一个起伏很大的成层火山。岩浆气体, 例如 SO_2 和 HCl, 溶于水形成
酸性流体。在地表附近, 流体富含硫酸盐, 在储层中, 流体富含酸性氯化物, 流体所含 TDS 和 Cl 比图 (A) 多

---

❶ 所描述的过程适用于钾—氩 (K/Ar) 测年, 现在已被 Ar^{40}/Ar^{39} 或氩—氩测年取代。在后一种情况
下, 由于仅需测量 Ar 同位素 (通过在核反应堆中的辐射产生) 即可进行测量, 而无须进行 K/Ar 测年所需
的两次 K^{40} 和 Ar^{40} 测量, 因此可实现更高的精度。

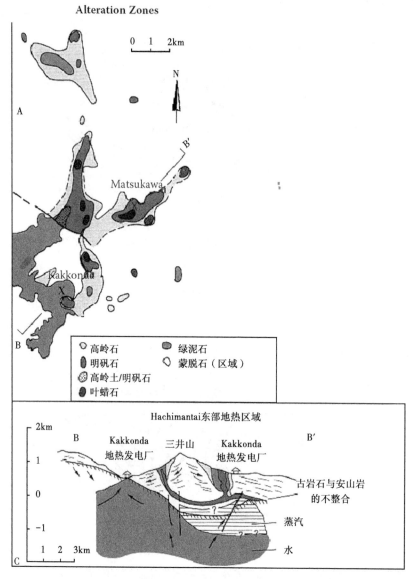

图 8.7　日本 Hachimantai 地热储层平面图和沿 B-B′剖面示意图（Wohletz, K. and Heiken, G., in Volcanology and Geothermal Energy, Wohletz, K. and Heiken, G., Eds., University of California Press, Berkeley, 1992, pp. 225-259）

Kakkonda 地热发电站位于蚀变带南部

依据地表泉华地质特征，发现和开发了内华达州最大地热发电站 McGinness Hills，装机容量为 72MWe，周边不存在其他地热特征。因为泉华析出物中含有冰长石，依据同位素测定，地热田年龄约为 200 万~300 万年。泉华和冰长石可以用于黄金和地热资源勘探（Casacelietal., 1986; Nordquist and Delwiche, 2013）。

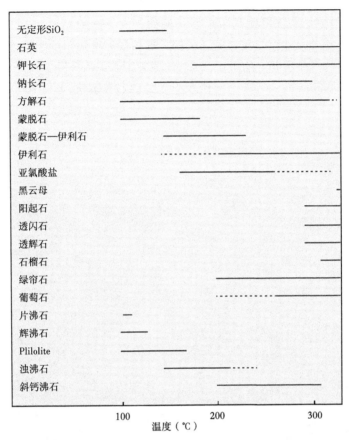

图 8.8　一些重要水热矿物的温度稳定范围（Henley, R. W. and Ellis, A. J.,
Earth-Science Reviews, 19（1）, 1-50, 1983.）

请注意，有些矿物热稳定性很强，如石英和方解石，有的矿物热稳定性差，如石榴石。绿帘石有助于确定地热储层的
范围，它表明地层温度超过200℃。虚线条表示在较高或较低温度下的扩展区域的稳定性，这取决于液体和围岩成分

8.5.5　地热沉淀测绘

　　温度和压力变化会促使热流体中矿物沉淀。有时，地下岩层压力的持续增加会导致水热喷发（潜水式爆炸），产生环形喷出物或爆炸碎片，形成浅凹陷，里面可能充满水，也可能不充满水。迪克西山谷地热系统附近存在很多这种凹陷，如图 8.9 所示。硅华物质是一种重要的热流体沉淀物质，通常分布在喷泉口附近，有助于测绘地热分布（它帮助发现和开发了 McGinness Hills 地热田）。初始沉淀阶段，硅化物由蛋白石组成，它是一种无定形（没有晶体或有组织的原子结构）、水合（包含水分子）形式的石英。随着时间的推移（经过数万年的时间），蛋白石会脱水并再结晶，形成一种非常细粒度的石英，称为玉髓。硅质泉华有以下两个重要作用。

　　（1）表明地下储层温度大于 175℃（Fournier and Rowe, 1966）。硅的溶解度随温度的升高而增加（至少达到 350℃）。为实现充分溶解，并沉淀成无定形的二氧化硅（例如蛋白石），然后冷却形成温泉烧结矿，储层温度至少 175℃——可以进行地热开发。

（2）主要在水热型地热系统中形成，pH 值中性和碱—氯化物 TDS 含量较低（如第 6 章所介绍的）。这些地热系统可能是岩浆型（例如，内华达的 McGinnessHills 或 Beowawe）、岩浆火山口或流纹岩火山弯丘的复合体（例如，加利福尼亚州东部的长谷火山口）。与火山口相关的系统，如新西兰陶波火山带。只要 pH 值为中性的流体能够迅速到达地面，安山质火山岩系统中会形成热泉华（例如，菲律宾的 Tiwi）（Moore et al.，2000；J. Stimac，pers. Comm.，2016）。

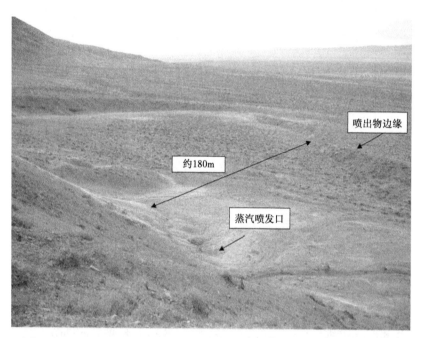

图 8.9　内华达州东北方向迪克西山谷的一个热流体喷发火山口（照片由 M. Coolbaugh 提供）

温泉内部及周围重要沉淀矿物是钙华和硅华。二者都由碳酸钙或方解石（$CaCO_3$）组成，由于沉淀矿物形成地质环境不同，评估地热开发潜力存在差异。钙华形成于陆地上的温泉，温度由低到中等。方解石的溶解度随着温度的升高而降低（与硅或石英相反）。因此，当流体温度升高时，方解石倾向于沉淀而不是溶解。方解石的溶解度很大程度上取决于 CO_2 的溶解度，CO_2 的溶解度随温度升高而降低。平衡化学反应公式如下：

$$Ca^{2+}+2HCO_3^-\Leftrightarrow CaCO_3+H_2O+CO_2 \tag{8.1}$$

公式（8.1）中的双箭头表示化学反应物和生成物达到平衡。当物质失去平衡时，例如温度升高，CO_2 在溶液中的溶解度降低，化学反应向右进行，产生更多生成物质保持公式平衡。当温度降低，CO_2 在溶液中的溶解性增强，化学反应向左进行，产生更多的反应物保持公式平衡。因此，含有钙质矿物温泉的温度不会太高，否则，方解石只会沉淀在深部地层。

由于 CO_2 的溶解度也是压力的函数，压力降低导致 CO_2 含量减少，沉淀出更多方解石。然而，钙华温泉并不一定表明地热发电潜力有限，其周边会存在高温地热系统。例如，黄石国家公园中猛犸温泉，新墨西哥州 Valles 火山边缘的 Jemez 温泉和 Soda 坝，都是钙化温泉（GoffandGardner，1994）。

在富含碳酸氢根离子（HCO_3^-）湖底，硅华从温泉或冷泉水中沉淀。内华达州里诺东北30~40英里的金字塔湖附近存在许多硅华物质（图8.10）。由于没有喷发口和水位下降，湖水中重碳酸盐的浓度增加。在地理上，金字塔湖位于西北走向的Walker Lane的东侧边缘，不连续的走滑断层构造带控制着多个矿化化石热系统（如Comstock矿脉）和几个已开发地热系统，包括Steamboat Springs、San Emidio、Salt Wells和Coso。与钙华地层不同，地热流体形成硅华过程中需要消耗CO_2产生大量钙，地热流体与富含碳酸氢盐的湖水混合后沉淀出含有方解石的硅华。这种硅华物质证明地层温度不高。因此，需要区分含有方解热泉的地质环境是钙华和硅华，这对评价一个地热系统开发潜力具有重要意义（Coolbaugh et al.，2009）。

图8.10 从金字塔湖北部向西北方向鸟瞰图

（Benson，L.，The Tufas of Pyramid Lake，Nevada，Circular 1267，U. S. Geological Survey，Reston，VA，2004.）
凝灰岩塔沿着向西北走向断层分布（以线表示），断层具有斜向的正常右旋位移。钙华塔高300ft，表明10000年前它们形成时湖平面很高。钙华分布方向证明了热流体流动方向受到构造或断层控制。钙华塔北面存在月牙形前海岸线

8.5.6 结构分析

地热储层需要次级渗透率或能够导流裂缝才具备商业开发可行性。因此，在评价一个地区的地热潜力时，需要确定断层构造背景。在过去十年，内华达地质矿业局与内华达大学合作（Cashman et al.，2012；Faulds et al.，2011，2013），详细描述美国西部大盆地地热系统的构造，研究结果适用于全世界的地热系统。这项工作的一个令人惊讶的结果是，在大盆地的400个地热系统中，只有3%地热储层位于大正断层的中段。断层位移最大的区域不一定存在地热系统，可能断层中黏土层限制了流体流动。每几百到几千年发生一次大地震，断层移动并释放压力，断层被黏土或沉淀矿物封闭。另一方面，小断层会发生频繁的微型地震，周期性地开启裂缝促使流体流动，然后被流体沉淀的矿物封闭。已经确认了6种主要断层构造，大盆地中地热系统存在4种（Fauldsetal，2013）。这4种主要的构造是：（1）正断层阶地区域，（2）马尾型断层端部，（3）倾向相反正断层过渡区域，（4）走向相反的走滑断层的交汇区域（图8.11）。

美国西部大盆地中25个地热发电厂，有11个位于正断层阶地区域，8个位于断层交汇

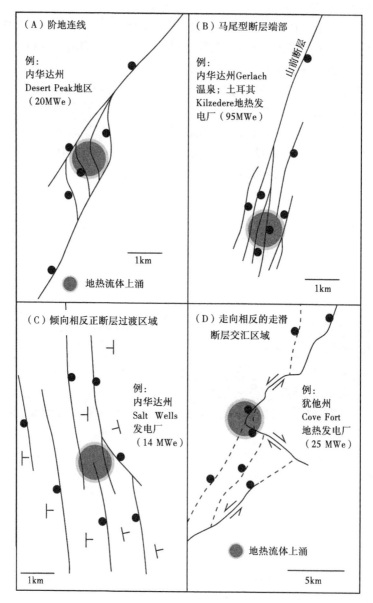

图 8.11　地热系统的四种主要构造 (Faulds, J. E. et al., Geothermal Resources Council Transactions, 37, 3-10, 2013.)

(A) 正断层阶地区域, (B) 马尾型断层端部, (C) 倾向相反正断层过渡区域, (D) 走向相反的走滑断层的交汇区域。填充圈代表地热核心区域, 具有喷出口、裂缝密度高和渗透率高特点。感觉不到的微型地震很常见, 这些地震有助于开启裂缝, 使流体流动

区域。许多大型地热发电厂都位于存在多种断层类型的地区。以 Steamboat 地热厂为例 (装机容量 128MWe), 其所处区域位于断层阶地和断层交汇处, 处于东西向正断层交叠的区域。最大的地热发电厂 Coso (270MWe) 位于一个拉张区域, 它由两个逐步抬升的右旋走滑断层和多个东北走向正断层产生 (图 7.22)。所有断层都是活跃的, 大断层至少在过去

10000 年中发生过移动，但小断层的移动更为频繁。较少积聚的地层应力可以打开裂缝和断层，流体循环流动。

8.6　地球化学研究

如果地表存在喷水口或喷气口，通过地球化学研究有助于掌握地热系统化学成分和类型（蒸汽或液体为主），估算液体温度和储层深度。

8.6.1　流体组成和储层类型

分析地表排出的流体化学成分和 pH 值，可以深入了解地热资源类型。例如，热泉的TDS 很低，而且相对酸性，很可能是蒸汽主导的地热储层。蒸汽只能携带少量的溶解物质，所以当蒸汽在近地表的盖层中凝结时，水已基本"蒸发"。此外，由于诸如 H_2S 和 CO_2 等不可凝结气体分解成水蒸气，气体被浅层含水层吸收时就会产生酸。硫化氢与大气中的氧或含氧的浅层地下水结合产生 H_2SO_4，二氧化碳与水结合产生 H_2CO_3。但是，类似结果也会出现在水热型储层上部。在较低海拔地区，泉水 pH 值接近中性，TDS 值较低或较高，这是水热型储层典型特征。将地球化学分析结果与水热蚀变岩特征结合，有助于合理解释地热储层类型，不需要通过钻井识别。

8.6.2　地球化学温度计（地温计）

实际热储层温度和温泉水化学成分之间存在经验公式，通过分析水中特定物质浓度结合经验公式能够评估地下储层流体温度。岩石—水交互达到的化学平衡状态与地层水温度存在一定函数关系，在平衡态下，经验公式估算的温度值会更加合理准确。流体从地下热储层向地表流动过程中，流动速度一定要快，防止与浅层岩石发生化学平衡和地表水混合，减小温度计算偏差。由于蒸汽和水之间存在物质分离，地温计算方法不能用于蒸汽和水混合型流体，主要用于含氯丰富的热水。常用的三种化学地温计算方法基于如下平衡反应方程：

$$SiO_2 + 2H_2O \Leftrightarrow H_4SiO_4 \qquad\qquad (8.2)$$
$$（硅石英）\Leftrightarrow（硅酸）$$

$$NaAlSi_3O_8 + K^+ \Leftrightarrow KAlSi_3O_8 + Na^+ \qquad\qquad (8.3)$$
$$（钠长石）\Leftrightarrow（钾长石）$$

$$2Ca_2Al_2Si_2O_6 + 4H_2CO_3 + 3O_2 \Leftrightarrow 4CaCO_3 + 2Al_2Si_2O_5(OH)_4 \qquad (8.4)$$
$$（斜长石）+（碳酸）\Leftrightarrow（方解石）+（黏土）$$

三个反应式都可以用于含有石英和长石的储集层。式（8.4）适用于高浓度钙和沉积钙华的水。若上述三种方法失效，基于地热流体中矿物平衡的地温计算方法可以计算得到相应深度的温度值。气体和同位素地温计算方法用于地表没有水只有蒸汽的泉口。

通常使用多个计算方法相互验证温度值，如果流体在深部岩层平衡或地表岩层重新平衡，会导致温度计算结果相差较大。当储层含有碳酸盐岩，如石灰石或白云石，只使用矿物平衡温度计算方法，获得碳酸盐岩储层中蚀变矿物饱和指数，包括方解石、石膏、硬石膏、沸石（如浊沸石）和绿帘石。

8.6.3 SiO₂ 地温计

SiO_2 的溶解度随温度的升高而增大，如果溶液与储集层岩石达到平衡，则溶液中 SiO_2 的浓度可以反映相应深度的温度。平衡反应速率随温度的升高而增加，在 250℃ 达到平衡只需要几个小时，而在 100℃ 左右达到平衡需要几年时间。图 8.12 所示的 3 种 SiO_2 的溶解度曲线，石英溶解度最低[1]。当储层温度大于 180℃ 时，石英是主要的稳定物质，控制 SiO_2 溶解度（Fournier，1985）。小于 180℃ 时，玉髓控制 SiO_2 溶解程度，使用玉髓的曲线来估计相应深度的温度。当储层温度低于 100℃ 时，无定形 SiO_2 控制 SiO_2 溶解度及其曲线。

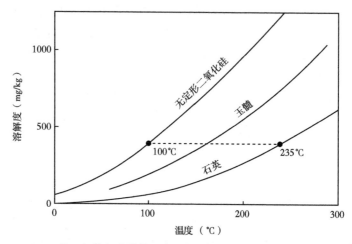

图 8.12 SiO_2 的三相溶解度曲线（Rimstidt，J. D. and Cole，D. R.，American Journal of Science，283（8），861–875，1983.）

无定形二氧化硅（蛋白石）、玉髓、石英。如图所示，温度为 100℃ 的蛋白石沉淀温泉中含有约 370mg/kg 的 SiO_2，
表明储层温度为 235℃。如果 SiO_2 的控制相为玉髓，则表明储层温度较低，约为 150℃

实验确定的有效温度范围为 50~300℃。当温度超过 300℃，其他高浓度溶解物会逐渐影响 SiO_2 的溶解度，导致温度计算值存在差别。影响 SiO_2 溶解度的另一个因素是 pH 值，SiO_2 地温计应对 pH 值接近中性（5~7）的溶液进行校准。较低和较高的 pH 值，会影响温度和 SiO_2 的溶解度，必须确定 pH 值才能确定是否使用 SiO_2 地温计分析。如果存在沸腾产生蒸汽损失，测得的 SiO_2 浓度将高于没有蒸汽损失的情况，在沸腾过程中 SiO_2 大部分保留在流体中。因此，其浓度随着蒸汽损失而增加（图 8.13）。图 8.13 中的例子是来自 100℃ 的温泉，发生了沸腾和蒸汽损失，所以更贴近实际的温度应该是 210℃ 左右，而不是 235℃。

以下是经验公式用于描述 SiO_2 溶解度与温度的关系：

$$T（℃）=\left(\frac{1522}{5.75-\lg\left[二氧化硅浓度（mg/kg）\right]}\right)-273.15$$

---

[1] 石英是二氧化硅中最有序的晶体结构。玉髓是二氧化硅的微晶形式，而蛋白石是由非晶体和水合形式的二氧化硅形成，它没有内部晶体或有序的原子结构（即硅和氧原子或多或少地像玻璃一样无规组织）。

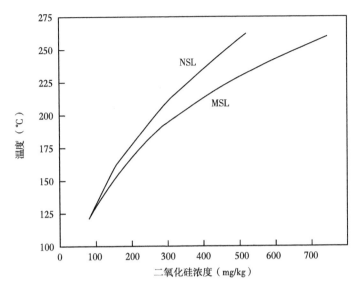

图 8.13　石英的溶解度曲线（DiPippo, R., Geothermal Power Plants: Principles, Application,

Case Studies and Environmental Impacts, 3rd ed., Butterworth-Heinemann, Waltham, MA, 2012.）

NSL 表示无蒸汽损失，MSL 表示最大蒸汽损失。在低温下，MSL 曲线表明由于沸腾和蒸汽质量损失导致 SiO_2 浓度
增加。图 8.12 所绘制的曲线是没有蒸汽损失的，对于沸腾系统来说，370mg/kg 的 SiO_2 意味着储层温度大约为 210℃

（1）该方程适用于沸泉高流量（大于 2kg/s）下最大蒸汽损失。该方程考虑了溶液上升到地表时沿沸点—深度曲线的冷却。

$$T（℃）=\left(\frac{1309}{5.19-\lg\left[二氧化硅浓度（mg/kg）\right]}\right)-273.15$$

（2）该方程适用于向地表流动过程中已经冷却，而没有沸腾（没有蒸汽损失）的流体；它最适用于温度低于沸点的泉水。

$$T（℃）=\left(\frac{1112}{4.91-\lg\left[二氧化硅浓度（mg/kg）\right]}\right)-273.15$$

（3）温度在 120~160℃，该公式表明是玉髓而不是石英控制了石英在储层中的溶解度。

由图 8.14 可知，井筒内测得水温要低于各种 SiO_2 地温计公式的温度。在低温储层中，测试温度与玉髓质地温计之间存在较好的相关性（Fournier, 1985）。如图 8.13 所示 SiO_2 地温计计算值反映样品溶液中残余硅的沸点和浓度。

8.6.4　Na-K 地温计

Na-K 地温计是基于钠长石和钾长石之间钠钾交换反应。在这种情况下，Na/K 值用于经验推导方程中的 lg 项：

$$T（℃）=\left(\frac{1217}{1.438+\lg(Na/K)}\right)-273.15=1217 \tag{8.5}$$

Na/K 值随温度升高而减小。液体稀释和蒸汽损失对温度计算的准确度影响小（假设稀释水中的钠和钾含量较低），因为分子分母都受到稀释或蒸汽损失的影响，比值变化不大。

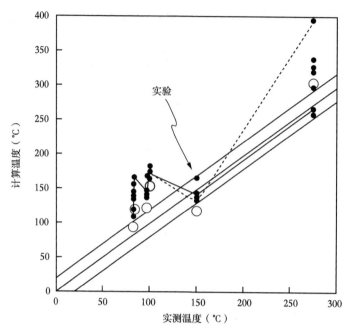

图 8.14　井中测得水温与 SiO_2 地温计计算水温比较（Glassley, W. E., Geothermal Energy: Renewable Energy and the Environment, 2nd ed, CRC Press, Boca Raton, FL, 2015. ）

实心圆是计算温度，石英是 SiO_2 的控制相，而空心圆假设玉髓是控制相。中间细实线表明 1:1 对应的关系，其两侧的两根细实线是 ±20℃ 线。粗体虚线是与温度评估经验公式相关

图 8.15 表明计算温度更适用于高温度储层（大于 100℃），特别是温度高于 160℃，但是不能高于 350℃。此外，要使用 Na—K 地温计，地热流体的 pH 值必须接近中性，且为碱—氯型水，而不是酸—硫酸盐含量丰富的水。该地温计也不适用于钙含量高的水体，如泉水沉积钙华。

图 8.15 表明计算水温通常高于测试水温；在较高温度下，二者差值减小，说明 Na—K 地温计更适合高温储层（一般大于 160℃）。通过比较 SiO_2 和 Na—K 地温计测得的温度，SiO_2 地温计测得的温度通常略高于使用 Na—K 地温计测得的温度（图 8.16）。但是相关性仍然很好，建议使用这两种方法来计算水热型为主的地热储层温度。

8.6.5　Na—K—Ca 地温计

该方法适用于含钙丰富和可能沉积钙华的热泉。相应深度的流体与碱性长石处于平衡状态；然而，斜长石将主动地转化为方解石和黏土 ［式（8.4）］。在较高的温度下（一般为大于 200℃），斜长石将被绿帘石（一种含水的富钙硅酸盐）代替而不是被方解石取代，除非流体中的 CO_2 浓度非常高，以保持方解石的稳定。与 SiO_2 和 Na—K 地温计一样，流体的 pH 值必须接近中性，属于碱—氯型水。由于可能的稀释或沸腾，导致方解石的快速沉积，温度估计过高，温度高估程度与流体中溶解 CO_2 的量成比例。因此，在钙华沉积的泉水中，使用 Na—K—Ca 地温计确定的储层温度是一个最大值。

8.6.6　矿物平衡温度计算方法

本节介绍的地热测温方法中提到，二氧化硅和碱性地温计计算方法假定地热储层中已

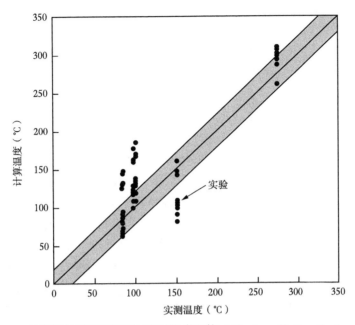

图 8.15　Na-K 地温计计算储层温度与测试温度比较（Glassley, W. E., Geothermal Energy:
Renewable Energy and the Environment, 2nd ed, CRC Press, Boca Raton, FL, 2015.）

对 5 个不同地热水样品采用 9 个计算公式。中线加粗实线表示 1:1 的相关线，
阴影部分是 ±20℃的包络线。实验是实验室水样

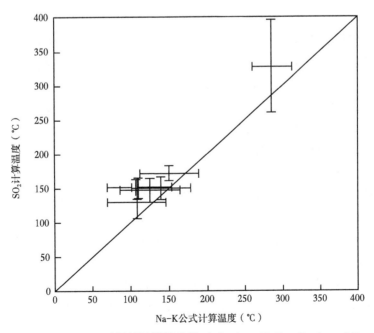

图 8.16　SiO_2 和 Na-K 地温计计算值比较（Glassley, W. E., Geothermal Energy:
Renewable Energy and the Environment, 2nd ed, CRC Press, Boca Raton, FL, 2015.）

中间粗实现表示所有计算温度中值

经达到了矿物平衡，并且液体上升到地表时发生了最低程度的再次平衡。

Reed 和 Spycher（1984）为了评估这一假设并排除其偶然性，研究了一种可以同时检测多种矿物饱和度的方法。该地温计利用已有热力学数据估计常见蚀变矿物的饱和指数。Q 为离子数，K 为平衡常数，lg（Q/K）是饱和指数。如果 lg（Q/K）>0，溶液中该矿物处于过饱和状态，如果 lg（Q/K）<0，溶液中该矿物处于欠饱和状态。通过绘制不同矿物的饱和指数作为温度的函数，可以确定：（1）地热流体是否与储层中给定的矿物组合处于平衡状态；（2）哪些矿物处于平衡状态，哪些不处于平衡状态；（3）平衡温度。此外，在流体和矿物不平衡的情况下，最可能的情况是，不管是沸腾还是温度上升时的稀释作用，都可以通过测试不同矿物的饱和指数 lg（Q/K）和温度绘图加以说明。

图 8.17 是位于加利福尼亚 Clear 湖岸边的硫滩地热系统和水银矿中各种矿物的饱和指数 lg（Q/K）随温度的函数图。在图 8.17（A）中，给出了各矿物的饱和指数收敛于 lg（Q/K）= 0 时的计算温度。在这种情况下，指示温度在 140~165℃，该范围内矿物包括朱砂（硫化汞）、石英、富含锰的蒙脱石、高岭石、钠长石和钾长石。在图 8.17（B）中，绘制了与温度相同的饱和指数，但加入了气体，导致饱和指数沿零点线几乎没有收敛。图 8.17（A）中饱和指数的良好收敛性意味着流体沸腾并将气体排出。此外，如果不煮沸，朱砂和水银不会沉淀 [图 8.17（B）]。

综上所述，矿物平衡温度计算方法可以同时检测几种矿物的饱和指数，确定哪些矿物种类在流体中处于平衡状态。如果在煮沸和稀释等过程中未达到矿物平衡，通过建模确定最佳数据，还可以计算出煮沸量或稀释量。

8.6.7　气体地温计

对于地下水位深，地表缺少温泉，存在喷气孔的地区，对地下温度的估计可以使用基于与温度有关的气—气或气体矿产平衡的气体地温计。这在酸—硫酸盐系统中特别有用，因为酸—硫酸盐系统通常会出现喷气孔或气体喷口。酸性很强、硫酸盐含量过高的热泉，不能使用该方法。对于热蒸汽，可以通过测量 CO_2、H_2S 和 H_2 的浓度或它们的比例（CO_2/H_2，或 H_2/H_2S），并将其代入经验公式。然后比较各种气体类型方程的温度估计数值，再核对其相应关系，并排除任何异常数据。

8.6.8　同位素地温计

同位素交换反应，如不凝气体与蒸汽、矿物与气相、水与溶质、或不同溶质之间的反应，都与温度有关。同位素是原子序数（质子数）相同但原子质量（中子数）不同的化学元素。例如，氧有 3 个稳定的同位素，O^{16}（最常见）、O^{17} 和 O^{18}，而氢有 2 个稳定的同位素，H^1（氕）和 H_2（氘）。当蒸汽从水中分离出来时，就会发生同位素分馏，即水在 O^{18} 和氘中富集，而蒸汽在 O^{18} 和氘中贫化，因为较重的同位素有利于密度较大的相。一种同位素地温计包括重氢和轻氢在蒸汽和氢气之间的同位素平衡交换：

$$^2H_2（氘）+^1H_2O \Leftrightarrow ^1H_2 + ^2H_2O \tag{8.6}$$

有效温度范围为 100~400℃。同位素地温计虽然可行，但由于样品采集和制备、费用、实现同位素平衡的可变速率和对平衡常数等方面的要求，使用起来很复杂。

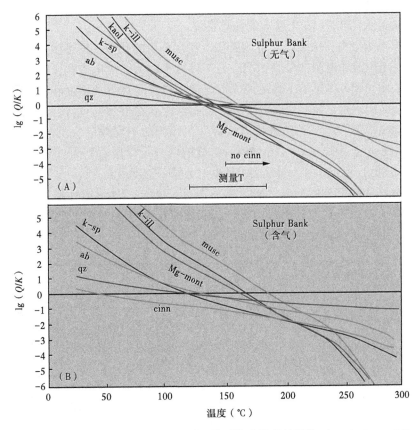

图 8.17 饱和指数 lg（Q/K），加利福尼亚硫滩地热系统水温度的函数（Reed, M. and Spycher, N.,
Geochimica et Cosmochimica Acta, 48（7），1479–1492, 1984.）

（A）在测得的温度范围内，地下矿物与沸腾或脱气的水显然达到平衡。（B）未煮沸水中的矿物饱和指数曲线没有
收敛，因此未达到平衡。矿物缩写：ab，钠长石；cinn，朱砂；k-ill，富钾伊利石；kaol，高岭石；k-sp，钾长石；
Mg-mont，富锰蒙脱石；musc，白云母；qz，石英

8.7 地球物理勘查技术

航磁研究有助于确定一个大区域的磁性异常，表明地热资源可能具有开采潜力。例如，磁性低可以形成火成岩与热流体，侵蚀任何原始的主要磁性矿物，如火成岩磁铁矿可能转换为热液黄铁矿。然而，磁性低也可以是反向磁性岩石，需要其他地球物理和地质方法证实和说明异常现象。这类方法包括电阻率和大地电磁测量、重力测量和地震勘探，它们不能直接得出相应深度的热量，任何异常数据只表明可能热源。例如，火山岩层低磁异常可能会反映出低温地温系统。因此，有时需要钻井方法获得相应深度温度。地球物理技术适用于相互独立的地面区域中大范围的、更详细的实地地质和地球化学研究。如果地质和地球化学研究结果正确，然后再使用温度探针孔方法评估相应深度的热量。

8.7.1 电阻率和大地电磁研究

岩石导电性很差，电阻率很高。但是在大多数地热储层中，黏土具有良好导电性，岩

石孔隙中含有带电溶解的离子，增加了导电性（从而降低了电阻率）。利用这种特性成功发现了新西兰 Taupo 火山带中 16 个以上的地热系统。

在地面电阻率测量中，探头埋入距地面几十到几百米的孔中，记录注入的电脉冲，可以检测几百米以下电阻或非电阻的分布情况。另一种技术称为大地电磁法，能探测几千米或更深的地层。在太阳光和风的影响下，运用大地电磁学研究地球磁场强度和方向变化时，收集数据是连续或短时间间隔，需要几天的时间。传感器放置在恰当的位置，计算机回归处理数据，建立基础地质模型。电流的流动由岩石对变化磁场的不同响应决定。对内华达州 Dixie Valley 的地热系统研究表明，大约 15~20km 深度的部分为熔融岩石带（Wannamaker et al., 2013）。通常，深度小于 5km 时所得到的大地电磁数据可信度最高。

电阻率信号作为温度梯度函数，如图 8.18 所示。由于气体导电性差，蒸汽储层与流体为主的储层相比，电阻率相对较高。因此，与高温梯度相结合的高电阻率异常（下文将进一步讨论）可能预示着深部存在蒸汽储层。

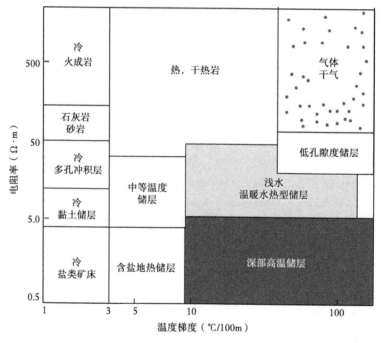

图 8.18　电阻率与温度梯度的关系及可能的储层类型（DiPippo, R., Geothermal Power Plant: Principles, Applications, Case Studies, and Environmental Impacts, 3rd ed., Butterworth-Heinemann, Waltham, MA, 2012)

8.7.2　重力研究

地球上的重力场不是恒定的，根据深处岩石的致密程度发生变化。重力研究是最具经济效益研究方法之一，它被动地记录地球重力场的变化，不需要感应信号，而传统的电阻率测量中必须引入电流。重力仪可以测量地球重力加速度，单位毫伽（mGal），其中 1Gal（伽）等于 $1cm/s^2$ 或 $0.01m/s^2$。地球重力平均加速度是 $9.8m/s^2$，重力仪能够跟踪到 1/9800 重力变化。由于重力也受地形影响，必须考虑地形校正，然后将修正后的数据与给定位置正常重力比较，其差异称为布格重力异常。

重力梯度较大的区域表示掩埋或露出的断层，这些断层将不同密度的岩石同层分布（图8.19）。断层可以作为地热通道，可能是上涌、地热流体或下涌冷流体的区域标志。正如东非大裂谷 Olkaria 地热复合体（Lagat et al.，2005）所描述，地下断层是流体通道，其边缘是流动边界。

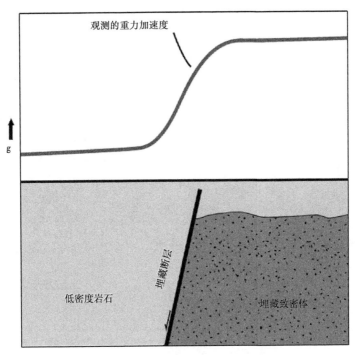

图 8.19　重力剖面示意图推断存在埋藏断层
由于"基底"岩石比相邻岩石密度大，重力在"基底"岩石上增大。陡峭的重力
梯度表明这两种岩石发育在断层交界处

地热储层可分为正布格异常和负布格异常。如果储层孔隙度和渗透率都高，总体密度较低，可能是负布格异常。初始密度较大的矿物，例如长石，可能被黏土或沸石等低密度矿物所取代。但是，如果储层受到水热矿物沉积强烈影响，如裂缝中的二氧化硅或绿帘石沉淀，则孔隙度降低，密度增大，储层上方形成正布格异常。重力测量与其他地球物理探测方法，例如电阻率以及地质、地球化学研究结果相结合，降低重力测量结果的潜在不确定性。萨尔瓦多共和国的 Achuachapan 地热田，重力测量与大地电磁电阻率测量相结合，结果表明该地热田位于低电阻率地区的高磁边界（图8.20）（Santos and Rivas，2009）。

重力研究和其他地球物理技术一样，可以得到多种解释。例如，Geysers 地热田开发早期，东部区域存在一个大面积负布格重力异常区，解释为地下岩浆体，是该地热系统的热源。近40年后，根据更多的地球物理和地质研究资料表明，确定重力异常反映的是相对密度低的 Great Valley 组页岩，而不是地下岩浆体（Stanley and Blakely，1995）。因此，重力异常与 Grysers 高温流体无关。

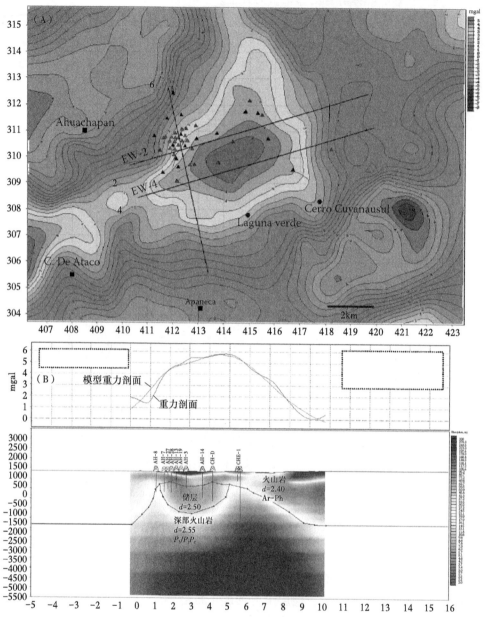

图 8.20 （A）萨尔瓦多共和国 Ahuachapan 地热田布格异常图。三角形表示地热井位置。请注意，该储层位于一个强重力梯度地区，表明断层可能会控制流体的流动。（B）A 部分 2 号线的剖面。图的上半部分是地下储层模型密度值为 2.50g/cm³ 时的重力剖面和模型重力剖面。图中的颜色反映了大地电磁电阻率值。（Santos, PA. and Rivas, J. A., Gravity Surveys Contribution to Geothermal Exploration in El Salvador：The Cases of Berlin, Ahuachapan and San Vincente Areas, paper presented at Short Course on Surface Exploration for Geothermal Resources, Ahuachapan and Santa Tecla, El Salvador, October 17-30, 2009. ）

8.7.3　地震勘探

地震或地震波是在能量释放时形成，比如沿断层的运动，传播距离远。地震波在地球上传播时有两种波：P波或纵波，沿着地震波的传播方向对岩石进行膨胀和压缩；S波或横波，沿着地震波的传播方向将岩石侧向移动。纵波的传播速度比横波快35%，二者传播速度都受到岩石硬度和密度影响。在低阻抗的岩石中，传播速度随着岩石的密度和硬度的增加而增加。相比之下，低密度岩石传递地震能量的速度较慢，因此具有高阻抗。当两种不同密度的材料接触时，由于不同的阻抗而引起地震波的反射和折射。

几十年来，反射地震学用于寻找油气储层，是一种主要勘探技术。引发的地震信号，例如来自爆炸，可以反射岩石表面性质的变化。例如，裂缝密度高的区域，引导地热流体流动，总体密度比围岩低，阻抗高。阻抗差异描述为地震反射的优选区域。影响反射强度的其他因素还包括入射角（更多的斜角比更陡的入射角反射得更好）和孔隙饱和度。例如，由黏土组成的地热储层上方的不渗透盖层可能具有较高的阻抗。

反射地震学来确定钻井位置的例子是内华达州中北部的地热勘探（Lane et al.，2012）。布置了5条地震线，每条6~8km。其中两条线是西北—东南方向，其余是东北—西南方向。这些线大致垂直于已知的年轻断层，年轻断层破坏周围未固结的沉积物，并控制着温泉的位置（图8.21）。出露和地下断层被暴露在地震反射剖面上（图8.22）。通过地震成像处

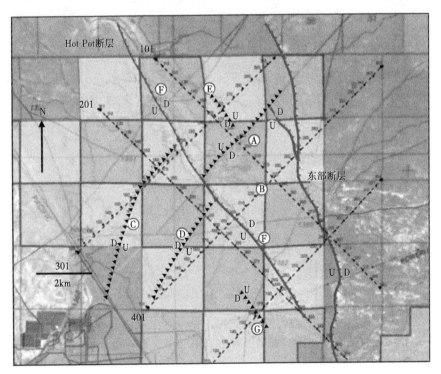

图8.21　内华达州中北部地热图（Lane, M. et al, in Proceedings of the 37th Workshop on Geothermal Reservoir Engineering, Stanford, CA, January 30-February 1, 2012.）

网格虚线表示地震测量线，其他线表示出露（实线）和隐蔽（三角虚线）断层。地震布置线与断层走向正交，最佳地反映断层构造的深度。深色和浅色的方块分别代表私人土地和公共土地的所有权

理，揭示了一系列东北向断层，从而识别了东北向断层面中的两个优先钻井目标（HP 101 和 HP 102）（图 8.23）。拟钻井与断层相交深度约 800m（图 8.24）。在这种情况下，地震成像有助于构建地质模型用于中等钻孔（如直径为 l0cm 的小井眼）的测试，降低钻探成本和风险。Lane 等人（2012）认为利用一个可行的、不断完善的地质模型，借助地震反射研究，可以显著降低勘探成本和风险，增加成功率。

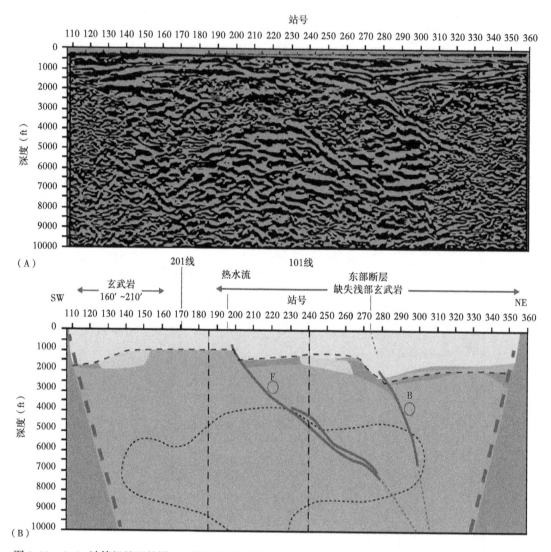

图 8.22 （A）计算机处理的沿 401 线的地震反射剖面，显示地震反射剖面为高对比度区。（B）图 8.21 所示 401 线为沿线地震反射剖面的地质解释（Lane, M. et al, in Proceedings of the 37th Workshop on Geothermal Reservoir Engineering, Stanford, CA, January 30–February 1, 2012.）

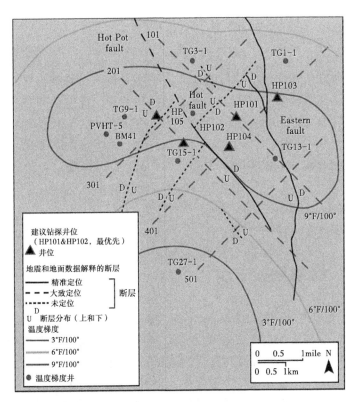

图 8.23　Hot Pot 地热区域的拟建井位（Lane, M. et al, in Proceedings of the 37th Workshop on Geothermal Reservoir Engineering, Stanford, CA, January 30-February 1, 2012.）
优先钻探 HP 101 和 HP 102，因为它们位于地震成像上地下正断层的上盘，并且交通便利

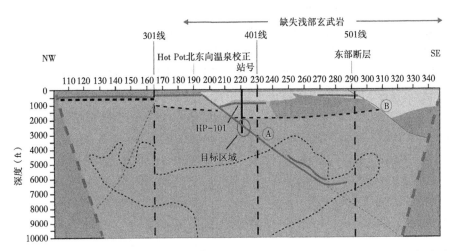

图 8.24　101 线沿线经地质解释的地震剖面图（Lane, M. et al, in Proceedings of the 37th Workshop on Geothermal Reservoir Engineering, Stanford, CA, January 30-February 1, 2012）

8.8 温度调查

地质、地球化学和地球物理勘探目的是确定地热资源存在与否，然后评估商业开发可行性。从发现地热资源到实际发电需要高成本勘探和钻井，确定生产井和注入井数量（成本为每口几百万美元），还要进行必要的流量测试，确定发电厂规模。钻探全尺寸生产井之前，先钻一口深度 150m 井眼确定温度梯度。然后，在一段时间间隔内对温度进行测量，降低钻井液扰动对温度影响。低成本的浅钻孔（约 2m 深）可以帮助记录热异常（Coolbaugh et al, 2014）❶

8.8.1 浅层温度调查

与传统钻温度梯度孔眼相比，浅层温度孔眼具有成本低，对大面积区域测量时间短特点。这种技术最适合于干燥的气候，如内华达州的盆地和山脉或安第斯山脉的高原。潮湿气候会使地层饱含大量水会掩盖热异常，浅层温度孔难以探测。浅层探测孔极大地避免了标准温度梯度钻孔的复杂性。

在内华达的几个地点，包括 Emerson Pass，Rhodes Marsh，Teels Marsh，Salt Wells 和 Gabbs Alkali Flat，浅层温度测量能更好地确定温度异常。全地形车辆（ATV）后部装有一个钻探深度 2m 的小型钻机。在 2m 深处，每天太阳光的影响最小。结果表明，看似稳定的热异常在空间上有区别，并且高于环境温度❷。任何潜在的热异常都可能被浅层、冷的地下水所掩盖。然而，在干旱的大盆地，降水量低有助于将潜在的影响最小化。

利用浅层 2m 孔眼测试温度，发现了内华达州 Wild Rose 地热系统，其位于盖布斯镇以西约 30km 处（没有明显的地热地表表现，如温泉、冒口等）。发电厂装机容量为 20MWe（Orenstein and Delwiche，2014）。图 8.25 是浅层温度调查云图，面积约 2km²，温度高达 38.5℃。浅层温度异常与探测水热黏土和深部磁铁矿破坏蚀变的东北—西南向的低航磁数据吻合。

矿物勘查孔眼在浅层温度异常区附近遇到高达 88℃ 的热水，从地表到地下 30m 全是砂子和砾石（F. Koutz, pers. comm, 2015）。除浅层温度测量外，其他钻探前的勘探研究包括地质填图和地质钻探、详细重力测量、大地电磁和地面磁测量。所有数据合成为一个地质模型用于确定 5 个温度梯度孔位置，每个孔的深度约为 150m。温度梯度孔发现地下 60m 范围内温度高达 120℃。将温度测试数据与其他钻探数据相结合，首先选择了 3 口全尺寸地热井，井深 200~380m。钻探井眼遇到了良好的渗透性地层，流体温度 130℃，然后是为期一个月的流量测试，用于校对油藏数值模型，分析该地热储层发电功率可以达到 16MWe。该地热田还包括 4 个生产井和 1 个注入井。Don A. Campbell 地热电站于 2014 年投产，浅层 2m 温度测量技术在早期勘探阶段发挥了重要作用。

---

❶ 值得注意的是，成本是相对于获得的信息而言的。有时，深 150~200m 的热梯度孔的价值要大于深 100~200m 的温度探孔。

❷ 这是因为，如果指示的温度处于背景的高处，则可能难以确定测得的温度值是由于太阳还是地热的影响。

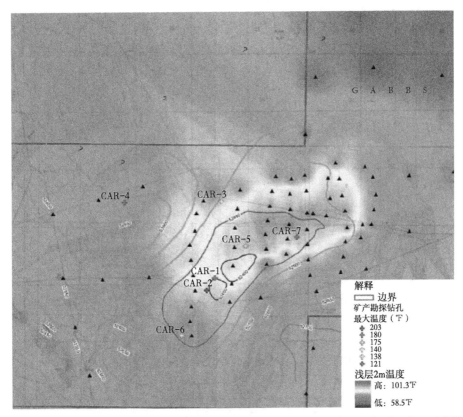

图 8.25　矿产勘查孔（+符号）、航磁等值线、浅层 2m 温度孔（实心三角形）位置示意图
（Orenstein, R. and Delwiche, B., Geothermal Resources Council Transactions, 38, 91-98, 2014. ）

8.8.2　温度梯度钻孔

当确定了地热目标区域，就会开始钻探温度梯度孔，确定深部是否存在热异常。这是地热勘探中最重要的方法，但成本高昂，通常要花费勘探预算的三分之二或更多。通常，温度梯度钻孔采用细孔（孔径小于 15cm），平均深度约为 150m。与大直径旋转钻井相比，这种钻孔的成本要低得多。如果温度测试满足要求，开始钻探全尺寸生产井和注入井，记录流体流量并评估发电潜力。最后，在小井眼温度梯度钻井中，回收岩心和岩屑，使地质学家能够记录岩石类型、断层相交、水热蚀变程度和蚀变类型随深度的变化。

当钻孔完成后，通过一根电线下到井眼内，测量温度随深度变化。这样就可以构建井下温度剖面。此外，从回收的岩心和岩屑中选择样本，在实验室中进行分析，以确定热导率，由此可以计算出热流（Q）：

$$Q = k_{th} \times (\Delta T / \Delta X) \tag{8.7}$$

式中　k_{th}——测量热导率；

　　　∇T——温度梯度；

　　　ΔX——特定深度间隔。

通常，热流量能够达到 100mW/m² 及以上可作为地热发电评价指标。Long Valley 地热系统的温度剖面表明，地下热系统可能相当复杂，例如温度倒转，表明在浮力作用下有冷地下水流入，热水呈羽毛状流出，或由不渗透的岩层分隔成多个热含水层，或循环的冷水补给区。此外，地表最高热流区域可能会从最热的、上涌的地热流体区域向侧面转移（图8.26）。最理想简单的地热储层温度剖面应该是随着上覆岩层深度的增加而迅速升高。这是传导热流的最高温度，下面是近似等温的剖面，表示对流混合和良好的渗透率（见图8.27中的M10井）。

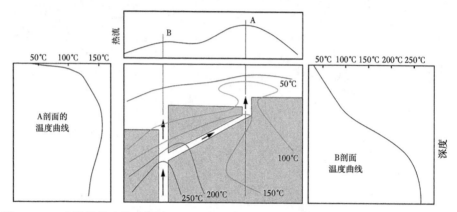

图 8.26　一个假设的地热系统剖面（Lane, M. et al, in Proceedings of the 37th Workshop on Geothermal Reservoir Engineering, Stanford, CA, January 30—February 1, 2012.）

该地热系统阻断了上升流的侧向分流。虽然位置 B 正好位于最热的上升流流体区域的正上方，但地表热流异常却小于 A

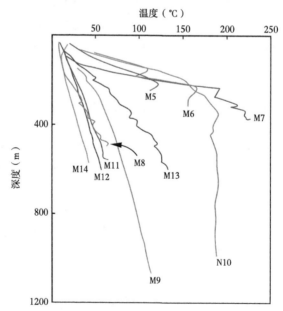

图 8.27　加拿大不列颠哥伦比亚省 Meager Mountain 地热勘探井的温度分布图

（Jessop, A., Review of National Geothermal Energy Program Phase 2—Geothermal Potential of the Cordillera, Geological Survey of Canada Open File 5906, Natural Resources Canada, Ontario, 2008.）

M-10 井具有较高的地温梯度，并且等温，表明从 400~900m 发生对流并有着良好的渗透率

8.9 总结

一般来说，要成功地发现和开发地热资源，需要一个流程图（图 8.28）。该模型能循环反馈、自我修正或修改概念模型，以最大限度地取得成功并降低风险。勘探和开发地热

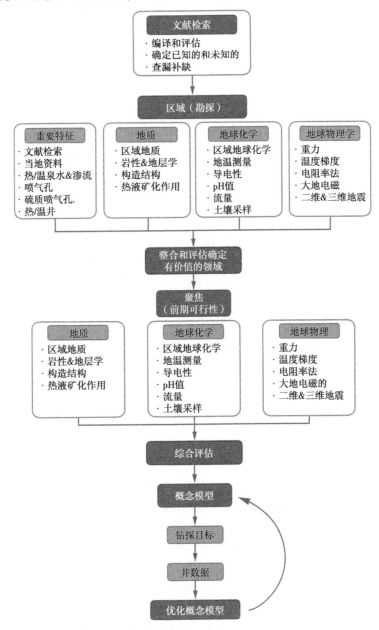

图 8.28 勘探阶段的流程图（GeothermEx, Inc., and Harvey, C., Geothermal Exploration Best Practices: A Guide to Resource Data Collection, Analysis, and Presentation for Geothermal Projects, IGA Service GmbH, Bochum, Germany, 2013.）
其中包括已获得的数据类型和用于开发概念模型的数据类型，进一步集成数据后，对模型进行修改

系统的第一步是文献调研，了解一个地区的情况，包括确定地质或构造背景，编制和评估迄今为止所有工作（包括任何矿物、石油或天然气研究），建立基础资料库。然后利用地质、地球化学、地球物理方法和技术开展各种方案。地质研究包括确定研究区和了解当地地质环境的特征；测绘岩石、断层和任何地表地质热特征；确定热液蚀变岩石的特征和分布。在地热系统下，应该采用放射性测年法来确定热液蚀变岩石的年龄，以确保蚀变的地质年龄是年轻的（小于 100 万年，最好小于几十万年）。此外，确定新断层和断层的构造环境，如断层、可容空间和转移带，有助于确定可能的地热目标。

地球化学研究对分析现存的地热地表露头岩石很有帮助。测试流体的化学分析可以帮助确定地热系统的类型，如接近中性的 pH 值、碱—氯化物类型或更多的酸—硫酸盐类型，如在沸腾的流体为主的储层或蒸汽型的储层上可能出现的地热系统。采样流体中二氧化硅和碱金属元素的测量浓度可以在无须钻探的情况下对储层的温度进行估计。

地球物理技术包括航空磁测、重力、地震测量和电阻率，可以帮助确定地热活动区域。低航磁能反映可能的热液蚀变所造成的退磁岩石。地震和重力测量可以帮助定位隐蔽的断层，这些断层可以聚集地热流体，电阻率低的地区可以反映在储层中传导的地热流体，或者在地热储层上低电阻率、富含黏土的盖层。

浅层温度探测孔和随动温度梯度井可以帮助确定热流最大的区域。当与地质、地球化学和地球物理研究结果结合使用时，温度梯度程序的结果可以决定是否应该钻试生产井，以及应该在哪里钻可以成功。

8.10 建议的问题

（1）从一个沸腾的热泉中取样，在实验室中测定硅含量为 450mg/kg。（a）利用图 8.14，确定估计的储层温度，并解释得到这个结果原因。（b）使用图 8.13（使用石英溶解度曲线）是否得到相同的结果？为什么结果是一样的还是不同的？

（2）解释为什么地表的温泉在其正下方深处可能没有地热资源。请提供两种解释来解释这种情况。

8.11 参考文献和推荐阅读

Bell, J. W. and Ramelli, A. M. (2009). Active fault controls at high-temperature geothermal sites: prospecting for new faults. *Geothermal Resources Council Transactions*, 33: 425-430.

Benson, L. (2004). *The Tufas of Pyramid Lake*, *Nevada*, Circular 1267. Reston, VA: U. S. Geological Survey (http://pubs. usgs. gov/circ/2004/1267/).

Bibby, H. M., Risk, G. F., Caldwell, T. G., and Bennie. S. L. (2005). Misinterpretation of electrical resistivity data in geothermal prospecting; a case study from the Taupo volcanic zone. In: *Proceedings of World Geothermal Congress* 2005, Antalya, Turkey, April 24-29 (http://www. geothermal-energy. org/pdf/IGAstandard/WGC/2005/2630. pdf).

Calvin, W. M., Littlefield, E. F., and Kratt, C. (2015). Remote sensing of geothermal-related minerals for resource exploration in Nevada. *Geothermics*, 53: 517-526.

Casaceli, R. J., Wendell, D. E., and Hoisington, W. D. (1986). Geology and mineralization of the McGinness

Hills, Lander County, Nevada. *Report—Nevada Bureau of Mines and Geology*, 41: 93-102.

Cashman, P. H., Faulds, J. E., and Hinz, N. H. (2012). Regional variations in structural controls on geothermal systems in the Great Basin. *Geothermal Resources Council Transactions*, 36: 25-30.

Cooke, D. R. and Simmons, S. F. (2000). Characteristics and genesis of epithermal gold deposits. *Reviews in Economic Geology*, 13: 221-244.

Coolbaugh, M., Lechler, P., Sladek, C., and Kratt, C. (2009). Carbonate tufa columns as exploration guides for geothermal systems in the Great Basin. *Geothermal Resources Council Transactions*, 33: 461-466.

Coolbaugh, M., Sladek, C., Zehner, R., and Kratt, C. (2014). Shallow temperature surveys for geothermal exploration in the Great Basin, USA, and estimation of shallow convective heat loss. *Geothermal Resources Council Transactions*, 38: 115-122.

DiPippo, R. (2012). *Geothermal Power Plants: Principles, Applications, Case Studies, and Environmental Impacts*, 3rd ed. Waltham, MA: Butterworth-Heinemann.

Eneva, M., Falorni, G., Adams, D., Allievi, J., and Novali, F. (2009). Application of satellite interferometry to the detection of surface deformation in the Salton Sea geothermal field, California. *Geothermal Resources Council Transactions*, 33: 284-288.

Falorni, G., Morgan, J., and Eneva, M. (2011). Advanced InSAR techniques for geothermal exploration and production. *Geothermal Resources Council Transactions*, 35: 1661-1666.

Faulds, J., Coolbaugh, M., Bouchot, V., Moeck, I., and Oguz, K. (2010). Characterizing structural controls of geothermal reservoirs in the Great Basin, USA, and western Turkey: developing successful exploration strategies in extended terranes. In: *Proceedings of World Geothermal Congress* 2010, Bali, Indonesia, April 25-30.

Faulds, J. E., Hinz, N. H., and Coolbaugh, M. F. (2011). Structural investigations of Great Basin geothermal fields: applications and implications. In: *Great Basin Evolution and Metallogeny* (Steininger, R. and Pennell, B., Eds.), pp. 361-372. Lancaster, PA: DEStech Publications. Copyright © Geological Society of Nevada.

Faulds, J. E., Hinz, N. H., Dering, G. M., and Silier, D. L. (2013). The hybrid model—the most accommodating structural setting for geothermal power generation in the Great Basin, Western USA. *Geothermal Resources Council Transactions*, 37: 3-10.

Fournier, R. O. (1985). The behavior of silica in hydrothermal solutions. *Reviews in Economic Geology*, 2: 45-61.

Fournier, R. O. and Rowe, J. J. (1966). Estimation of underground temperatures from the silica content of water from hot springs and wet-steam wells. *American Journal of Science*, 264 (9): 685-697.

GeothermEx, Inc., and Harvey, C. (2013). *Geothermal Exploration Best Practices: A Guide to Resource Data Collection, Analysis, and Presentation for Geothermal Projects*. Bochum, Germany: IGA Service GmbH (http://www. geothermal-energy. org/ifc-iga_launch_event_best_practice_guide. html). This is an excellent reference for your library on the topic of geothermal exploration. This publication also discusses the financial aspects and risk, which are good to be aware of. Sections 3. 4 to 3. 11 and Appendixes A1. 1 to A1. 4 and A2. 1 to A2. 4 are most relevant to the information presented in this chapter.

Glassley, W. E. (2015). *Geothermal Energy: Renewable Energy and the Environment*, 2nd ed. Boca Raton, FL: CRC Press.

Goff, F. and Gardner, J. N. (1994). Evolution of a mineralized geothermal system, Valles Caldera, New Mexico. *Economic Geology*, 89 (8): 1803-1832.

Henley, R. W. and Ellis, A. J. (1983). Geothermal systems ancient and modern: a geochemical review. *Earth-Science Reviews*, 19 (1): 1-50.

Jessop, A. (2008). Review *of National Geothermal Energy Program Phase 2—Geothermal Potential of the*

Cordillera, Geological Survey of Canada Open File 5906. Ontario: Natural Resources Canada.

Kratt, C., Coolbaugh, M., Sladek, C., Zehner, R., Penfield, R., and Delwiche, B. (2008). A new gold pan for the west: discovering blind geothermal systems with shallow temperature surveys. *Geothermal Resources Council Transactions*, 32: 153-158.

Kratt, C., Coolbaugh, M., Peppin, B., and Sladek, C. (2009). Identification of a new blind geothermal system with hyperspectral remote sensing and shallow temperature measurements at Columbus Salt Marsh, Esmeralda County, Nevada. *Geothermal Resources Council Transactions*, 33: 428-432.

Lagat, J., Arnorsson, S., and Franzson, H. (2005). Geology, Hydrothermal Alteration, and Fluid Inclusion Studies of Olkaria Domes Geothermal Field, Kenya. In: *Proceedings World Geothermal Congress*, 2005, Antalya, Turkey, April 24-29 (http://www. geothermal-energy. org/pdf/IGAstandard/WGC/2005/0649. pdf).

Lane, M., Schweikert, R., and DeRoacher, T. (2012). Use of seismic imaging to identify geothermal reservoirs at the Hot Pot area, Nevada. In: *Proceedings of the 37th Workshop on Geothermal Reservoir Engineering*, Stanford, CA, January 30-February 1 (http://www. geothermal-energy. org/pdf/IGAstandard/SGW/2012/Lane. pdf).

Legmann, H. (2015). The 100 - MW Ngatamariki geothermal power station: a purposebuilt plant for high temperature, high enthalpy resources. In: *Proceedings of World Geothermal Congress* 2015, Melbourne, Australia, April 19-24 (http://www. geothermal-energy. org/pdf/IGAstandard/WGC/2015/06023. pdf).

Martini, B. A., Silver, E. A., Pickles, W. L., and Cocks, P. A. (2003). Hyperspectral mineral mapping in support of geothermal exploration: examples from Long Valley Caldera, CA, and Dixie Valley, NV, USA. *Geothermal Resources Council Transactions*, 27: 657-662.

Monastero, F. C. (2002). Model for success. *Geothermal Resources Council Bulletin*, 31 (5): 188-193.

Moore, J. N., Powell, T. S., Heizler, M. T., and Norman, D. I. (2000). Mineralization and hydrothermal history of the Tiwi geothermal system, Philippines. *Economic Geology*, 95 (5): 1001-1023.

NGDS. (2016). National Geothermal Data System website, www. geothermaldata. org.

Nordquist, J. and Delwiche, B. (2013). The McGinness Hills Geothermal Project. *Geothermal Resources Council Transactions*, 37: 57-63.

Oregon Tech. (2016). *Geo - Heat Center*. Klamath Falls: Oregon Institute of Technology (http://geoheat. oit. edu/database. htm).

Orenstein, R. and Delwiche, B. (2014). The Don A. Campbell geothermal project. *Geothermal Resources Council Transactions*, 38: 91-97.

Payne, J., Bell, J., Calvin, W., and Spinks, K. (2011). Active fault structure and potential high temperature geothermal systems: LiDAR analysis of the Gabbs Valley, Nevada, fault system. *Geothermal Resource Council Transactions*, 35: 961-966.

Reed, M. and Spycher, N. (1984). Calculation of pH and mineral equilibria in hydrothermal waters with application to geothermometry and studies of boiling and dilution. *Geochimica et Cosmochimica Acta*, 48 (7): 1479-1492.

Rimstidt, J. D. and Cole, D. R. (1983). Geothermal mineralization. I. The mechanism of formation of the Beowawe, Nevada, siliceous sinter deposit. *American Journal of Science*, 283 (8): 861-875.

Santos, P. A. and Rivas, J. A. (2009). Gravity Surveys Contribution to Geothermal Exploration in El Salvador: The Cases of Berlin, Ahuachapan, and San Vincente Areas, paper presented at Short Course on Surface Exploration for Geothermal Resources, Ahuachapan and Santa Tecla, El Salvador, October 17-30.

Soengkono, S. (2001). Interpretation of magnetic anomalies over the Waimangu geothermal area, Taupo volcanic zone, New Zealand. *Geothermics*, 30 (4): 443-459.

Stanley, W. D. and Blakely, R. J. (1995). The Geysers - Clear Lake geothermal area, California: an updated geophysical perspective of heat sources. *Geothermics*, 24 (2): 187-221.

Suemnicht, G. A., Sorey, M. L., Moore, J. N., and Sullivan, R. (2006). The shallow hydrothermal system of the Long Valley Caldera, California. *Geothermal Resources Council Transactions*, 30: 465-469.

USGS. (2016). *Energy Resources Program: Geothermal*. Reston, VA: U. S. Geological Survey (http: //geoheat. oit. edu/database. htm).

van der Meer, F., Hecker, C., van Ruitenbeek, F., van der Werff, H., de Wijkerslooth, C., and Wechsler, C. (2014). Geologic remote sensing for geothermal exploration: a review. *International Journal of Applied Earth Observation and Geoinformation*, 33: 255-269.

Wannamaker, P., Maris, V., Sainsbury, J., and Iovenitti, J. (2013). Intersecting fault trends and crustal-scale fluid pathways below the Dixie Valley geothermal area, Nevada, inferred from 3D magnetotelluric surveying. In: *Proceedings of the 38th Workshop on Geothermal Reservoir Engineering*, Stanford, CA, February 11-13 (http: // www. geothermal-energy. org/pdf/IGAstandard/SGW/2013/Wannamaker. pdf).

Wohletz, K. and Heiken, G. (1992). Geothermal systems associated with basaltic volcanoes. In: *Volcanology and Geothermal Energy* (Wohletz, K. and Heiken, G., Eds.), pp. 225-259. Berkeley: University of California Press.

9 地热能利用对环境影响

9.1 本章目标

(1) 确定地热资源开发中主要环境优势和面临挑战。

(2) 解释地热发电厂空气和颗粒物排放量低的原因。

(3) 比较并对比地热运营对化石燃料和核电厂以及可再生能源（如太阳能、风能和生物质能）的环境影响。

(4) 描述地热资源的开发如何导致地面沉降的原因以及如何减轻其影响。

(5) 描述地热作业诱发地震原因以及如何减轻其影响。

(6) 说明地热作业如何影响现有地面地热特征，例如温泉和间歇喷泉。

9.2 介绍

与任何建设项目一样，地热资源的开发对环境有影响；但是，与化石能源甚至其他可再生能源产生的影响相比，这些影响很小，而且是良性的。勘探过程潜在影响包括：

(1) 排放到大气中的气体。

(2) 土地。

(3) 固体排放到地面和大气。

(4) 用水量。

(5) 噪声污染。

(6) 自然观的改变。

(7) 地面沉降（下沉）。

(8) 诱发地震。

(9) 对现有地表地热特征（间歇喷泉、温泉等）的干扰。

根据环境影响程度，分为环境优势和环境挑战。环境挑战主要是开发地热资源所独有的挑战，主要包括潜在的地面沉降、诱发的地震活动和现有自然地热特征的潜在干扰。

在过去的几十年中，越来越多的人开始关注大气中 CO_2 排放量，其中最大的来源是燃煤电厂。对大气 CO_2 含量增加的担忧是基于其散热性质，导致温室效应更加明显，从而影响全球气候。根据美国国家海洋和大气管理局（NOAA）和美国国家航空航天局（NASA）的说法，2015 年是自 1880 年开始记录以来该行星有记录以来最热的一年。确实，联合国政府间气候变化专门委员会（IPCC，2014 年）认为全球气候变暖是毫不含糊的，而且自 20 世纪中叶以来观察到的全球平均温度的绝大部分可能❶是由于观测到的人为温室气体浓度升高，人为温室气体主要为 CO_2，但也包括甲烷和氮氧化合物（NOx）。

---

❶ 根据 IPCC 第五次评估报告，"极有可能"表示给定结果的可能性为 95% ~ 100%。

9.3　地热资源的环境效益

开发地热资源的环境优势包括：气体排放量有限，占地面积小，排放的颗粒物数量少，耗水量少，噪声影响小以及地热作业会更好地与自然环境融为一体。这些环境资产是一般24h可用地热能的补充，无论是用于电力还是直接使用（例如空间供热）。

9.3.1　气体排放

干蒸发电厂和闪蒸地热发电厂产生的主要气体为 CO_2、H_2S 和少量氮氧化合物（NO_x）、氨气以及可能的汞。冷却的双循环地热发电厂基本上不排放气体，因为地热流体的热量通过热交换器转移到工作流体中，地热流体和工作流体都被限制在闭环中，并且都没有排放到大气中。燃料发电厂中，闪蒸或干蒸汽地热发电厂的排放量很小（见表9.1和表9.2；图9.1至图9.5）。根据地热能协会的报告（Kagel et al.，2007年），一家燃煤电厂每兆瓦时的 CO_2 排放量比地热蒸汽电厂高24倍，二氧化硫10837倍，一氧化二氮3865倍。这些观察结果是基于对 Geysers 的干蒸汽发电设备的排放与可比的煤炭进行比较的结果（表9.1）。

表9.1　不同电厂的废气排放对照

电厂名	年份	总生产量[1]（MW·h）	主要燃料	排放率 [lb/(MW·h)]		
				NO_x	SO_2	CO_2
Cherokee[2]	1997	4362809	煤	6.64	7.23	2077
Cherokee	2003	5041966	煤	4.02	2.33	2154
The Geysers[3]	2003	5076925	地热（蒸汽）	0.00104	0.000215	88.8
Mammoth Pacific[4]	2004	210000[5]	地热（双闪）	0	0	0

注：①指定的年份；

②Cherokee 燃煤蒸汽发电厂，数据由 Xcel Energy 提供；

③该值代表 Geysers 地区11个索诺玛县发电厂的平均值，Calpine 公司提供的数据已提交给北索诺玛县空气污染控制区，用于2003年的排放清单；

④数据由 Mammoth Pacific LP 的工厂经理 Bob Sullivan 提供；

⑤该数字表示2004年的年平均产量，而非具体产量。

表9.2　不同电厂的废气排放概要

来源	排放率 [lb/（MW·h）]			
	NO_x	SO_2	CO_2	颗粒物
煤	4.31	10.35	2191	2.23
煤，生命周期排放	7.38	14.8	无	20.3
油	4	12	1672	无
天然气	2.96	6.04	1212	0.14
美国环保局列出的所有美国发电厂的平均值	2.96	6.04	1392.5	无
地热（闪蒸）	0	0.35	60	0
地热（双闪和闪蒸/双闪）	0	0	0	微量
地热（间歇泉蒸汽）	0.00104	0.000215	88.8	微量

　　然而，闪蒸地热发电厂 CO_2 排放量为 400lb/（MW·h），蒸汽发电厂 CO_2 排放量为 180 lb/（MW·h）（图 9.2）。闪蒸和蒸汽电厂的 CO_2 排放量不到同规模的燃煤电厂的十分之一（图 9.3）。

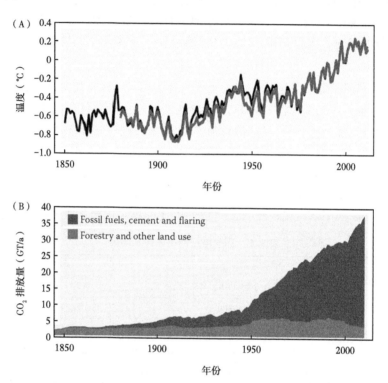

图 9.1　（A）以 1986 年至 2005 年期间的平均值为参考的全球平均陆地和海洋表面温度综合异常，（B）全球人为排放的 CO_2 排放量，单位为每年千兆比特（GT/a）（Adapted from IPCC, Climate Change 2014: Synthesis Report. Contribution of Working Groups Ⅰ, Ⅱ, and Ⅲ to the Fifth Assessment Report of the Intergovernmental Panel on Climate Change, Intergovernmental Panel on Climate Change, Geneva, 2014.）
请注意，自 1950 年以来，CO_2 排放量突然增加

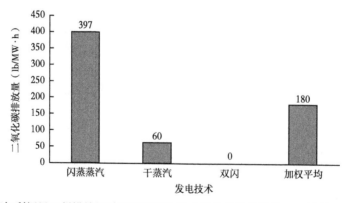

图 9.2　2010 年加利福尼亚州设施汇总的不同发电技术产生的平均地热 CO_2 排放（Holm, A. et al., Geothermal Energy and Greenhouse Gas Emissions, Geothermal Energy Association, Washington, DC, 2012）

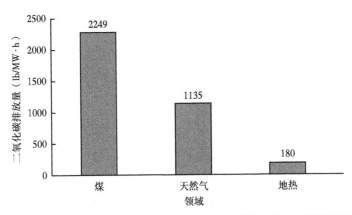

图 9.3 加利福尼亚设施的燃煤、天然气和地热发电厂（仅闪蒸和蒸汽）的 CO_2 排放比较（Holm, A. et al.,
Geothermal Energy and Greenhouse Gas Emissions, Geothermal Energy Association, Washington, DC, 2012）

数据来自加利福尼亚空气资源委员会、美国环境保护署、加利福尼亚能源委员会和地热能协会

如果考虑到双循环地热发电厂的排放量接近零，则地热发电厂的 CO_2 排放量不到具有类似功率输出的燃煤来源的 CO_2 排放量的 5%。其他排放气体的类似表格和图表显示，与化石燃料发电装置相比，地热作业的产出低至零（表9.2；图 9.4 和图 9.5）。

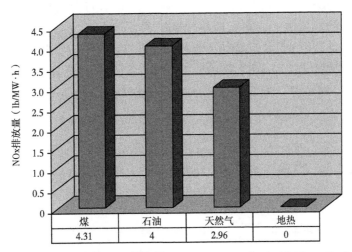

	煤	石油	天然气	地热
	4.31	4	2.96	0

图 9.4　比较不同能源的 NO_x 排放量（Kagel, A. et al, A Gduide to Geothermal
Energy and the Environment, Geothermal Energy Association, Washington, DC, 2007.）

报告的值为平均排放量。天然气报告为现有蒸汽循环、简单燃气轮机和联合循环发电厂排放的平均值

CO_2 和 H_2S 是由地热蒸汽产生的最常见的不可冷凝气体（NCGs），其次伴有少量 NH_3、CH_4，其数量与地热系统的地质特征有关。通常，不可冷凝的气体占比很小，CO_2 占不可冷凝的气体 90%。目前，美国没有要求必须收集或去除 CO_2，但是有毒气体 H_2S 排放受到严格管制。通过氧化反应（$2H_2S+O_2 \rightarrow 2S^0+2H_2O$）可以生产出用于制造肥料的元素硫。Geysers 发电厂使用这种方法去除排出气体中的 H_2S。

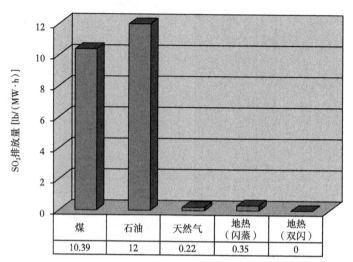

	煤	石油	天然气	地热（闪蒸）	地热（双闪）
	10.39	12	0.22	0.35	0

图 9.5　不同能源的 SO_2 排放比较（Kagel, A. et al., A Guide to Geothermal Energy and the Environment, Geothermal Energy Association, Washington, DC, 2007.）

对于地热，SO_2 的量反映了 H_2S 进入大气时的转化，因为很少有 SO_2 从地热系统直接排放。报告的值是平均排放。天然气报告为现有蒸汽循环、简单燃气轮机和联合循环发电厂排放的平均值

如何阻止全球变暖是全球范围内的讨论话题，例如为电厂设置碳排放上限或对碳排放征税。如果限制碳排放发电厂，那么地热发电厂将处于良好状态，保持较低的电力成本。此外，如果利用碳排放额度计划，地热发电厂可以通过在交易市场上出售碳排放额度。CO_2 浓度随储层温度直接变化（Glassley, 2015）。可以通过化学反应来控制 CO_2 的浓度，该化学反应涉及矿物质为菱锰矿、斜长石、方解石和石英加水（Glassley, 2015）。

$$葡萄石+CO_2 \Leftrightarrow 斜硅沸石+方解石+石英+水 \tag{9.1}$$

随着 CO_2 浓度随温度的升高，反应向右移动（以保持平衡，如相对的双箭头所示），有利于水热蚀变产物斜长石、方解石和石英的形成。但是，在对流系统中，当流体循环到较冷的区域时会发生相反的情况，并且 CO_2 从流体中逸出，易于在地热系统中较浅、较冷的位置形成葡萄石。

最后，地热系统的开发实际上会影响 CO_2 的自然流量。根据冰岛的研究，地热发电厂区域 CO_2 排出量超过了自然流量（图 9.6），原因可能是生产井流速加快以及自然流速相应降低。但是，非发电的地热田（例如温泉、喷气孔和间歇喷泉）的天然 CO_2 排放实际上高于发电区域。依据两组数据，CO_2 的自然流量大约是 Flash Geo 的两倍火力发电厂（图 9.6）。

9.3.2　土地使用

与化石能源和其他可再生能源（风能、太阳能、水力发电和生物质能）相比，地热开发用地排倒数第二，仅次于核能（图 9.7）。如果考虑为核电站提供燃料的铀矿区，那么地热实际上将具有最小的占地面积，如图 9.8 所示。地热发电厂所需的实际面积取决于发电厂、生产井场和注入井场大小，还包括通道、管道、变电站和辅助建筑物所占面积。井场所占面积最大，对于 $20 \sim 50MWe$ 发电厂，所占面积为 $5 \sim 10km^2$。但是，如果采用井组方

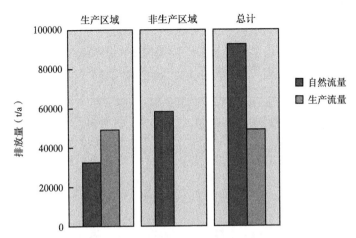

图9.6　冰岛地热发电区域和未发电区域二氧化碳排放量（Ármannsson, H., in Proceedings of International Geothermal Conference, Reykjavik, Iceland, September 14-17, 2003.）

式，所占面积是 $5 \sim 10 km^2$ 的 2%，如果采用定向钻井，面积进一步减少，从而可以在给定的区域钻两个或更多井。

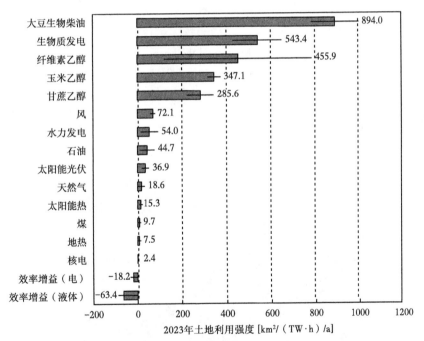

图9.7　计算了2030年各种转换技术的能源生产的土地利用强度
（McDonald, R. I. et al., PLoS ONE, 4（8）, e6802, 2009.）

误差线显示了对未来可能的土地利用强度和当前的土地利用强度的最大和最小的估计。显示的值是最紧凑和最不紧凑的估算值的中点。需要注意的是，煤炭和核能值排除地雷的区域，为植物提供燃料

通常，地热闪蒸或双循环发电厂使用土地面积（每吉瓦·时，GW·h）约占太阳能热电厂所需面积的 11%，约占太阳能光伏（PV）发电厂所需面积的 12%（图9.8）。一个开

采周期30年的煤矿，每兆瓦所需土地面积是闪蒸或双循环装置所需表面积的30~35倍。在地热工厂中，由于使用了额外的化学处理设施（闪蒸结晶器和反应器澄清器或FCRC），盐含量高的工厂（例如索尔顿海地热田的那些工厂）比简单的闪蒸或双循环发电厂需要的土地多约75%。含盐量高地热流体的化学处理将在下面的固体排放到空气和地面的部分中详细讨论。

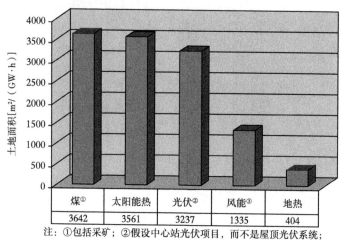

注：①包括采矿；②假设中心站光伏项目，而不是屋顶光伏系统；
③涡轮机和服务道路实际占用的土地。

图9.8　煤炭、太阳热能、太阳能光伏、风能和地热能的每吉瓦时（GW·h）使用的土地面积
（Kagel, A. et al., A Guide to Geothermal Energy and the Environment, Geothermal Energy Association, Washington, DC, 2007.）

　　地面输送地热流体的管道占有很多土地，管道平均距离地面1~2m，并包括垂直和水平膨胀环。管线中的垂直回路允许车辆或牲畜通过（图9.9）。地热田也与农业兼容，例如在加利福尼亚州东南部的Salton Sea/Imperial Valley（图9.10）。新西兰的Wairakei地热田还可

图9.9　在哥斯达黎加Miravalles地热井场放牧的牛（DiPippo, R., Geothermal Power Plants: Principles, Applications, Case Studies, and Environmental Impacts, 3rd ed., Butterworth-Heinemann. Waltham, MA, 2012.）
支柱支撑着蒸汽管道，在发生地震时，管道可以滑动，并允许牛在井场内放牧

以作为牧场和养殖虾类，当地人和游客可以在冰岛 Svartsengi 地热厂著名的 Blue Lagoon 中游泳和放松（图 9.11）。在内华达州里诺附近的 Steamboat Springs 地热田中，一条主要的高速公路穿过该田，发电站位于两侧（图 9.12）。其他能源技术（包括可再生能源发电）所占用土地难以提供这些额外应用。

图 9.10　位于加利福尼亚帝国谷的 Ormat 92-MWe Heber 2 地热发电厂周围的农田。在农田的中间距离处显示了水冷却塔（http：//images. nrel. gov/viewphoto. php？ &albumId = 207389&imageId = 6312190&page = 3&imagepos = 12&sort = &sortorder = 。）

图 9.11　Svartsengi 地热发电厂的废水支撑着冰岛著名的 Blue Lagoon，游客可以在这里游泳（作者照片）

最后，值得注意的是，许多双循环地热发电厂的空冷系统比大多数闪蒸发电厂中使用的水冷蒸发所需的面积更大。与空气相比，水具有更好的冷却和散热特性。例如，位于加利福尼亚帝国谷的 92-MWe Heber 2 闪蒸厂的水冷却塔覆盖了该厂约 5% 的土地面积，约 $61m^2/MWe$。而位于 26 MWe Galena 3 电厂的风冷式冷凝器约占电站面积的 31.5%，约 $209m^2/MWe$。

图 9.12　在内华达州里诺附近的 Steamboat 地热场的东北面视图（Stanford University's Geothermal Field Trip, Steamboat Spring, NV, May19 2011, https：//pangea. stanford. edu/ ERE/life/photos /FieldTrips/SteamboatMay2011/index. htm.）

浅色箭头指向穿过田野的新建高速公路。深色箭头指向 Galena 3 发电厂，这是开发地热田的六个发电厂之一

9.3.3　固体排放到空气和地面

与火力发电厂相比，地热发电向空气中的颗粒物排放极少（表 9.2 和图 9.13），太阳能、风能和核能也没有向大气排放颗粒物。排出的固体颗粒溶解在液体中，重新注入地下以补充地热储层并防止可能的地面污染。加利福尼亚南部 Salton Sea 地热田产出的水含盐量很高，超过 200000mg/L（相比之下，海水平均值为 33000mg/L）。由于这些液体具有腐蚀性和堵塞性，因此花了多年的研究才能成功利用高浓度盐水用于发电并避免地表污染。主要使用闪蒸净化器/反应净化器，其中装有特定的颗粒，溶解物质会沉淀到颗粒上，然后沉

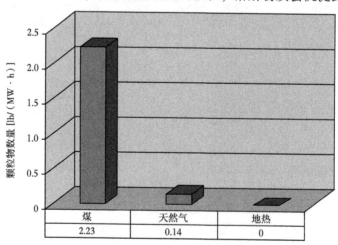

图 9.13　比较煤、天然气和地热中颗粒物数量（Kagel, A. et al., A Guide to Geothermal Energy and the Environment, Geothermal Energy Association, Washington, DC, 2007.）

图中是粉煤锅炉、联合循环天然气和现有的平均地热发电厂

降到反应器底部，减少管道盐水结垢。沉淀的盐水富含锰、锌和锂。长期计划是将沉淀的盐水送至相邻的矿物回收设施，这为地热发电厂提供了额外收入来源。由于高浓度盐水技术创新，南加州 Imperial Valley 地区可能会超过北加州的 Geysers 地热田成为美国最大的地热发电供应商。在接下来的 5~7 年中，它也可能成为锂电池市场的重要生产商。

9.3.4　用水量

地热设施的开发和运营需要水资源。与核电站相比，地热运行用水需求容易满足并且相对较少，主要用于钻探井和冷却涡轮。钻井中的水用于冷却钻头，将钻屑携带出地面，保持井身结构直到安装套管。水实际上与矿物质（例如重晶石、高密度矿物质）和化学物质混合，配制成为钻井液。在钻井过程中钻井液是循环的，只需少量补充水弥补地层中渗漏的液体。

水的主要用途是带走热量促进涡轮机冷凝机排出蒸汽，蒸汽通过蒸发水冷却塔排向大气。在蒸发冷却过程中，通常超过 50% 的蒸汽冷凝物和冷却水会损失到冷却塔空气中。因此，需要淡水来弥补，这对干旱地区的局部地表水和浅层地下水带来压力。例如，位于加利福尼亚州东部的 Coso 地热设施的装机容量为 270MWe，发电量正在下降，因为回注水量大约是蒸发冷却塔损失水量的一半。为了最大限度地减少地下水使用量，提高回注水量稳定地下热储层压力，修建了一条 9mile 长的输水管道，供水量为 4500gal/min。

像大多数双循环地热发电厂一样，风冷冷凝器不需要补充水。与化石燃料、核能和水力发电厂相比，运行地热发电厂用水量是最少的。但是，由于空气的传热特性比水低，风冷式冷凝器占据更多的土地。此外，使用电动风扇将空气吹过换热器以冷凝涡轮蒸汽，风冷冷凝器具有较高的附加负载。蒸汽的冷却和冷凝效率与温度成反比，环境空气越冷，冷却和冷凝效率越高，功率输出就越高。DiPippo（2012）报告称，在哥斯达黎加 Miravalles 地热发电厂的 15.5MWe 底部双循环机组中，风冷式冷凝器的建设成本、占用土地面积、风扇消耗功率是水冷却塔的 3 倍以上。在地表或地下水供应充足的地区，例如 Miravalles 的潮湿气候，水冷却塔最实用。然而，在内华达州干旱的地区，由于水资源匮乏，需要考虑额外投资、土地和附加电力需求。由于双循环涡轮效率的提高和维持地层储层压力（和功率输出）的提高，风冷冷凝器较大投入已逐渐得到了补偿。

水冷地热闪蒸设备的用水量远低于化石燃料发电设备。例如，一个 500MWe 的联合循环天然气发电厂每天用水量约 4000000gal，而一个 48MWe 的水冷地热闪蒸电厂每天用水量约 6000 gal（Kagel et al.，2007）。因此，以 MWe 为单位，天然气厂的耗水量是地热电厂的 70 倍（图 9.14）。

在传统的闪蒸地热发电厂中，通过蒸发冷却减少水分流失的新方法可能涉及使用混合冷却系统。在这种情况下，在温暖季节，仍将使用蒸发冷却来冷凝蒸汽，在寒冷季节，可以使用空气冷却，减少用水量，以便回注至地下。工程分析可以确定一个空气温度阈值，在该阈值温度下，可以使用空气代替蒸发来进行冷却。

9.3.5　噪声

许多联邦政府和地方法规都适用于地热开采。联邦政府规定要求距地热工厂或租赁边界 0.5mile 处的噪声水平（以较近者为准）不得超过 65dBA。A 加权是一种模拟人类听觉对所有频率的声音的电子技术。表 9.3 为各种常见噪声的比较。

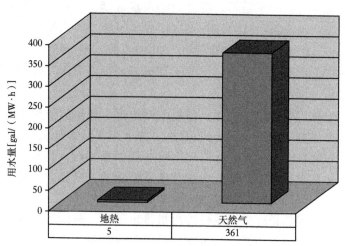

图 9.14 水冷地热闪蒸发电厂和联合循环天然气发电厂的用水量比较（Kagel, A. et al., A Guide to Geothermal Energy and the Environment, Geothermal Energy Association, Washington, DC, 2007.）

表 9.3 常见噪声

噪声源	噪声等级（dBA）
地热正常运行	15~28
附近的树叶在微风中沙沙作响	25
6 英尺处的低语	35
在郊区普通住宅内	40
靠近冰箱	40
地热发电厂建设	51~54
地热井钻井	54
在没有电话铃声的普通办公室内	55
在 3ft 处以正常语音电平通话	60
汽车在 100ft 处以 60mile/h 的速度行驶	65
10ft 处的真空吸尘器	70
3ft 处的垃圾处理	80
3ft 处的电动割草机	85
3ft 处的食品搅拌机	90
10ft 处的汽车喇叭声	100

表 9.3 提供了正常地热运行的声级。正常地热运行的声级大约是钻井和施工声级的一半，与微风中树叶声音相当。由于传输系统出现问题，涡轮停机产生声音很大。涡轮停止运行后，必须快速将蒸汽从涡轮中排出，避免关闭生产井，防止套管或井口阀门损坏。蒸汽排出后会流进消音器，蒸汽的速度急剧降低，由于气流噪声与速度的八次方成正比（DiPippo，2012）。如果蒸汽速度降低一半，则发出的声音将降低 256 倍。而且，声音的强

度随着距离的增加而迅速下降，一口生产井生产蒸汽产生噪声值在1km远处约为65dBA。因此，运转的地热发电厂产生的噪声可能不会打扰附近的任何人。例如内华达州Pleasant Valley附近居民，位于Steamboat Hills地热发电厂约1km（图9.15）。

图9.15　箭头指向Steamboat Hills地热发电厂（Robertson, A., Nevada Magazine, June 25, 2012, http://nevadamag.blogspot.com/2012/06/northern-nevada-free-way-nears.html.）

其位于内华达州里诺以南的Pleasant Valley。椭圆形区域内的房屋距离工厂约1km，距离新建高速公路约0.5km

9.3.6　视觉影响

地热发电设施的视觉影响很小，因为大多数地热发电厂都不高，并且通常建在低洼地区，定期涂漆与景观融为一体（图9.16）。这与高耸的风力涡轮机、引人注目的太阳能热

图9.16　加利福尼亚东部Mammoth Pacific附近双循环地热发电厂（Bureau of Land Management, News. bytes Extra, Issue 209, December 6, 2005, http://www.blm.gov/ca/ca/news/newsbytes/xtra-05/209-xtra_mam_geothermal.html.）

位于山谷中，靠近美国395号高速公路（显示在深色箭头的顶端），从高速公路上很难发现发电厂。植物被涂成绿色，以尽可能地与自然环境融为一体。由于它是风冷式双循环设施，不存在羽状蒸汽流。浅色箭头是小蒸气羽状流

塔、燃煤和天然气发电厂的高烟囱以及许多核电站的强大自然通风冷却塔形成鲜明对比。在寒冷的冬季,蒸发冷却设施排放出羽状蒸汽非常显眼。对于风冷的双循环地热发电厂,没有明显的蒸汽羽状流。

9.4 地热作业的环境挑战

地热利用能够保护环境,但如果不考虑某些情况,会对环境造成负面影响,例如地面沉降、诱发地震和地表水破坏。干旱环境中的水冷闪蒸地热发电厂需要考虑用水量,例如针对科索 Coso 地热田的讨论。

9.4.1 地面沉降

由于从深处储层中开采了液体,存在地面塌陷的可能性。新西兰的 Wairakei 地热田,世界上第一个水热型地热发电,记录了详细沉降数据(Bromley et al.,2015)。在过去的 50 年中,约 50km² 的区域发生了沉陷,沉降深度约 15m。从 1965 年到 1985 年,平均沉降速率约为 450mm/a,从 1987 年至 1997 年,沉降速率减慢至约 350mm/a(Bromley et al.,2015)。在此期间,没有向地层回注流体,而是排至附近的 Waikato 河中。1997 年开始回注 25%~30% 的产生水,此后沉降速度已降至约 55mm/a。

最大沉降区域位于东部井场以北的几公里处(图 9.17)。沉降的程度足以在向东南方向流动的 Wairakei 溪流中形成一个地堑湖,并排入 Waikato 河。在 1970 年代末期,沉陷使一条从井中运送废盐水的水槽破裂(那里的分离器位于井口),导致断电 3 天。

尽管水平面测量、机载或卫星勘测(例如 InSAR)可以定位沉降的区域和速率,但无

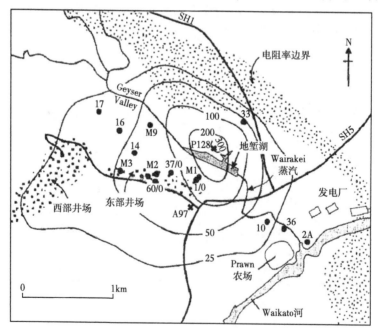

图 9.17　Wairak ei 地热场图(DiPippo, R., Geothermal Power Plants: Principles, Applications, Case Studies, and Environmental Impacts, 3rd ed., Butterworth-Heinemann. Waltham, MA, 2012.)

1986—1994 年(开始回注之前)的下陷速率等值线(mm/a),实心圆表示选定的地热井

法解释海拔变化的实际原因。总体原因是，储层的产水量大大超过了任何自然补给，并且废水回注直到 1997 年才开始。地质现场研究和钻心测井表明，最大沉降发生在储层上覆岩层最厚的地方。盖层由角砾岩和具有高压缩性的泥岩组成（即软岩容易轻松压缩）。尽管对井场北侧最大沉陷区原因仍未完全了解，可能原因之一是盖层中孔隙流体的流失。储层中流体排出，储层压力下降促使盖层中孔隙流体向下流动，减少岩石骨架支撑力，最终导致盖层压缩和地面塌陷。

沉降的 4 个主要条件：

（1）开采液体流量大于回注量。

（2）储层和上部盖层岩石强度低，可压缩。

（3）注入井附近岩石热收缩，例如在新西兰的 Mokai 地热田（Bromley，2006）。

（4）流体压力低于岩石静压力（流体承受上覆岩柱的质量）而不是流体静压力（仅水的质量）的地热储层。

对于最后一种情况，流体有助于支撑上覆岩石的质量，如果消失，岩石骨架难以支撑上覆岩石，导致塌陷并促使地表沉降。由坚硬岩石组成的储层中，例如 Geysers 地热田储层，下沉的可能性较小。孔隙发育和渗透率高的储层，例如 Wairakei 地热田的火山凝灰岩，需要特别注意地层沉降。相比于次生裂缝发育的硬岩储层，地层沉降易于发生在孔隙型渗透率高的储层中。

减轻沉降的最佳方法就是液体回注。尽管重新注入不能完全避免沉降，但可以最大限度地减少热突破（不必要的加速冷却），延长储层开采时间。因此风冷双循环地热发电厂地热流体得到了充分的循环利用，从蒸发冷却塔中排出回注到地下储层，避免沉降。

在加州南部 Imperial Valley 地区，地热发电装机容量超过 500MWe，通过干涉式合成孔径雷达（InSAR）研究已经发现了沉降（Eneva et al.，2013），可能是在蒸发冷却塔中存在流体损伤。识别土地表面变形很重要，地层沉降对农业生产地区的灌溉渠流量产生不利影响。可以将沉降区域作为地热回注的目标，维持储层压力并使沉降最小化。可再生能源发电和农业都是 Imperial Valley 的主要经济引擎，因此这两个行业必须保持平衡。

9.4.2　诱发地震

与地热作业有关的地震可能来自以下几个方面：

（1）将冷水注入热岩石，引起热收缩和破裂。

（2）从储层中抽出流体会引起流体压力变化，从而导致裂隙发育岩石运动（石油和天然气开采过程存在该现象）。

（3）在高压下注入流体导致岩石破裂并增加储层渗透率（类似于首次回注液体至地热储层）。

岩石破裂会释放能量，然后传递到地表。在 7 级以上的地震中，裂缝（断层）破裂长达数百公里。对于地热田，任何新产生裂缝都很小，长度几厘米或更短，随着地热开采会形成更多裂缝。

几乎每个正在开采的地热田都会诱发一定级别地震。大多数情况下，只能通过敏感的地震测量仪器才能探测到这种微型地震（通常小于 2 级）的震颤。最大诱发地震事件发生在 Geysers 地热田，可能是因为将低温市政废水注入热岩石而引起的，地震级别为 4.6 级，摧毁了农村地区的建筑物和居民的房屋。该地区大多数诱发地震的震级都小于 3 级，居民几乎察觉不到。当冷水遇到热岩石时，岩石收缩，形成裂缝，从而产生地震，地震级别与形成裂缝的大小和数量有关。岩石收缩和裂缝发育程度与岩石矿物的热膨胀系数有关。注入的流体与储层岩石之间的温度差越大，膨胀系数就越大。岩石与注入流体接触时处于冷却状态，ΔT（$T_f - T_i$）为负值，膨胀系数为负，收缩系数为正（图 9.18）。此外，注入水会增加孔隙水压力并降低岩石的摩擦强度，更容易破碎。注入水也会弱化岩石化学性质，从而使岩石更容易沿现有裂缝滑动或形成新的裂缝，这两种情况都会导致地震（图 9.19）。使用工程地质系统（EGS），可在较高压力下注入流体，通过产生的裂缝增加储层整体渗透率（EGSs 在第 11 章中有更详细的讨论）。这些新产生的裂缝会造成地震级别一般都很小，但在瑞士巴塞尔的一个地热井压裂试验中，诱发了 3.4 级地震，试验被迫停止（Deichmann and Giardini，2009）。

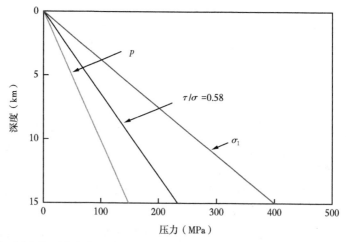

图 9.18　三种不同条件下花岗岩的岩石强度随深度的变化（Glassley, W. E. , Geothermal Energy：Renewable Energy and the Environment, 2nd ed. , CRC Press, Boca Raton, FL, 2015. ）

σ_1 是未破裂的花岗岩，$\tau/\sigma = 0.58$ 是碎裂花岗岩的岩石强度极限，p 是水饱和花岗岩在静水压力条件下。在所有情况下，强度都随深度而增加，这反映了围压的增加，从而增加了岩石的强度。p 的较低强度反映了水减少有效应力和削弱化学键的能力

通常，诱发的地震类型主要是微型地震，对于开发地热储层可能有益。法国的 Soultz-sous-Forets 地热发电厂利用水力压裂方法开采深度为 4500~5000m 干热岩储层（图 9.20）。俄勒冈中部的 Newberry 火山目前也正在进行水力压裂增产工作，地热勘探公司已在该地区成功开采了一块小的（约 1km³）干热岩储层。对于常规地热系统，地震事件的噪声可以通过高灵敏仪器探测到，实时提供流体循环信息，并且可以圈定渗透率更高区域。

由于很难区分自然地震和诱发地震，应在地热发电设施运行之前和整个运行期间收集地震数据。如果附近有居民，应提前告知可能发生的破坏性地震事件，尽管发生概率很低。

9.4.3　地热地表特征变化

地表地热特征（例如温泉、间歇喷泉）变化是需要考虑。例如，新西兰 Wairakei 地热系统，在开发之前，该区域存在 22 个活跃的间歇喷泉以及数不清的温泉。到 20 世纪 70 年代中

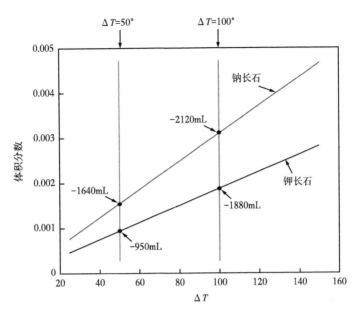

图 9.19　钠长石和钾长石的体积分数变化随温度差的变化 （Glassley, W. E., Geothermal Energy：
Renewable Energy and the Environment, 2nd ed., CRC Press, Boca Raton, FL, 2015.）
注意，收缩程度随储层岩石和注入流体之间的温度差而增加，从而增加了裂缝形成和地震事件的趋势。在给定的
温度变化下，主要由钠长石组成的岩石比以钾长石为主的岩石收缩更多，因此可以产生更大的诱发地震作用

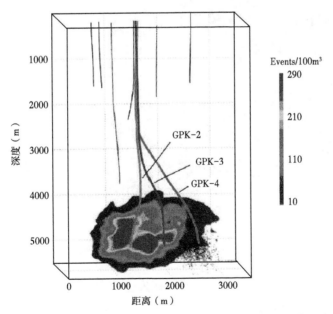

图 9.20　法国 Soultz-sous-Forets 的深部晶体岩石的水力刺激相关的地震事件的密度等值线横截面
（Glassley, W. E., Geothermal Energy：Renewable Energy and the Environment, 2nd ed.,
CRC Press, Boca Raton, FL, 2015.）
等高线图反映了 GPK-2 和 GPK-3 井的两个水力压裂时期。黑点表示由 GPK-4 井激发的单个地震事件

期，间歇喷泉和温泉干涸被喷气孔和地面蒸汽所取代。另一个例子是内华达州东北部的 Beowawe 地热开发，Beowawe 是仅次于黄石公园第二大间歇喷泉场，现在成为一个大型泉华阶地。Beowawe 和 Wairakei 都是水热型为主的地热系统，但商业开采改变地表地热特征。在 Beowawe 地热田，虽然在生产过程中进行了回注，由于冷却塔的蒸发损失以及浅层地下水与深层地热含水层之间存在通道，储层中出现了净流体损失 (Benoit and Stock, 1993)。

另一个经常提到的破坏地表地热特征的例子是在内华达州里诺以南的正在生产的 Steamboat 温泉地热田。商业地热生产始于 1986 年，在此之前，附近的硅石阶地支撑着数个泉水温泉 (图 9.21)。20 世纪 90 年代中期到后期，喷泉消失，硅石阶地中的裂缝只散发着稀疏的小蒸汽凝结物 (图 9.22)。这与居住人口增多导致钻探大量浅水井有关。此外，除了 1 座水冷闪蒸发电厂外，还有 5 座双循环风冷发电厂，地热流体得到充分回收，并且没有蒸发损失的流体。当前运营商进行的化学示踪剂研究表明，注入的示踪剂留在地热井中。在浅层监测器或饮用水井中未检测到任何示踪剂，深部地热储层和浅层的地下水彼此不连通。由此说明，钻探大量浅水井对地表地热特征改变影响更大。

图 9.21　1986 年在 Steamboat 温泉的主要硅石阶地上向北看的图 (照片由 DM Hudson 提供)
喷泉将水喷到大约 2m 的高度。自从 20 世纪 80 年代后期发展地热发电设施以及附近地区城市发展，
地下水位下降，硅石阶地不再容纳活跃的温泉。裂缝和裂缝仅散发酸性蒸汽 (图 9.22)

最后，所有地表地热特征也会因自然原因而发生变化。例如，地震会影响温泉或间歇喷泉的流体流动，有时流量增加，而在其他情况下则会降低。为了最大限度地减少潜在的不利因素，必须在商业开发之前进行基础研究。这些研究将包括绘制现有表面热特征的位置、测量间歇喷泉活动的温度、流速和频率和确定流体化学性质。温度梯度井在生产之前和生产期间用于监测浅层地下水和深层地热流体的流动方向和流量。生产水回注可能是最好的技术，不仅可以保持资源的长期可持续性，还可以一定程度减轻地表热特征的变化。

图 9.22　汽船二氧化硅平台当前状况的视图（作者照片）

现在，南北向裂隙只散发着稀疏的蒸汽。在 20 世纪 80 年代中期之前，他们发现了沸腾的

开水和喷泉或小型间歇喷泉

9.5　小结

开发地热资源的环境效益是巨大的，与煤和天然气为燃料的电力设施相比，它大大减少了气体排放。地热发电厂的特点是占地面积小、潜在用水量低（尤其是用于风冷双循环发电厂）、低噪声水平和最小的视觉影响。当这些环境优势与地热能的一般 24 小时可用性和地热发电厂的高容量因子（通常大于 90%）结合在一起时，开发地热能的吸引力（如果有的话）将是无可否认的，而且是令人信服的。

但是，必须负责任地开发地热资源、保护环境并维持资源可持续性开采（第 12 章讨论可再生性和可持续性）。潜在的问题集中在地面下陷、诱发的地震活动以及地热地表特征的改变和消失，例如喷泉、间歇喷泉。可以精心设计回注生产出地热流体来管理地面沉降。InSAR 测试结果可测量地面高程的细微变化，用于识别沉降（或膨胀）区域，从而帮助确定注入井位置。

地面下陷会对农业和地热发展重叠的地区的灌溉渠产生不良影响。废水回注会延缓地热地表特征变化。注入过多的流体会引起地震，温度差异会引起岩石收缩和破裂。由于大量的地热流体蒸发冷却而流失到大气中，从而留下的水太少而无法重新注入并导致储层压力下降，有必要增加注水量。根据经验，通过控制注入污水的速率、注入位置选择更大体积的岩石中以及在储层上部盖层，一定程度避免诱发地震（M. Walters, pers comm, 2015）。另一方面，通过向热岩石中注入冷水而产生的新形成的裂缝可提高渗透率，产生人工建立的地热储层（关于该主题的进一步讨论，请参见第 11 章）。

9.6 建议的问题

(1) 考虑至少两个原因，为什么认为在开始生产后将近 40 年的 Wairakei 花了这么长时间才开始注入废水。

(2) 为什么双循环地热发电厂对环境最有利？请在响应中考虑排放、土地使用、水的使用、沉降、诱发的地震活动和视觉方面。

(3) 什么导致地热发电厂在开发和运营过程中可能引起地震？如何减轻地震活动？

(4) 地热发电厂如何使用水？如何减少用水量？

9.7 参考文献和推荐阅读

Armannsson, H. (2003). CO2 emissions from geothermal plants. In: *Proceedings of International Geothermal Conference*, Reykjavik, Iceland, September 14−17 (http://www.jardhitafelag.is/media/PDF/S12Paper103.pdf).

Benoit, D. and Stock, D. (1993). A case history of injection at the Beowawe, Nevada, geothermal reservoir. *Geothermal Resource Council Transactions*, 17: 473−480.

Bromley, C. J, (2006). Predicting subsidence in New Zealand geothermal fields—a novel approach. *Geothermal Resource Council Transactions*, 30: 611−616.

Bromley, C. J., Currie, S., Jolly, S., and Mannington, W. (2015). Subsidence: an update on New Zealand geothermal deformation observations and mechanisms. In: *Proceedings of World Geothermal Congress* 2015, Melbourne, Australia, April 19 − 24 (http://www.geothermal − energy.org/pdf/IGAstandard/WGC/2015/02021.pdf).

BLM, (2005). Mammoth Pacific geothermal plant. *News.bytes Extra*, Issue 209, December 6, http://www.blm.gov/ca/ca/news/newsbytes/xtra−05/209−xtra_mam_geothermal.html.

BLM. (2008). *Environmental Assessment: Hay Ranch Water Extraction and Delivery System*, CA−650−2005−100. Ridgecrest, CA: Bureau of Land Management (http://www.blm.gov/style/medialib/blm/ca/pdf7ridgecrest/ea.Par.4165.File.dat/Hay RanchEA.pdf).

Deichmann, N. and Giardini, D. (2009). Earthquakes induced by the stimulation of an enhanced geothermal system below Basel (Switzerland). *Seismological Research Letters*, 80 (5): 784−798.

DiPippo, R. (2012). *Geothermal Power Plants: Principles, Applications, Case Studies, and Environmental Impacts*, 3rd ed. Waltham, MA: Butterworth−Heinemann.

Eneva, M., Adams, D., Falorni, G., and Morgan, J. (2013). Applications of radar interferometry to detect surface deformation in geothermal areas of Imperial Valley in Southern California. In: *Proceedings of the 38th Workshop on Geothermal Reservoir Engineering*, Stanford, CA, February 11 − 13 (http://www.geothermal − energy.org/pdf7 IGAstandard/SGW/2013/Eneva.pdf).

Gemmell, J. B., Sharpe, R., Jonasson, I. R., and Herzig, P. M. (2004). Sulfur isotope evidence for magmatic contributions to submarine and subaerial gold mineralization: Conical Seamount and the Ladolam gold deposit, Papua New Guinea. *Economic Geology*, 99 (8): 1711−1725.

Glassley, W. E. (2015). *Geothermal Energy: Renewable Energy and the Environment*, 2nd ed. Boca Raton, FL: CRC Press, Chapter 15.

Holm, A., Jennejohn, D., and Blodgett, L. (2012). *Geothermal Energy and Greenhouse Gas Emissions*. Washington, DC: Geothermal Energy Association (http://geo − energy.org/reports/Geothermal Greenhouse

Emissions Nov 2012 GEA_web. pdf).

IPCC. (2014). *Climate Change* 2014: *Synthesis Report. Contribution of Working Groups I, II, and III to the Fifth Assessment Report of the Intergovernmental Panel on Climate Change.* Geneva: Intergovernmental Panel on Climate Change (http://ar5-syr. ipcc. ch/).

Kagel, A., Bates, D., and Gawall, K. (2007). *A Guide to Geothermal Energy and the Environment.* Washington, DC: Geothermal Energy Association (http://geo-energy. org/pdf/reports/AGuideto Geothermal Energyandthe Environment 10. 6. 10. pdf).

McDonald, R. I, Fargione, J., Kiesecker, J., Miller, W. M., and Powell, J. (2009). Energy sprawl or energy efficiency: climate policy impacts on natural habitat for the United States of America. *PLoS ONE*, 4 (8): e6802 (http://journals. plos. org/plosone/ article? id=10. 1371/ journal. pone. 0006802).

Robertson, A. (2012). Northern Nevada freeway nears completion. *Nevada Magazine*, June 25, http://nevadamag. blogspot. com/2012/06/northern-nevada- freeway-nears. html.

10 地热系统和矿床

10.1 本章目标

（1）描述活跃地热系统与浅层低温热液贵金属矿床的异同。
（2）区分岩浆和非岩浆矿化地热系统。
（3）解释研究矿物地热系统如何帮助发现和开发活跃的地热系统。

10.2 概述

一直以来，地热系统被认为是埋深小于 3km 的现代矿床（Lindgren，1933；White，1955，1981）。地下矿床包括浅成低温热液金、银矿床（深度小于 2km）（Henley and Ellis，1983；Rowland and Simmons，2012；Simmons and Browne，2000）和稍深的斑岩型铜、金、钼矿床（Gustafson et al.，2004；Heinrich et al.，2004；Sillitoe，2010）。大多数活跃地热系统中所含金属浓度存在异常，如金（Au）、银（Ag）、砷（As）、锑（Sb）、汞（Hg）和铜（Cu），由于浓度和体积通常很低，不具有开采价值。对地热流体进行化学分析发现金属浓度太低，例如 Au、Ag、Cu❶，难以实现商业开采。虽然有些地热系统所含金属矿物浓度较高，但也无法成为可开采矿藏。通过研究现代的地热系统，可以更好地了解矿床的形成，包括金属元素的迁移、富集和沉淀。此外，矿化古地热系统中存在大量裸露的水热蚀变岩石，有助于研究流体—岩石相互作用机理。

自 20 世纪初，地热系统和矿床形成之间的相互关系是研究的重点（Lindgren，1915，1933）。最近，研究重点集中在新西兰北岛陶波火山带（TVZ）的地热系统（Browne，1969；Hedenquist，1986；Rowland and Sibson，2004；Rowland and Simmons，2012；Simmons and Brown，2007）。结果表明，大多数地热系统的流体中贵金属和普通金属含量较低，局部区域存在少量沉淀矿物。例如，怀欧陶波地热区的 Champagne 池中的非晶态、亮橙色的砷、锑和硫含有大于 500mg/kg 金和大于 700mg/kg 银（Hedenquist and Henley，1985；Pope et al.，2005；Weissberg，1969），而温泉水只含约 0.1μg/L 的金（图 10.1）。含金量的差异表明泉水中的金被砷、锑和硫吸附。

陶波火山带中另一个活跃的地热系统名为 Rotokawa，泉水富含金和银（Krupp and Seward，1987），可以在短短数万年内形成一个大型金矿（大于 30t 或 100 万 oz）（Simmons and Brown，2007）。然而，仅在 10km 外的 Wairakei 地热田，即使温度和流体基本化学性质（总溶解固体和 pH 值）相接近，但流体和沉积物中的金和银的含量很低（与许多陶波火山带地热系统一样）。位于 Rotokawa 东北 10km 的 Broadlands 地热系统，流体含有可检测到的金元素，并

---

❶ 如第 7 章和第 9 章所述，值得注意的特例是由 Salton Sea 地热田生产的盐水中含有高浓度的 Mn，Li，Zn 和 Ag。

图 10.1　新西兰怀欧陶波地热区域的热水池（作者照片）

水池边缘的浸入水中的鲜橙色物质由含金、富含砷和锑的沉淀物组成。池边的浅灰色岩石由高流量时期形成的硅质
烧结矿组成。热水池因从水中冒出的二氧化碳（就像香槟中一样）、而不是沸腾而得名，因为水的温度约为 74℃

且具有 H 同位素特征，该特征表明低矿化度岩浆蒸汽与大气流体混合❶。Broadlands 地热系统所含气体（质量分数约为 2%，主要是 CO_2 和 H_2S）比 Wairakei 地热系统多（质量分数小于 0.1%）（Giggenbach，1992）。相邻地热系统流体中金和银含量差异大的主要原因：

（1）Rotokawa 存在的年轻流纹岩表明，岩浆对金属来源和运移有一定的控制作用。

（2）Rotokawa 地热流体中还原态硫含量异常高，以二硫化金物质 $Au(HS)_2$ 运移（Krupp and Seward，1987）。

（3）诸多热流体喷发口表明巨大降压和溶液闪蒸（沸腾）的反复作用，可能会使二硫化金物质不稳定，导致金沉淀（Reed and Spycher，1985）。

因此，根据金属浓度和流体流量，可能有 170 万~330 万 oz 的黄金在 Rotokawa 湖 300~400m 处沉积（Krupp and Seward，1987）。

越活跃的地热系统矿化作用越弱，这一观点认为在特定时间内，一些特殊的物理化学结合过程，包括集中的流体流动、重复沸腾、上升和下降流体的混合，使得在有限地下储层中富集大量金属形成矿床（Rowland and Simmons，2012；Simmons and Brown，2007）。如果没有这些复杂运动，大多数地热系统处于准稳定状态，金属主要溶解在循环流体中，或

❶　大气流体由水组成，它起源于大气，由于降水或冰雪融化而进入地下水。相反，在形成时期困在岩石中的流体，如在海底堆积的沉积物，称为原生的，矿化度高。在熔融岩石（岩浆）结晶后期形成的流体称为岩浆期，有时也称为幼年期，其中可能含有高浓度的溶解金属，包括金、银、铜、铅和锌。

在地热储层中以低浓度形式沉淀出来，或反复沉淀和再溶解。

10.3　年轻矿床和活跃地热系统

活跃地热系统及浅成低温热液系统中金属来源一直存在争议。在某些情况下，金属会从深层循环而来地热流体中浸出。如果酸性岩浆蒸汽能够进入深层循环地热流体中，有助于金属浸出（Hedenquist and Lowenstern，1994）。在其他情况下，根据从活火山（如新西兰的怀特岛）测得的金属含量、矿床类型、构造环境和同时期火成岩成分（如斑岩型铜—钼矿床或超热高硫化金铜矿床和氧化钙碱性岩浆）表明岩浆作用与地热/低温矿化之间有很强的联系（Hedenquist and Lowenstern，1994；John，2001）。根据地质学的观点，根据同时期火成岩的存在与否，年轻的低温热液矿床（约小于5Ma）可分为岩浆型或非岩浆型（Coolbaugh et al.，2005，2011）。

10.3.1　年轻岩浆矿化的地热/低温地热系统

在本次讨论中，近代岩浆矿化地热系统和浅成低温地热系统是指已经开采、正在开采和低品位或低含量的系统。下面讨论的例子包括日本Hishikari金矿和Noya金矿；加利福尼亚北部的McLaughlin金银矿；巴布亚新几内亚利希尔岛巨大Ladolam金矿；加利福尼亚中东部的Long Valley金银矿；以及内华达州里诺附近的Steamboat Springs地热系统。在新西兰陶波火山北部活跃的安山岩White Island火山中，根据火山灰中悬浮颗粒的Cu/S比值，推断出金和铜的矿化作用是在高度氧化和硫化条件下发生的（Hedenquist等，1993）。

10.3.1.1　日本九州市Hishikari金矿和Noya矿床

Hishikari金矿是一个优质富含金银的矿床，金银约有750×10^4t，每吨含有40g黄金，产出约300t（约1000万oz）的黄金（Tohma et al.，2010）。该地区有多个类似的矿床，分布在Kirishima、Sakurajima和Kaimondake火山构造中的活火山弧以西15~25km区域内。金成矿分布在三个主要的脉系中，脉系覆盖约5km²，是高度富集的金矿（图10.2）。

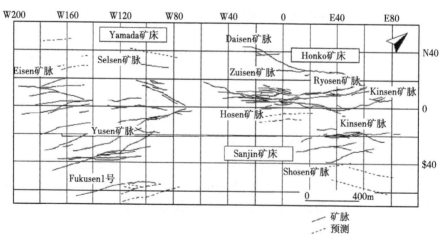

图10.2　Hishikari低温地热金矿系统的三个主要金矿床矿脉分布图

（Tohma, Y. et al., Resource Geology, 60 (4), 348-358, 2010.）

矿脉赋存于更新世安山岩和晚白垩世至古近纪页岩和砂岩中，大部分高品级金成矿集中在不整合带附近，将上覆安山岩和下伏沉积岩分离（Izawa et al.，1990）。对与金矿相关的冰长石进行年代辐射测量表明矿化作用经历了约 700000a，从 1.3~0.6Ma（Sanematsu et al.，2006；Tohma et al.，2010）。北部矿脉年龄（1.3~1.2Ma）比南部矿脉年龄久（0.7~0.6Ma），这说明地热系统的成矿中心随时间向南迁移。南方某条矿脉的年代测定表明，该矿脉年龄约 44000a（Tohma et al.，2010）。北部一条矿脉在 4~6 个区域成矿，成矿时间为 30000~110000a，总持续时间为 260000a。年龄测定误差范围在 0（Fukusen 矿脉）~50 万年（Yamada 矿脉）。$^{40}Ar/^{39}Ar$ 年龄测定误差变化从矿脉边缘（年代最久）1.044±0.006 Ma 到矿脉中心（年代最新）0.781±0.028 Ma（Sanematsu et al.，2006）。

石英矿脉中流体包裹体❶的均化温度从 190~210℃降至 170℃以下，说明矿化热流体随时间而冷却。研究表明，许多矿脉中仍然存在大量地热流体，温度为 65~92℃（Fuare et al.，2002 年），Hishikari 水热系统至少存在了 1.3Ma。流体中金元素浓度 0.6mg/L 表明目前流体既没有运移黄金，也没有黄金沉淀物（Hayashi et al.，1997）。这些表明 Hishikari 地热系统温度正在减弱；然而，Hishikari 地热系统经历了几次升温与降温，以及黄金沉淀量增加。

未开发的 Noya 金矿位于九州北部 Hohi 火山和 Hishikari 北北东约 120km 处地热区域（图 10.2）。其他 3 个金矿 Bajo、Hoshino 和 Taio 在 Noya 金矿周围 40km 区域内，已开采共计 50t 黄金（Morishita and Takeno，2010）。有意思的是，该区域地球物理异常，进行地热勘探调查，在地热勘探钻井过程中发现了 Noya 金矿并开发了 Takigami 地热发电厂。钻井过程中遇到了更新世方解石、石英砂和冰长石 3 个矿脉，金浓度在 0.1~400mg/L。这些矿脉和地热储层在地表均无露头和特征，仅有少量的热液蚀变岩石。主要原因是 89000 年前在西南 40km 处 Aso 火山喷发大量凝灰岩将矿脉和地热储层覆盖（图 10.2）（Miyoshi et al.，2012）。含 5.5mg/L 金的冰长石矿脉的 K-Ar 测定年龄为（0.37±0.01）Ma。一口 700m 深的地热井井底记录的最高温度为 177℃，其中发现了含金的方解石、石英砂和冰长石 3 个矿脉，深度在 164~214m。另一口井中，硅化颗粒状岩石分布比金脉更广泛，金矿深度在 25~61m，金含量在 0.1~4.2mg/L（Morishita and Takeno，2010）。在整个矿化深度范围内，矿脉内方解石和石英的氧同位素平衡温度和方解石中流体均质温度（170~185℃）比测得的井温（140~160℃）平均高约 20~25℃（Morishita and Takeno，2010）。

Takigami 地热发电厂于 1996 年投产，最近新增装机容量 27.50MWe。它是一个单闪蒸发电站，由位于地热田西南部温度较高的 5 口生产井和北部温度较低的 7~10 口注入井组成。采出流体温度高达 250℃，主要在 200~210℃，注入区地下温度在 160~170℃（Furuya et al.，2000）。地热流体为氯化钠型，pH 值接近中性，总矿化度 400~600mg/L。这些流体化学特点与含金的方解石—石英砂—冰长石脉相似（Morishita and Takeno，2010）。但是，流体温度比矿脉中流体温度高。地热流体的（δ）O^{18} 值约为 8.8‰，矿脉中液体的氧同位素

❶　当矿物在热液流体中生长时，一些流体可能被困在矿物中，形成流体包裹体。被困住的流体随着温度的下降而收缩，在收缩的过程中形成了一个气泡。含有矿物的流体包裹体可以在实验室中加热，气泡在包裹体中消失的温度代表了流体在捕获时的均质化或温度。同样地，热液流体的盐度也可以通过观察内含物的凝固点降低来确定，例如，冻结内含物的温度降低越大，被困流体的盐度就越大。

比例为 7.5‰, 可能表明矿脉在矿化时的水—岩石相互作用更强❶ (Morishita and Takeno, 2010)。地热流体的同位素值较轻, 可能表明水岩比高 (渗透率提高和流速高), 长期持续的热液循环降低了储层 δO^{18}。

10.3.1.2 加利福尼亚 McLaughlin 金矿

与 Hishikari 类似, McLaughlin 金矿是一个世界级的浅成低温热液矿脉, 富矿等级(100~1000mg/L Au) (Sherlock et al., 1995)。该矿位于加利福尼亚北部海岸, 更新世至全新世的清湖火山田东部。Geysers 地热田位于清湖火山田西部边缘, 在 McLaughlin 金矿以西约 30km 处。1983—1996 年, McLaughlin 矿区由霍姆斯特克矿业公司经营, 生产了大约 330 万 oz 的黄金。它是一个典型热泉型金矿床, 矿床的硅华台地被带状硅脉切断。硅华是在古表面形成的热泉矿床❷, 自热泉活动以来, 几乎没有侵蚀作用。因此, 一个矿化但不再活跃的地热系统被完全保存下来。金矿成矿局限于上部 350m, 银和普通金属含量随着深度的增加而增加 (Sherlock et al., 1995)。局部矿化作用分割了 Clear 湖火山地区 2.2Ma 的玄武安山岩, 代表金矿成矿年龄最大。泉华底部的深层明矾矿脉❸的 K-Ar 年龄为 0.75 Ma (Lehrman, 1986), 代表金矿成矿的最小年龄。

McLaughlin 矿位于诺克斯维尔矿业区, 以前是一个水银矿, 在大约 100 多年的时间里间断性生产水银。大部分的水银成矿在硅华台地, 硅华台地一般不含金, 除非被含金的带状石英脉切断。其他的几个水银矿床也在 McLaughlin 附近, 但未曾发金矿。在 Geysers 地热田中, 蒸汽中含有汞和碳氢化合物, 沿着地热田西南边界有几个水银矿床 (Peabody and Einaudi, 1992)。值得注意的是, McLaughlin 金矿矿床是诺克斯维尔地区的唯一一个与 Clear 湖火山地区玄武安山岩的局部侵入相关的原生水银矿床。依据流体数据和金矿成矿, 岩浆活动有利于维持一个强大的地热系统使其产生多次沸腾 (Sherlock et al., 1995)。

如第 7 章所述, 大约在一百万年前, Geysers 地热田起初是一个以液体为主的系统 (White, 1971), 由于快速减压和沸腾在 0.28~0.25Ma 发展成一个以蒸汽型的系统 (Hulen et al., 1997)。石英带状脉和冰长石中异常高含量的金、银、砷、锑、汞证明 Geysers 地热田形成初期以液体为主。在某些地方, 这些脉矿有片状的方解石, 表明流体沸腾 (Fournier, 1985; Simmons and Christenson, 1994)。当液体冷却时, 方解石的溶解性增强, 而石英的

---

❶ ^{18}O (也称为 $\delta^{18}O$) 反映了重氧同位素 (^{18}O) 与 (更常见) 氧同位素 (^{18}O) 的比率, 相对于一个指定为海水组标准的值, 称为海水 (SMOW)。因此, 例如 $\delta^{18}O$ +5, 表明样本 5‰或者比 SMOW 重 0.5%的富氧。在本例中, 负值表示相对于 SMOW 的重氧消耗。热流体穿过岩石, 岩石的 $\delta^{18}O$ 随最初流体的增加而降低。为了防止流体—岩石的比率低 (或低渗透), 液体将会有一个相对较高的 $\delta^{18}O$ (低负值到有效值), 反映出更长的停留时间和同位素交换的岩石。如果流体—岩石比率很高 (或高渗透), 然而, 流体有较低 (通常是消极) 的 $\delta^{18}O$ 值, 因为水占据了同位素交换和流通岩石已经耗尽 ^{18}O。

❷ 古表面层是指在水热活动和矿化时期的原始地球表面。在较老的系统中, 古表面层通常与任何地表地热表现一起被侵蚀, 如硅华、石灰华或水热喷发角砾岩。

❸ "深成作用" 是指由原生热液流体在地下形成的过程。相比之下, "表生" 一词指的是在地表环境温度下发生在地表或其附近的次生过程, 如风化过程。矿物明矾石是一种水合硫酸铝钾, 在两种情况下都能形成。深成明矾通常比后期形成的表生明矾石颗粒更粗, 并与其他原生热液矿物有关。在 McLaughlin 矿, 深成明矾石可能反映了在酸性气体如硫化氢存在的情况下蒸汽在近地表凝结。

溶解性随温度下降而下降，此时石英取代片状方解石，然后大范围的蒸汽加热蚀变或酸性蚀变岩体覆盖了地热系统。

除了 Geysers 蒸汽田，在 Clear 湖火山田的许多地方还有很多热泉和矿泉。矿泉温度与环境温度相同，只有冒泡的二氧化碳，沉淀的石灰华从水银矿中排出，不含金。热泉更热，矿化度更高。一些重要的含矿热泉位于 Clear 湖东南岸，如 Sulphur Bank 水银矿，以及位于 McLaughlin 矿以北约 20km 的 Sulphur Creek 地区的 Elgin 水银矿。热泉与 Clear 湖火山田中年轻火山岩相关，在 Sulphur Bank 地区，则与年轻火山岩没有直接关系。有些热泉，如 Elgin，会沉淀出一种黑色的硫化物泥浆，其中含有高达 12mg/L 的金矿，以及浓度异常的银、汞、锑和砷 (Peters, 1991)。热泉通常是沸腾的二氧化碳，硫化氢和甲烷。Cherry Hill 热泉中金元素在 Sulphur Creek 地区沉淀成矿。Pearcy 和 Petersen (1990) 通过研究发现，目前的热泉流体比含金矿脉形成的流体的温度和矿化度低。

进一步比较 McLaughlin 矿床和在加州北部海岸山脉中活跃热泉的数据，发现热泉蒸汽量在减少，可能是局部沸腾水位降低导致。McLaughlin 矿床和热泉都是沿断裂带分布，断层附近没有地震活动。活跃温泉的储集层岩性是杂砂岩和蛇纹岩 (蚀变玄武岩和超镁铁岩)，原始渗透率很低。活跃的扩张型断裂带可以集中流体流动，并促使地热流体迅速上升到地表，从而发生沸腾、冷却和沉淀金矿。但是，McLaughlin 矿床和热泉所处位置没有活跃断裂带。活跃热泉的蒸汽损失与 Geysers 蒸汽田相类似，但不严重。这有助于解释挥发性水银富集原因，但不能解释金和其他非挥发性金属的现象 (Sherlock, 2005)。同样，矿床的形成需要特殊的地球化学过程，包括大容量流体流动、多次增压 (由于矿物沉积而自封闭) 和减压 (源于可能的地震事件)，以及由此产生的沸腾或流体混合。这种矿化过程可能是间歇性发生的，而且持续时间相对较短 (可能只有数万年甚至更短)，地热系统寿命较长 (1~2Ma 或更长)。

10.3.1.3　新几内亚利希尔岛 Ladolam 金矿和地热系统

Ladolam 浅成低金矿位于利希尔岛，是巴布亚新几内亚新爱尔兰东海岸火山岛弧的一部分。Ladolam 是世界上最大的金矿之一，约有 3700 万 oz (4.289×10^{8}t，每吨 2.69g) 黄金 (Carman, 2003)。Ladolam 金矿规模大、矿物等级高并存在于活跃的地热系统中 (White et al., 2010)。为了减少采矿作业的能源需求，建造了 56MWe 地热发电厂，并使用电驱动卡车。采矿边界与矿物等级和矿床温度相关，若矿床温度太高将无法开采。例如，在 300m 深处，矿床西部边缘的地热区温度可达 240℃，矿底附近温度高达 150℃。Ladolam 是世界上唯一一个使用地热发电来开采金矿的矿场。在内华达西部的 Florida Canyon 矿曾试图建设 75MWe 地热电厂供电，但是失败了 (J. Barta, pers. comm., 2016)。

Ladolam 金矿矿床暴露在 Luise 死火山附近的圆形区域。依据地表的热液蚀变矿物组合推断该圆形区域岩石是由一座火山扇形坍塌岩体构成 (White et al., 2010)。Ladolam 矿的矿化分三个阶段 (Carman, 2003)。第一阶段由小型斑岩—铜—钼—金矿物组成，该成矿作用发生在扇形崩塌之前，包括热液黑云母和正长石。第二阶段是在爆炸减压作用基础上发展起来的，由火山扇形塌陷引起，并产生了难熔[1]含金黄铁矿和大量的冰长石—黄铁矿—硬

---

[1]　难处理是指通过传统的冶金技术很难将金与矿石矿物分离。

石膏蚀变岩石。由于扇形岩体崩塌，突然压降，水热系统爆沸，产生大量矿化热液喷发产生角砾岩。第二阶段矿化覆盖了第一阶段的早期矿化，并包含了大量的浅层可采矿石。次生钾长石年代测定表明，Lusie 火山扇区的崩塌发生在 0.3Ma 之前 (White et al.，2010)。第三阶段的方解石—石英岩—冰长石—黄铁矿—白铁矿—金银矿矿脉横切早期的硬石膏—冰长石矿脉。第三阶段的硅质角砾岩被晚期泥质蚀变覆盖（又称酸性硫酸盐蚀变），反映了沸腾热液上部富含 H_2S 蒸汽的氧化和冷凝作用。流体包裹体和稳定同位素数据表明，第一阶段流体主要为岩浆成因 (Carman，2003)。第二阶段的流体似乎反映了岩浆矿流体与低温大气降水的混合以及间歇性的沸腾。在第三阶段，中等矿化度水（相当于质量分数 5%±0.5% 的氯化钠）与大气降水（质量分数近似于 0 的氯化钠）混合产生了石英石矿床和方解石矿床。

热液蚀变侵入岩在 Ladolam 的放射性测定年龄范围为 (0.9±0.1)~(0.34±0.04) Ma（采用 K-Ar 法）(Moyle et al.，1990)。用更精确的 $^{40}Ar/^{39}Ar$ 年龄测定法，第二阶段的富硫化物冰长石年龄分别为 (0.61±0.25)~(0.52±0.11) Ma (Carman，2003)。明矾石的全岩 K-Ar 年龄为 0.15±0.02Ma (Moyle et al.，1990)。资料表明，路易斯火山扇形岩体崩塌和矿化作用在 0.5~0.6Ma 发生。地热系统和早期的斑岩式成矿至少已经有 1Ma 了。重要的问题是 Ladolam 地热系统与 Ladolam 金矿形成的地热系统相同，还是与成矿作用无关。

当前 Luise 火山地热系统深部以液体为主，深度 1km 的井内温度大于 275℃。在金矿体附近还有一个浅层蒸汽或蒸汽主导的储层 (Melaku，2005)。地热发电流体主要来自深层水热型地热系统的地热井。浅层蒸汽带的形成主要是金矿开采过程中抽水和开挖降低地下水位，导致流体沸腾。露天矿的墙壁上布满了从减压井喷出的冷凝蒸汽。减压井的作用是降低浅层蒸汽带的压力，防止在采矿过程中上部岩石被移除时可能发生的蒸汽井喷（图 10.3）。实际上，目前一些发电的地热井是从深度 200~700m 减压井开始。这些井为高温地区的开采提供了通道，还提供了稳定且大流量液体，其特点是高汽液比和焓含量高 (2400~2700kJ/kg)，适合发电 (Melaku，2005)。

活跃的地热区出现在南部和西部的周边地区。在地热井中，热水以 50kg/s 的速度上升 (Simmons and Brown，2006)。对矿床下的深部流体取样表明，金的含量约为 15μg/L（比开采出的矿石平均品级约 3mg/L 还低 3 个数量级），按目前的流量计算，金子质量为 25kg/a。如果金元素一定从水中沉淀，在 55000 年内可以沉淀 1200t 黄金，与 Ladolam 矿床的大小相似 (Simmons and Brown，2006)。

根据 2012 年的新闻报道，Newcrest 矿业公司拥有一座 56MWe 地热发电厂，为采矿作业提供了约 40% 的电力，该公司还计划扩建地热发电厂。目前的地热发电每年可以减少约 250000t 二氧化碳的排放，约占巴布亚新几内亚二氧化碳年排放量的 4% (UNFCC，2006)。每年发电收入高达 500 万美元。此外，52.8MWe 地热发电电能（每年 411 GWh 的电能）取代了每年约 10000000ga 柴油发电❶，每年节省 2000 万~3000 万美元。

---

❶ 转换系数来自美国能源信息署 (U.S. Energy Information Administration)，每千瓦·时使用 3412Btu，每桶重质燃油使用 5800000 Btu。

图 10.3 Ladolam 矿的采矿情况

请注意,蒸汽柱从井中升起,以帮助减压,并防止被开采区域的爆炸性井喷

10.3.1.4 加利福尼亚的 Long Valley 金矿和卡萨迪亚布罗地热系统

Long Valley 金矿位于加利福尼亚中东部的 Long Valley 火山口构造中(图 10.4),该火山年龄为 76 万年,大约储藏有 6000 万吨金矿石,金含量 0.02 oz/t(Steininger, 2005)。在金矿西南部 5km 处是 Casa Diablo 地热发电厂,也位于 Long Valley 火山口构造内。火山喷发了大约 600km³ 硅质岩浆,导致火山口很大,长约 18km,宽约 30km。岩浆沉积后形成 Bishop 凝灰岩,主要聚集在火山口附近,在很远的堪萨斯州和内布拉斯加州也有相同的凝灰岩沉积层。大约 10 万年后,新的岩浆进入地下并喷出,在火口的中心部分上升形成一个新的

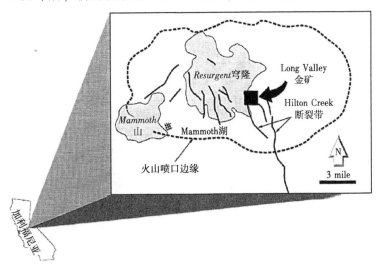

图 10.4 Long Valley 金矿床位置图

(R. C. , in Volcanic Geology, Volcanology, and Natural Resources of the Long Valley Caldera, California

(Leavitt, E. D. et al. , Eds.), Geological Society of Nevada, Reno, 2005.)

穹窿 (Bailey, 1989)。中心高地和环绕洼地是当时火山喷发留下的地质特征。洼地构造由火山碎屑砾岩和砂岩组成, 砂岩层中有凝灰岩和熔岩流夹层。砂岩是硅质穹顶沿火山口结构边缘局部喷发形成。洼地附近的地震表明地下依然存在岩浆活动 (Hill et al., 2003)。岩浆释放大量 CO_2 造成大量树木死亡 (Sorey et al., 1998; Farrar et al., 1995)。火山岩和沉积岩不仅是 Long Valley 金矿主要矿物 (Steininger, 2005), 也是 Casa Diablo 地热系统的矿物。

Long Valley 金矿位于 Resurgent 隆起的东南侧和 Hilton Creek 断裂带北端 (图 10.5), 矿化年龄可能早于东部 Moat 流纹岩穹隆 (Steininger, 2005)。流纹岩年龄约为 28 万年, 没有发生蚀变。从穹隆中脱落的火山碎屑矿化程度变弱, 表明矿化作用的发生可能早于沟堑状流纹岩, 或与它们年龄相仿 (S. Weiss, pers. comm., 2013)。钾长石与细粒石英共生导致分离和定标钾长石复杂 (S. Weiss, pers., . comm., 2013)。金矿发现之前, 对金矿北部的硅化物年代测定, 含有的铀和钍元素年龄约为 26 万年和 31 万年 (Sorey et al., 1991)。Long Valley 金矿的主要含金矿物是湖相硅质沉积岩, 其年龄约为 28 万年, 该岩层与流纹岩及角砾岩互层 (Bailey et al., 1976)。火山口构造内温泉沉积物与两个主要的热液活动时期一致, 一个开始于 13 万年到 30 万年前, 另一个开始于大约 4 万年前 (Sorey et al., 1991)。在金矿钻探过程中遇到了热水, 依据地质观察和年代测定, 黄金成矿似乎发生在热液活动

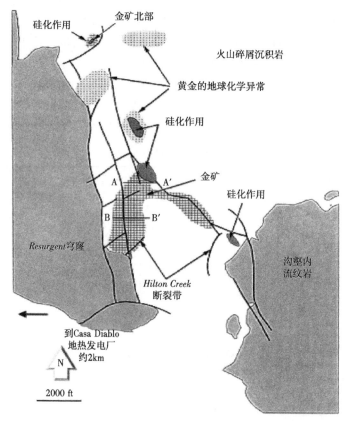

图 10.5 Long Valley 型金矿床地质示意图 (R. C., in Volcanic Geology, Volcanology, and Natural Resources of the Long Valley Caldera, California (Leavitt, E. D. et al., Eds.), Geological Society of Nevada, Reno, 2005.)
请注意在 Hilton Creek 断裂带北端的矿化构造控制, 分散成许多分支

的早期阶段。Casa Diablo 地热发电厂开发的地热系统是最年轻的，它与 Inyo-Mono 火山口构造带中地层一致，该地层从火山口西部洼地向北延伸 25km。现有的资料表明黄金成矿与 Long Valley 火山口地质构造中岩浆活动的减弱有关。正在开发的地热系统的热能可能源自于岩浆作用的新脉动，岩浆脉动沿火山口西部沟壑往北部延伸。目前尚无关于当前开采的地热系统中的流体是否含金，或 Casa Diablo 地热管道中是否有任何可能的水垢包含金的数据。

　　Casa Diablo 地热发电厂位于 Resurgent 穹窿南部（图 10.6），由 3 个双循环地热发电站组成，总装机容量 40MWe。第一座发电站于 1984 年建成，装机容量 10MWe。1990 年又有两个发电站投产，每个装机容量 15MWe。3 座发电站使用 6 个生产井和 5 个注入井。2005 年之前，主要抽取浅层水，深度 200m，面积约有 0.7km²，流动方向朝东。总生产流量约为 750kg/s（Suemnicht，2012）。生产流体的平均温度为 160～170℃（Campbell，2000）。2005 年，在现有开采区西部钻取一口深度为 450m 生产井，产出流体温度 185℃，该流体通过一条 2.9km 长的管道以 225L/s 速度运送至 Casa Diablo 发电厂（Suemnicht，2012）。替代了浅层生产井。Casa Diablo 地热开采区存在浅层地热储层主要原因是一个面积约有 3km² 不渗透地下滑坡体阻止了来自火山口南部的低温补给水（图 10.6）（Suemnicht et al.，2006）。为了避免对浅层地热储层产生不利的降温作用，注入井井深 700m，完井于滑坡体下部可渗透的 Bishop 凝灰岩（如图 10.7 中的 38-32 井）。为保持浅层地热流储层压力和热水流量，需要将产出水回注。注入位置通常在产层下方，将有助于防止地层沉降和冷却。

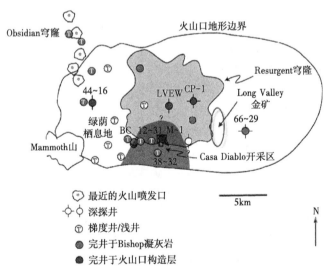

图 10.6　Long Valley 火山口地质构造主要地质和地热特征图（Suemnicht, G. A. et al., Geothermal
Resources Council Transactions, 30, 465-469, 2006.）
包括地热井。Long Valley 金矿和 Casa Diablo 开采区位置，以及滑坡体地下分布（深色表示）

　　目前 Casa Diablo 地热发电厂的运营商 Ormat 最近获得联邦批准，计划建造另一座 40 MWe 双循环地热发电站，由 16 口新的生产井和注入井组成。井场位于当前开采区的西部，处于地热流体流动方向后端。

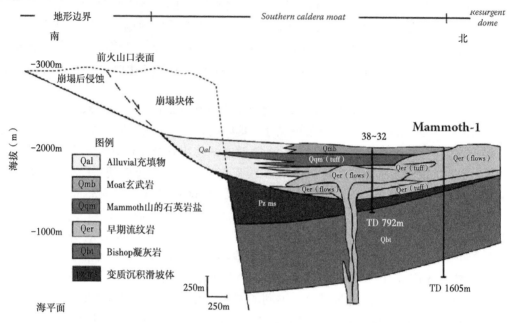

图 10.7　Casa Diablo 开采区的 Long Valley 火山口南部向西的构造剖面

(Suemnicht, G. A. et al., Geothermal Resources Council Transactions, 30, 465~469, 2006.)

Pzms 单元是在火山口形成过程中滑落火山口壁的滑坡块体，是一个水流屏障

从地质学上来说，Casa Diablo 发电厂位于 Long Valley 火山口穹隆南侧，这里温泉和喷气孔众多，在电厂北部有热液蚀变岩石。Long Valley 金矿位于 Casa Diablo 东部 2~3km，代表了少有的地热系统中的金成矿作用。年龄较大的地热系统可能一直在减弱。直到最近的岩浆活动使得位于 Long Valley 火山口构造西北部边缘的 Mono Craters 和 Inyo Domes 得以开采。最早的岩浆活动开始于 50000 年前，最近的火山活动是在 650 年前 (Hildreth, 2004)。结果，较老的地热系统可能已经恢复，或者可能形成了单独的地热系统。任何一个地热系统都可以为 Casa Diablo 发电厂提供热流体。

10.3.1.5　内华达州西部 Steamboat Springs 地热系统

Steamboat Springs 地热田位于内华达州里诺市南部约 16km 处，拥有 6 座正在运行的发电厂（5 座风冷双循环电厂和 1 座水冷闪蒸电厂），装机容量约 140MWe，全年输出净功率为 75~115MWe，平均净输出约 90 MWe。该地热系统是一种现代超热贵金属矿床，一直受到人们的关注。美国地质调查局的 Don White 研究 (Thompson and White, 1964; White, 1968) 指出，Steamboat Springs 属于新近纪—古近纪的地热系统，在美国西部 Great 盆地和其他地方形成了浅成热液金银矿床 (White, 1985)。Steamboat Springs 系统也是年龄最大地热系统之一，硅华在大约 300 万年前沉积，另一次硅华沉积发生在大约 110 万年前。年轻的硅华物质形成于至少 10 万年以前或更久。

岩浆活动与 Steamboat Springs 地热系统有关，依据如下：（1）附近 4 个流纹岩穹隆年龄在（1.1~300）万年之间，（2）热液活动的持续时间，（3）地热流体中 He^3/He^4 比例增加

（R/Ra 值的比率为 3.7~5.9❶）（Torgersen and Jenkins，1982）。小体积流纹岩穹隆不足以提供充足的热量维持 Steamboat Springs 地热系统。然而，在第 8 章提到，穹隆是大型结晶硅质火山岩支脉，经历了多次结晶和岩浆充填，由于埋藏太深而无法喷发，从而可以维持浅层地热系统（White，1985）。

　　20 世纪 80 年代中期至后期，地热能开发之前，主要的硅华台地中有许多流动的甚至喷发的温泉，沉积出疏松的或多孔的不透明结晶物质❷（如第 9 章的图 9.21 所示）。覆盖温泉的硅质硫化泥含有 15mg/L 的 Au 和 150mg/L 的 Ag。温泉喷发的变辉石和蛋白石含有 60mg/L 的 Au 和 400mg/L 的 Ag 以及大量的 As、Sb 和 Hg（Hudson，1987；White，1985）。在井眼中玉髓岩含有 1.5mg/L 的 Au 和 300mg/L 的 Ag。乳白色硅华含有高达 300 mg/L 的 Au 和 2mg/L 的 Ag。但是，有些硅华析样品中含有 Au 浓度低于可检测值（<100μg/L 或<50μg/L）（Hudson，1987；White，1985）。分析认为，地表没有明显的 Au 和 Ag 沉淀，可能在深处沉淀，然后被大流量凝胶状悬浮液携带至上部层位。这些硫化泥通常还含有最高浓度的普通金属（Cu，Pb 和 Zn）。但是，在局部区域，含金少的乳白色泉华和玉髓几乎不含这些普通金属，表明在系统中会存在高纯度析出金矿。

　　当在地下水位下降到地表以下，富含 H_2S 的蒸气在上升时被氧化形成硫酸（$H_2S+2O_2 \rightarrow H_2SO_4$），上升的酸性流体可以浸出硅质泉华和玄武岩，还导致天然硫的局部沉积（$2H_2S+O_2 \rightarrow 2S+2H_2O$ 或 $2H_2S+2O_2 \rightarrow S+2H_2SO_4+H_2$）。汞在 15m 以内岩层中沉淀成为朱砂，这反映了汞的挥发性，可以从地下沸水或地表沸腾温泉中转变为气态。研究表明，金、砷、汞、铊和硼主要沉淀在近地表矿床中，浓度是深部的 10~100 倍。银随着深度增减，沉淀越多。

　　Steamboat Springs 地热系统可能有岩浆热源，但是热水的稳定同位素分析表明水源自于大气，岩浆水所占比例可能多达 10%（White et al.，1963）。与该地区的大气水相比，δO^{18} 值要高 2~3。较高的岩石水饱和度和渗透性使得围岩与大气水之间交换有限。

10.3.2　年轻的非岩浆地热系统

　　这些地热系统的热能来自于上升的热流，由于地壳伸展而变薄，高温岩石接近地表。因此，也称为伸展类地热系统。地热系统和周围岩层没有年轻或同期的岩浆侵入岩，无法确定岩层所含金属是源于深部岩浆（Breit et al，. 2010；Hunt et al . 2010）还是从围岩中侵出。新西兰 Kawerau、Broadlands-Ohaaki 和 Rotokawa 的地热系统含有金矿床（图 10. 1），形成金矿的岩浆来源依然存在争论（Giggenbach，1995；Simmons and Brown，2008）。

　　下面讨论的矿化地热系统的案例都位于内华达州，是典型伸展类或非岩浆地热系统。金矿缺乏同时期的火成岩，但含有相关的热水，例如 Florida Canyon，Wind Mountain，Crowfoot-Lewis（Hycroft），Willard 和 Colado 以及 Dixie Comstock（图 10.8）。内华达州的其他地热发电厂，特别是 Blue Mountain，McGinnis Hills 的设施以及最近启用的 Don A. Campbell

---

　　❶　R/Ra 是归一化为与空气相同比率的氦同位素比率，因此 R/Ra 是样品的 He^3/He^4 除以空气的 He^3/He^4。低 R/Ra 值（通常<1）表示强烈的地壳成分，反映出地壳中 U 和 Th 的含量高，会衰减生成 He^4。高 R/Ra（通常> 3）表示地幔或原始成分很强，地幔衍生的岩浆及其衍生的热液可以被继承。

　　❷　蛋白石泉华主要由蛋白石组成，是一种固化、水合的非晶态二氧化硅，随着时间的流逝，蛋白石泉华会脱水形成微晶硅石或玉髓烧结矿。

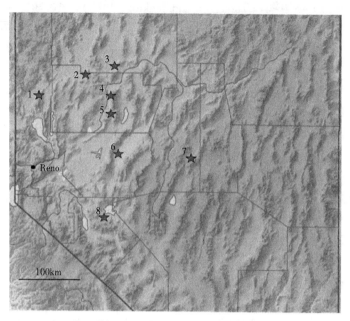

图 10.8   内华达中北部的地图

显示了地热发电厂和沉积物位置，用星号表示。（1）Wind Mountain 贵金属矿床；（2）Hycroft 贵金属矿床；（3）Blue Mountain 地热发电厂；（4）Florida Canyon 矿；（5）Willard and Colado 贵金属矿床；（6）Dixie Comstock 贵金属矿床；（7）McGinness Hills 地热发电厂；（8）Don A Campbell 地热发电厂

（图 10.8），最初是作为金矿勘探开发的，然后发现地热能。进一步说明，活跃的地热系统属于一种现代浅层贵金属矿床（White，1981）。地热流体中含有亚矿石级浓度的金和银。正如 Coolbaugh（2011）等人指出在 Great 盆地中年轻矿化地热系统（700 万年，少于 200万年）含金品位低，但含量大，可以采用方便经济的堆浸❶技术提取黄金。重要的氧化带使得含金矿物可以通过经济有利的堆浸技术提取，从而避免使用昂贵的磨矿和浮选采金回收技术。

10.3.2.1   Florida Canyon 金矿和 Humboldt House 地热系统

Florida Canyon 金矿位于内华达州里诺市东北约 250km 处，岩层是早中生代（250 至 2亿年）变质沉积岩，含有超过 760×10⁴oz 黄金。开采始于 1986 年，1986 年至 2008 年，开采了一半矿石约 1.8×10⁸t，金含量为 0.62g/t。年代测定表明地热系统在过去大约 500 万年中一直处于活跃状态。该金矿毗邻活跃且局部矿化的 Humboldt House 地热系统。放射性金属矿物测龄表明金矿年龄在（4.6~5.1）百万年（Fifareket al.，2011）。含金矿物与酸性盐蚀蚀岩混合沉积，蚀变岩在（1.8~2.2）百万年前形成，这与断层运动时间一致。蚀变岩体变化反映出沉积物抬升，古气候可能变得更加干旱，地下水位的降低导致静水压力下降，地下水沸腾，产生硫酸蚀变岩。在（0.9~40）万年前，Florida Canyon 矿床开始风化并进一

----

❶ 堆浸是指将碎矿石放置在底座上，喷洒氰化物溶液，使其从碎矿石中渗出，提取黄金。富含金的氰化物溶液收集在底座底部的隔层上，然后被送到加工厂，从溶液中回收金。

步被氧化，断层和热液活动位置向西转移到了 Humboldt House 地热系统（图10.9）。

　　Humboldt House 地热系统的储层温度为 219～252℃，岩层为含金的石英质冰长石。地表有硅质和钙质泉华（Breit. et al.，2011；Coolbaugh. et al.，2005）。不存在与热液蚀变和矿化年龄相当的火成岩或火山岩，Florida Canyon 或 Humboldt House 的钻井中也没有发现。Florida Canyon 矿周边磁异常表面深部可能存在火成岩，但年龄尚不清楚。附近局部富含铁镁的角闪石和侏罗纪的小侵入体可能说明深部存在更大的侵入体，这可能是磁异常原因（D. John，pers. comm.，2015）。

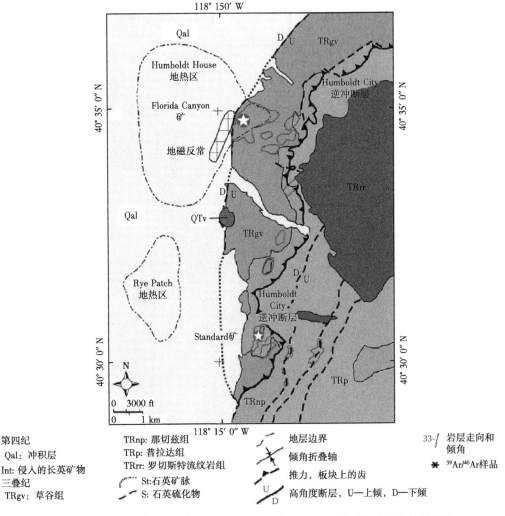

图 10.9　Florida Canyon 矿、Humboldt House 和 Rye Patch 热系统位置和地质环境

（Fifarek, R. H. et al., in Great Basin Evolution and Metallogeny, Steininger, R. and Pennell, B., Eds., DEStech Publications, Lancaster, PA, 2011, pp. 861－880. Copyright © Geological Society of Nevada.）

2013 年,在 Florida Canyon 安装了使用有机 Rankine 循环的小型地热发电厂❶,装机容量 75kWe,但是一直没有运行。该工厂由总部位于内华达州里诺的可再生能源公司 ElectraTherm 建造。设计用热水量 150gal/min,热水温度 105~110℃(J. Barta, pers. comm. 2016)。若发电厂使用水冷却,冷却后的水可用于堆浸工艺中提取黄金。目前,从井中抽出的水在用于堆浸之前需要先进入冷却池。如果 Humboldt House 地热储层温度高于 200℃,那么 Florida Canyon 地热发电厂以后仍然可以运行,通过发电获得额外收入。

10.3.2.2　Hcroft 矿和地热系统

Hycroft 或 Crowfoot-Lewis 金银矿位于内华达州西北部,在 Florida Canyon 矿西北约 45km (图 10.10)。从 1987 年至 1998 年,该矿山生产了约 110×10⁴oz 的黄金。该矿山于 2008 年

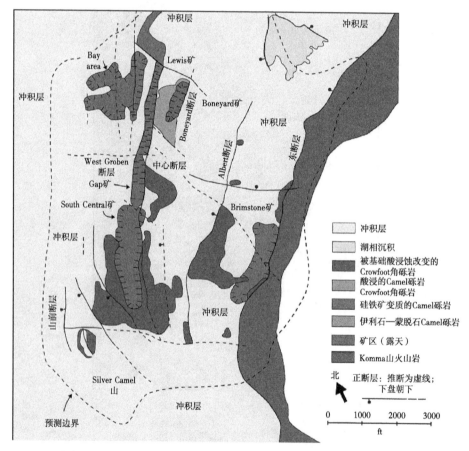

图 10.10　Rycroft 矿山的简化地质图 (Ebert, S. W. and Rye, R. O.,
Economic Geology, 92 (5), 578-600, 1997)
矿山北端的 Bay Area 矿床存在金矿化作用,该矿床部分由硅质泉华沉积物,这些矿床标志着
(3.8~390) 万年前矿化时原始古地表

---

❶　这与在双闪地热发电厂中使用的过程相同,在双闪地热发电厂中,地热流体使沸点低的工作流体 (通常为烃) 沸腾。产生的蒸汽使涡轮旋转,涡轮为发电机供电。

重新开放，到 2013 年，又生产了 500000oz 金和约 $250×10^4$oz 银。2012 年末，该矿探明储量为 $11×10^8$t，可开采金量为 $1180×10^4$oz。由于冶金回收率低，以及黄金和白银价格低迷，矿场开采已停止。

Hycroft 金银矿床属于低硫化类型，其特征是钾长石和绢云母蚀变，并且与 Florida Canyon 类似，早期含 Au-Ag 的低硫化蚀变岩被较年轻的蒸汽加热的酸性硫酸盐矿所覆盖，造成 Au 和 Ag 局部转移（图 10.11）。地质学表明，早期的成矿作用是保存良好的古地表的形成条件之一，包含大量的不透明（无定形硅石）硅质泉华、蒸汽加热形成的硫酸盐蚀变矿物和层状热液喷出形成的角砾岩。其他古地表指示物包括在喷气孔周围形成的天然硫矿床和朱砂矿床。汞和硫元素存在与沸腾型地热储层上方的蒸汽或汽相中，然后在朱砂矿附近析出。金矿石中钾长石的放射年龄为（3.8~390）万年，而与其互层的硫酸盐蚀变岩年龄为（1.2~210）万年（Ebertand Rye，1997）。根据黄钾铁矾的辐射年龄，大约在 70 万年前发生了另外的风化和氧化作用，黄钾铁矾是黄铁矿的常见风化产物。尽管大部分矿化作用发生在大约（5~2000）万年前的火山岩和沉积岩中，与 Florida Canyon 矿中含金矿物不同，该矿床不存在矿化和蚀变。

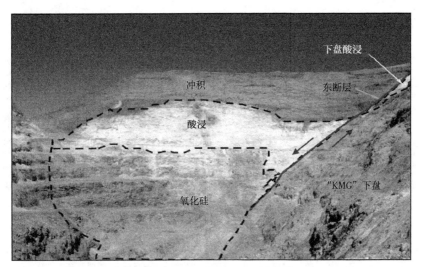

图 10.11　Rycroft 矿山硫磺露天矿北侧视图（Allied Nevada Gold Corp.，Technical Report—Hycroft Mine，
Winnemucca，Nevada，USA，Allied Nevada Gold Corp.，Reno，2013.）
请注意，蒸汽加热的酸浸区是如何覆盖含金硅质氧化层。酸浸带和氧化硅层段沿东断层截断，
在下盘块顶部可见酸浸偏移区的一部分。台地高度大约是 20ft

已发表的关于矿区地热资源资料相当有限。根据在矿区所钻的大约 40 口水井，地下水位在 800~1300ft，许多井的水温在 100~150℉，一些井 H_2S 浓度较高（D. Hudson，pers. comm.，2015）。可能是热水与硫化铁反应产生相关气体 $[2H_2O+FeS_2→H_2S+S+Fe(OH)_2]$。流体温度从矿井的西北方向向 Humboldt House 地热系统方向升高。尽管如此。Hycroft 井中温度说明地热系统仍然是活跃的，至少是间歇性的，可能已经持续了 400 万年之久。

10.3.2.3　San Emidio 地热系统和 Wind Mountain 矿

该地热系统和邻近矿场位于 Hycroft 矿井西南 80km 处、内华达州里诺以北 100km 处。

Wind 山的原始矿藏储量（1988 年）为 $1370 \times 10^4 t$，金含量 $0.72 g/t$ 和银含量 $11.4 g/t$。1989—1999 年，生产了近 $30 \times 10^4 oz$ 黄金和超过 $170 \times 10^4 oz$ 白银。该矿目前处于闲置状态，但最近的勘探工作表明，在以前开采的露天矿坑内，大约有 $4200 \times 10^4 t$ 的黄金。

该矿位于 San Emidio 和 Lake Rang 断层的下盘，而 San Emidio 地热系统位于该矿以南约 7km 处的下抛式上盘（图 10.12）。当前的 San Emidio 地热系统位于一个主要向北延伸、向西倾斜的断层带的右方台阶区，该断层带是 San Emidio 山谷东部边缘（Rhodes et al.，2010）。Wind 山温泉型矿化作用主要表现为原生硫、朱砂矿床、层状热液角砾岩矿床、烧结矿硅化植物碎屑和石灰华。虽然没有进行年龄测定，但根据硅华，认为它的年龄被小于 500 万年。

San Emidio 地热发电厂位于 Wind Mountain 矿以南约 7km 处，最近对其进行了翻新和升级，装机容量达到了 11.8MWe，储层温度是根据热流体化学平均温度约 187℃ 计算出来的（Coolbaugh et al.，2005）。从两口井测得的温度分别为 144℃ 和 152℃，生产压力分别为 132 psi 和 140 psi（Breit et al.，2011）。地热系统还为一个蔬菜烘干厂服务。

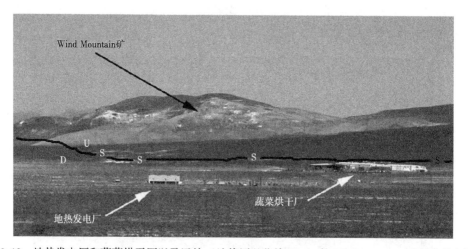

图 10.12　地热发电厂和蔬菜烘干厂以及远处（地热厂以北约 7km）的 Wind Mountain 矿的东北向视图
（Coolbaugh, M. F. et al., in Geological Society of Nevada Symposium 2005：Window to the World Proceedings,
Rhoden, H. N. et al., Eds., Geological Society of Nevada, Reno, 2005, pp. 1063−1082.）
显示的地热发电厂是升级前较老的 4.8MWe 机组。图中黑线粗线是 San Emidio 断层，其中"D"位于断层下盘
一侧，而"U"位于断层上盘一侧。字母"S"表示的是沿着 San Emidio 断层，有天然硫、石膏、温暖到蒸腾的
地面、局部朱砂等含硫的蚀变区域

10.4　小结

与岩浆有关的年轻矿床的其他例子包括 Salton Sean 地热系统中的高温 Hudson Ranch 地热发电厂，地下水富含锰、锌和锂盐，这是一种独立的矿物，这是金属的一种液态开采形式，工厂计划回收并出售这些金属。在美国西部的 Great 盆地内，Coolbaugh 等人（2005，2011）描述了与年轻的或仍然活跃的地热系统相关的其他岩浆和岩浆年轻矿床，包括内华达州里昂县的 Como 和俄勒冈州的 Quartz Mountain，都是岩浆加热的，而 Colado 和 Blue Mountain 似乎都是非岩浆地热系统。产出约 $880 \times 10^4 oz$ 的黄金与活跃的水热型地热系统和附

近的金矿有关（Breit et al.，2011；Coolbaugh et al.，2011）。一般来说，年轻的岩浆热液矿床比岩浆热液年轻矿床含有更高品位的黄金。此外，地热系统的寿命相对较长（可达500万年），当系统平衡状态被打破可能会出现矿物沉淀，如快速沸腾和冷却，在局部出现金属沉淀。在静止期，溶解在地热流体中的金属以一种更加有限和分散的方式沉淀。换言之，热液扰动似乎是地热系统中是否形成矿床的一个重要因素。

10.5　建议的问题

（1）假设你是一位勘探地质学家，并且正在钻探一个硅质矿床，以寻找金和银。在钻孔过程中，会遇到一些低品位矿物，但也会遇到高于90℃热水。（a）硅质泉华的大概年龄；（b）你认为年龄是多少？

（2）间歇泉地热系统是否可能正在快速形成矿床？理由是什么？会形成什么样的沉积物？

（3）如果活跃的地热系统是超热贵金属矿床，已经开发或正在开发的大多数活跃的地热系统是否存在可开采的金银矿床？

10.6　参考文献和推荐书目

Allied Nevada Gold Corp. (2013). *Technical Report—Hycroft Mine, Winnemucca, Nevada*, USA. Reno: Allied Nevada Gold Corp. (http: //www. alliednevada. com/wp-content/uploads/130306-tech-report. pdf).

Bailey, R. A. (1989). *Geologic Map of the Long Valley Caldera, Mono-Inyo Craters Volcanic Chain, and Vicinity, Eastern California*, Map Ⅰ-1933, scale 1: 62, 500. Reston, VA: U. S. Geological Survey (http: //ngmdb. usgs. gov/Prodesc/proddesc_15. htm).

Bailey, R. A., Dalrymple, G. B. and Lanphere, M. A. (1976). Volcanism, structure, and geochronology of Long Valley caldera, Mono County, California. *Journal of Geophysical Research*, 81 (5): 725-744.

Bignall, G. and Carey, B. S. (2011). A deep (5 km) geothermal science drilling project for the Taupo Volcanic Zone: who wants in? *Proceedings of the New Zealand Geothermal Workshop*, 33: 5.

Breit, G. N., Hunt, A. G., Wolf, R. E., Koenig, A. E., Fifarek, R. H., and Coolbaugh, M. F. (2010). Are modern geothermal waters in northwest Nevada forming epithermal gold deposits? In: *Great Basin Evolution and Metallogeny* (Steininger, R. and Pennell, B., Eds.), pp. 833-844. Lancaster, PA: DEStech Publications. Copyright © Geological Society of Nevada.

Browne, P. R. L. (1969). Sulfide mineralization in a Broadlands geothermal drill hole, Taupo Volcanic Zone, New Zealand. *Economic Geology*, 64 (2): 156-159.

Campbell, R. (2000). Mammoth geothermal: a development history. *Geothermal Resources Council Bulletin*, 29 (3): 91-95.

Carman, G. D. (2003). Geology, mineralization, and hydrothermal evolution of the Ladolam gold deposit, Lihir Island, Papua New Guinea. Economic *Geologists Special Publication*, 10: 247-284.

Coolbaugh, M. F., Arehart, G. B., Faulds, J. E., and Garside, L. J. (2005). Geothermal systems in the Great Basin, western United States: modern analogues to the roles of magmatism, structure, and regional tectonics in the formation of gold deposits. In: *Geological Society of Nevada Symposium* 2005: *Window to the World Proceedings* (Rhoden, H. N., Steininger, R. C., and Vikre, P. G., Eds.), pp. 1063-1082. Reno: Geological Society of Nevada.

Coolbaugh, M. F., Vikre, P. G., and Faulds, J. E. (2011). Young (<7Ma) gold deposits and active geothermal systems of the Great Basin: enigmas, questions, and exploration potential. In: *Great Basin Evolution and Metallogeny* (Steininger, R. and Pennell, B., Eds.), pp. 845–860. Lancaster, PA: DEStech Publications. Copyright © Geological Society of Nevada.

Ebert, S. W. and Rye, R. O. (1997). Secondary precious metal enrichment by steam-heated fluids in the Crofoot-Lewis hot spring gold-silver deposit and relation to paleoclimate. *Economic Geology*, 92 (5): 578–600.

Farrar, C. D., Sorey, M. L., Evans, W. C. et al. (1995). Forest-killing diffuse CO_2 emission at Mammoth Mountain as a sign of magmatic unrest. *Nature*, 376 (6542): 675–678.

Faure, K., Matsuhisa, Y., Metsugi, H., Mizota, C., and Hayashi, S. (2002). The Hishikari Au-Ag epithermal deposit, Japan: oxygen and hydrogen isotope evidence in determining the source of paleohydrothermal fluids. *Bulletin of the Society of Economic Geologists*, 97 (3): 481–498.

Fifarek, R. H., Samal, A. R., and Miggins, D. P. (2011). Genetic implications of mineralization and alteration ages at the Florida Canyon epithermal Au – Ag deposit, Nevada. In: *Great Basin Evolution and Metallogeny* (Steininger, R. and Pennell, B., Eds.), pp. 861–880. Lancaster, PA: DEStech Publications. Copyright © Geological Society of Nevada.

Fournier, R. O. (1985). The behavior of silica in hydrothermal solutions. *Reviews in Economic Geology*, 2: 45–61.

Furuya, S., Aoki, M., Gotoh, H., and Takenaka, T. (2000). Takigami geothermal system, northeastern Kyushu, Japan. *Geothermics*, 29: 191–211.

Gemmell, J. B., Sharpe, R., Jonasson, I. R., and Herzig, P. M. (2004). Sulfur isotope evidence for magmatic contributions to submarine and subaerial gold mineralization: Conical Seamount and the Ladolam gold deposit, Papua New Guinea. *Economic Geology*, 99 (8): 1711–1725.

Giggenbach, W. F. (1992). Magma degassing and mineral deposition in hydrothermal systems along convergent plate boundaries. *Economic Geology*, 87 (7): 1927–1944.

Giggenbach, W. F. (1995). Variations in the chemical and isotopic composition of fluids discharged from the Taupo Volcanic Zone, New Zealand. *Journal of Volcanology and Geothermal Research*, 68 (1–3): 89–116.

Gustafson, L. B., Vidal, C. E., Pinto, R., and Noble, D. C. (2004). Porphyry – epithermal transition, Cajamarca region, northern Peru. *Economic Geologists Special Publication*, 11: 279–299.

Hayashi, S., Nakao, S., Yokoyama, T., and Izawa, E. (1997). Concentration of gold in the current thermal water from the Hishikari gold deposit in Kyushu, Japan. *Shigen Chishitsu*, 47 (4): 231–233.

Hedenquist, J. W. (1986). Geothermal systems in the Taupo Volcanic Zone: their characteristics and relation to volcanism and mineralisation. *Bulletin of the Royal Society of New Zealand*, 23: 134–168.

Hedenquist, J. W. and Henley, R. W. (1985). Hydrothermal eruptions in the Waiotapu geothermal system, New Zealand: their origin, associated breccias, and relation to precious metal mineralization. *Economic Geology*, 80 (6): 1640–1668.

Hedenquist, J. W. and Lowenstern, J. B. (1994). The role of magmas in the formation of hydrothermal ore deposits. *Nature (London)*, 370 (6490): 519–527.

Hedenquist, J. W., Simmons, S. F., Giggenbach, W. F., and Eldridge, C. S. (1993). White Island, New Zealand, volcanic-hydrothermal system represents the geochemical environment of high-sulfidation Cu and Au ore deposition. Geology, 21 (8): 731–734.

Heinrich, C. A., Driesner, T., Stefansson, A., and Seward, T. M. (2004). Magmatic vapor contraction and the transport of gold from the porphyry environment to epithermal ore deposits. *Geology*, 32 (9): 761–764.

Henley, R. W. and Ellis, A. J. (1983). Geothermal systems ancient and modern: a geochemical review. *Earth-*

Science Reviews, 19（1）: 1-50.

Hildreth, W.（2004）. Volcanological perspectives on Long Valley, Mammoth Mountain, and Mono Craters: several contiguous but discrete systems. *Journal of Volcanology and Geothermal Research*, 136（3）: 169-198.

Hill, D. P, Langbein, J. O., and Prejean, S.（2003）. Relations between seismicity and deformation during unrest in Long Valley caldera, California, from 1995 through 1999. *Journal of Volcanology and Geothermal Research*, 127（3）: 175-193.

Hudson, D. M.（1987）. Steamboat Springs geothermal area, Washoe County, Nevada. In: *Bulk Mineable Precious Metal Deposits of the Western United States*（Johnson, J. L., Ed.）, pp. 408-412. Reno: Geological Society of Nevada.

Hulen, J. B., Heizler, M. T., Stimac, J. A., Moore, J. N., and Quick, J. C.（1997）. New constraints on the timing of magmatism, volcanism, and the onset of vapor-dominated at The Geysers steam field, California. In: *Proceedings of the 22nd Workshop on Geothermal Reservoir Engineering*, Stanford, CA, January 27-29（http://www. geothermal-energy. org/pdf/IGAstandard/SGW/1997/Hulen. pdf）.

Hunt, A. G., Landis, G. P., Breit, G. N., Wolf, R., Bergfeld, D., and Rytuba, J. J.（2010）. Identifying magmatic versus amagmatic sources for modern geothermal system associated with epithermal mineralization using noble gas geochemistry. In: *Great Basin Evolution and Metallogeny*（Steininger, R. and Pennell, B., Eds.）, pp. 899-908. Lancaster, PA: DEStech Publications. Copyright © Geological Society of Nevada.

Izawa, E., Urashima, Y., Ibaraki, K., Suzuki, R., Yokoyama, T. et al.（1990）. Hishikari gold deposit: high-grade epithermal veins in Quaternary volcanics of southern Kyushu, Japan. *Journal of Geochemical Exploration*, 36（1-3）: 1-56.

John, D. A.（2001）. Miocene and early Pliocene epithermal gold-silver deposits in the northern Great Basin, western USA. *Economic Geology*, 96: 1827-1853.

Krupp, R. E. and Seward, T. M.（1987）. The Rotokawa geothermal system, New Zealand; an active epithermal gold-depositing environment. *Economic Geology*, 82（5）: 1109-1129.

Lehrman, N. J.（1986）. The McLaughlin Mine, Napa and Yolo counties, California. *Nevada Bureau of Mines and Geology Report*, 41: 85-89.

Lindgren, W.（1915）. *Geology and Mineral Deposits of the National Mining District*, *Nevada*, USGS Bulletin 601. Reston, VA: U. S. Geological Survey.

Lindgren, W.（1933）. Mineral Deposits. New York: McGraw-Hill.

Melaku, M.（2005）. Geothermal development at Lihir—an overview. In: *Proceedings World Geothermal Congress*, 2005, Antalya, Turkey, April 24-29（http://www. geothermalenergy. org/pdf/IGAstandard/WGC/2005/1343. pdf）.

Miyoshi, M., Sumino, H., Miyabuchi, Y. et al.（2012）. K-Ar ages determined for postcaldera volcanic products from Aso Volcano, central Kyushu, Japan. *Journal of Volcanology and Geothermal Research*, 229-230: 64-73.

Morishita, Y. and Takeno, N.（2010）. Nature of the ore-forming fluid at the Quaternary Noya gold deposit in Kyushu, Japan. *Resource Geology*, 60（4）: 359-376.

Moyle, A. L., Doyle, B. J., Hoogvliet, H., and Ware, A. R.（1990）. Ladolam gold deposit, Lihir Island. In: *Geology of the Mineral Deposits of Australia and Papua New Guinea*, Vol. 2（Hughes, F. E., Ed.）, pp. 1793-1805. Victoria, Australia: Australasian Institute of Mining and Metallurgy.

Peabody, C. E. and Einaudi, M. T.（1992）. Origin of petroleum and mercury in the Culver-Baer cinnabar deposit, Mayacmas District, California. *Economic Geology*, 87（4）: 1078-1103.

Pearcy, E. C. and Petersen, U.（1990）. Mineralogy, geochemistry and alteration of the Cherry Hill, California, hot-spring gold deposit. *Journal of Geochemical Exploration*, 36 (1-3): 143-169.

Peters, E. K. (1991). Gold-bearing hot spring systems of the northern Coast Ranges, California. *Economic Geology*, 86 (7): 1519-1528.

Pichler, T., Giggenbach, W. F., McInnes, B. I. A., Buhl, D., and Duck, B. (1999). Fe sulfide formation due to seawater-gas-sediment interaction in a shallow-water hydrothermal system at Lihir Island, Papua New Guinea. *Economic Geology*, 94 (2): 281-288.

Pope, J. G., Brown, K. L., and McConchie, D. M. (2005). Gold concentrations in springs at Waiotapu, New Zealand: implications for precious metal deposition in geothermal systems. *Economic Geology*, 100 (4): 677-687.

Reed, M. H. and Spycher, N. F. (1985). Boiling, cooling, and oxidation in epithermal systems: a numerical modeling approach. *Reviews in Economic Geology*, 2: 249-272.

Rhodes, G. T., Faulds, J. E., and Teplow, W. (2010). Structural controls of the San Emidio Desert Geothermal Field, Northwestern Nevada. *Geothermal Resources Council Transactions*, 34 (2): 753-756.

Rowland, J. V. and Sibson, R. H. (2004). Structural controls on hydrothermal flow in a segmented rift system, Taupo Volcanic Zone, New Zealand. *Geofluids*, 4 (4): 259-283.

Rowland, J. V. and Simmons, S. F. (2012). Hydrologic, magmatic, and tectonic controls on hydrothermal flow, Taupo Volcanic Zone, New Zealand: implications for the formation of epithermal vein deposits. *Economic Geology*, 107 (3): 427-457.

Sanematsu, K., Watanabe, K., Duncan, R. A., and Izawa, E. (2006). The history of vein formation determined by $^{40}Ar/^{39}Ar$ dating of adularia in the Hosen-1 vein at the Hishikari epithermal gold deposit, Japan. *Economic Geology*, 101 (3): 685-698.

Sherlock, R. L. (2005). The relationship between the McLaughlin gold-mercury deposit and active hydrothermal systems in the Geysers-Clear Lake area, northern Coast Ranges, California. *Ore Geology Reviews*, 26 (3-4): 349-382.

Sherlock, R. L., Tosdal, R. M., Lehrman, N. J. et al. (1995). Origin of the McLaughlin Mine sheeted vein complex: metal zoning, fluid inclusion, and isotopic evidence. *Economic Geology*, 90 (8): 2156-2181.

Sillitoe, R. H. (2010). Porphyry copper systems. *Economic Geology*, 105 (1): 3-41.

Simmons, S. F. and Brown, K. L. (2006). Gold in magmatic hydrothermal solutions and the rapid formation of a giant ore deposit. *Science*, 314 (5797): 288-291.

Simmons, S. F. and Brown, K. L. (2007). The flux of gold and related metals through a volcanic arc, Taupo volcanic zone, New Zealand. *Geology*, 35 (12): 1099-1102.

Simmons, S. F. and Brown, K. L. (2008). Precious metals in modern hydrothermal solutions and implications for the formation of epithermal ore deposits. *SEG Newsletter*, 72 (1): 9-12.

Simmons, S. F. and Browne, P. R. L. (2000). Hydrothermal minerals and precious metals in the Broadlands-Ohaaki geothermal system: implications for understanding low-sulfidation epithermal environments. *Economic Geology*, 95 (5): 971-999.

Simmons, S. F. and Christenson, B. W. (1994). Origins of calcite in a boiling geothermal system. *American Journal of Science*, 294 (3): 361-400.

Sorey, M. L., Suemnicht, G. A., Sturchio, N. C., and Nordquist, G. A. (1991). New evidence on the hydrothermal system in Long Valley caldera, California, from wells, fluid sampling, electrical geophysics, and age determinations of hot-spring deposits. *Journal of Volcanology and Geothermal Research*, 48 (3-4): 229-263.

Sorey, M. L., Evans, W. C., Kennedy, B. M., Farrar, C. D., Hainsworth, L. J., and Hausback, B. (1998). Carbon dioxide and helium emissions from a reservoir of magmatic gas beneath Mammoth Mountain, California. *Journal of Geophysical Research*, 103 (B7): 15, 303-15, 323.

Steininger, R. C. (2005). Geology of the Long Valley gold deposit, Mono County, California. In: *Volcanic Geology, Volcanology, and Natural Resources of the Long Valley Caldera, California* (Leavitt, E. D. et al., Eds.), pp. 189-196. Reno: Geological Society of Nevada.

Suemnicht, G. A. (2012). Long Valley caldera geothermal and magmatic systems. In: *Long Valley Caldera Field Trip Guide*, NGA Long Valley Field Trip, July 5-7. Reno, NV: National Geothermal Academy, Great Basin Center for Geothermal Energy.

Suemnicht, G. A., Sorey, M. L., Moore, J. N., and Sullivan, R. (2006). The shallow hydrothermal system of the Long Valley caldera, California. *Geothermal Resources Council Transactions*, 30: 465-469.

Thompson, G. A. and White, D. E. (1964). *Regional Geology of the Steamboat Springs Area, Washoe County, Nevada*, Professional Paper 458-A. Reston, VA: U. S. Geological Survey.

Tohma, Y., Imai, A., Sanematsu, K. et al. (2010). Characteristics and mineralization age of the Fukusen No. 1 Vein, Hishikari epithermal gold deposits, southern Kyushu, Japan. *Resource Geology*, 60 (4): 348-358.

Torgersen, T. and Jenkins, W. J. (1982). Helium isotopes in geothermal systems: Iceland, The Geysers, Raft River and Steamboat Springs. *Geochimica et Cosmochimica Acta*, 46 (5): 739-748.

UNFCC. (2006). *Project* 0279: *Lihir Geothermal Power Project*. Geneva: United Nations Framework Convention on Climate Change (http://cdm.unfccc.int/Projects/DB/DNV-CUK1143246000.13).

Vikre, P. G. (1994). Gold mineralization and fault evolution at the Dixie Comstock Mine, Churchill County, Nevada. Economic Geology, 89 (4): 707-719.

Weissberg, B. G. (1969). Gold-silver ore-grade precipitates from New Zealand thermal waters. *Economic Geology*, 64 (1): 95-108.

White, D. E. (1955). Thermal springs and epithermal ore deposits. *Economic Geology*, Fiftieth Anniversary Volume, pp. 99-154.

White, D. E. (1968). *Hydrology, Activity, and Heat Flow of the Steamboat Springs Thermal Area, Washoe County, Nevada*, Professional Paper 458-C. Reston, VA: U. S. Geological Survey.

White, D. E. (1981). Active geothermal systems and hydrothermal ore deposits. *Economic Geology*, Seventy-Fifth Anniversary Volume, pp. 392-423.

White, D. E. (1985). Summary of the Steamboat Springs geothermal area, Nevada, with attached road-log commentary (USA). *U. S. Geological Survey Bulletin*, 1646: 79-87.

White, D. E., Hem, J. D., and Waring, G. A., Eds. (1963). *Chemical Composition of Subsurface Waters*, USGS Professional Paper 440-F. Reston, VA: U. S. Geological Survey.

White, D. E., Muffler, L. J. P., and Truesdell, A. H. (1971). Vapor-dominated hydrothermal systems compared with hot-water systems. *Economic Geology*, 66 (1): 75-97.

White, P., Ussher, G., and Hermoso, D. (2010). Evolution of the Ladolam geothermal system on Lihir Island, Papua New Guinea. In: *Proceedings World Geothermal Congress* 2010, Bali, Indonesia, April 25-30 (http://www.geothermal-energy.org/pdf/IGAstandard/WGC/2010/1226.pdf).

11 新一代地热能

11.1 本章目标

（1）区分增强型地热系统和工程型地热系统，并提供两种系统的示例。
（2）解释水力剪切和水力压裂在储层增产改造中的不同之处。
（3）对比利用超临界流体、超临界二氧化碳和超临界水开发地热系统的潜在利益和困难。
（4）介绍深层热沉积含水层及其与目前开发的地热储层的差异。
（5）讨论在脆—韧性过渡带下开发地热系统的利与弊。

11.2 概述

本章将探讨开发地热系统的新方法。这种开发形式主要运用在工程型或增强型的地热系统（EGSs）上。在传统的热液系统中，地热流体（液体或蒸汽）在储层中自然循环，由于储层具有良好的渗透性，很容易生产和重新注入，而与传统的热液系统不同，EGS 中的流体循环必须通过人工增产。这是因为岩石储层几乎没有水或是渗透率很低，水无法有效地将热量带到地面以支持发电。因此，含水量低、渗透率低的系统也称为干热岩（HDR）。需要向目标储层泵入有压力的冷水来增强岩石的渗透性，扩大现有裂缝尺寸并且利用热收缩产生更多裂缝。注入水流经裂缝网络过程中受热。然后，将热量携带至地面为闪蒸或双循环地热发电厂（图 11.1）提供动力。

增强型地热系统和工程型地热系统这两个术语通常可以互换使用。就本书而言，进行区别似乎是值得的。增强型地热系统一般适用于现有水热型或蒸汽型常规地热系统，通过注入迫使现有裂缝扩展，从而提高低产井的产量，满足发电设备需求。例如，爱达荷州的 Raft 河、内华达州的 Desert Peak、加利福尼亚的 Geysers。在 Geysers 曾实施过一个回注项目，即通过两条来自城市的污水回注以维持迅速减小的储层蒸汽压力。工程型地热系统适用于不存在自然对流但岩石温度较高的地热储层。在这些情况下，需要特定的工艺，例如下文将讨论利用水力压裂，来建造一个将现有裂缝扩展并延伸到注入井筒周围的人造地热储层。工程型地热系统的实例包括位于德国莱茵地堑的 Landau 和 Insheim 的小型地热发电厂，以及俄勒冈州的 Newberry EGS 勘探项目。

另一个具有发展前景的领域是超临界地热储层，储层温度和压力很高使流体处于超临界状态（温度>374℃；压力>220bar）。在此条件下，流体不仅具有很高的焓，而且导水系数很高。超临界流体的密度与液体相似，流动性与气体相似，具有很高的传质速率。冰岛深钻项目（IDDP）正在致力于开发超临界系统，这些研究总结在《Geothermics》[49（1），2014] 中。探索开发超临界系统项目还包括：日本项目（JBBP），该项目旨在测试地壳脆—延性过渡带下开采流体的潜力；以及新西兰的深层勘探科学项目（HADES）。

　　未来5~10年内，最有可能实现显著增长的EGSs区域可能是深层（3~4km）、高温（160~180℃）的沉积含水层。内华达州东部的Steptoe山谷和犹他州西部的Black Rock沙漠就是很好的例子。在那里，前期的石油和天然气钻探发现了在静压条件（Allis and Moore，2014）下有大量的热液。另一个具有热液含水层潜力的地区是德国南部的Molasses盆地。

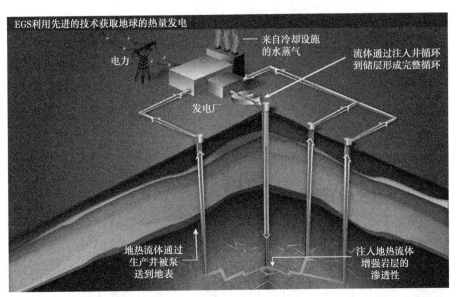

图11.1　工程地热系统图（EERE，What Is an Enhanced Geothermal System（EGS），DOE/EE-0785，Office of Energy Efficiency and Renewable Energy，Washington，DC，2012.）
冷水从中间注入，并在流经强化裂缝时被加热。然后将加热的流体泵送到生产井的地面，生产井将流体输送至发电厂。随后再次注入废液，并重复该过程

11.3　水力剪切与水力压裂

　　水力剪切是在低至中等压力（通常小于500~600psi）下将冷水注入热岩石中以扩张现有裂缝的过程。由于冷水和热岩石之间的热量差异，岩石会热收缩并产生更多的裂缝（如第9章的诱发地震活动中所述）。当裂缝因流体压力增加而扩张时，法向力（σ_n）减小，导致裂缝的两侧相互滑移（图11.2）。由于裂缝的两侧面不再对齐，裂缝壁面呈现出不规则或不平整的偏移，所以裂缝保持相对开放。在很大程度上消除了使用支撑剂（例如石英砂）来保持裂缝开启的必要。此外，随着时间的流逝，引入的支撑剂会发生降解，并可能堵塞裂缝。

　　AltaRock Energy公司开发出一种新方法，可以增大地热储层的规模（AltaRock，2014）。在初次注入和水力剪切之后，注入可热降解暂堵材料（TZIM），暂时堵塞新压开的裂缝。第二次泵注液体随之进入并扩张未能开启的裂缝。重复该过程，直至完成井底裂缝改造。随着温度的升高，TZIM最终会降解，使注入的流体能够改造比未使用TZIM时大3~4倍的储层体积，从而产生良好的传热效果，提高生产效率。TZIM是可生物降解的，不含有害的化学副产品或残留物，也不需要酸洗或破胶剂。AltaRock能源公司在俄勒冈州中部的Newberry项目中成功地应用这项技术开发了一个储量约0.8km³的潜在地热储层。

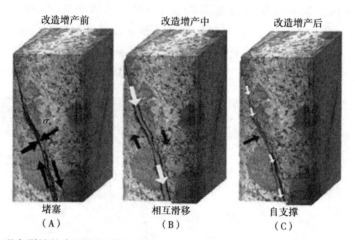

图 11.2　现有裂缝的水力剪切增产过程。(AltaRock,Thermally Degradable Zonal Isolation
Materials (TZIMs), AltaRock Energy, Seattle, WA, 2014.)

(A) 显示了部分堵塞的现有裂缝。如图 (B) 所示,注水会扩张裂缝,使其从上覆岩柱中滑落。
如图 (C) 所示(增产后),由于滑移,裂缝的侧面不再对齐,从而在增产后使裂缝保持张开状态。
有关详细信息,详见正文

相比之下,水力压裂需要在很高的压力 (≥5000psi) 下注入液体才能使地层深处岩石破裂。该技术主要用于开采致密或不可渗透岩石层中的石油和天然气。通过高压泵注、水力压裂使岩石破裂释放页岩地层中的石油和天然气。在大多数情况下,化学添加剂和固体添加剂与水一起泵入可以减少流体摩阻并支撑裂缝,最大程度沟通储层。此外,如果烃源岩是钙质岩石,通常注入酸液,用以溶解部分方解石胶合物,提高渗透率。根据美国环境部署 (USAPA,2015) 一项研究表明,由于环境问题,水力压裂近来受到了相当大的关注,但水力压裂对浅层地下含水层的污染并不普遍,很少发生。潜在的污染可能不是由于在地下含水层以下数千英尺处岩石的实际破裂造成的,而是由于反洗液返排到地面,在特殊的废物处理设施中处理或回收时,可能发生溢出或泄漏。与水力剪切相比,水力压裂面临的更重要的环境问题可能是需要大量的水,而水力剪切可以在注入过程中循环使用水。

11.4　增强型与工程型地热系统

增强型与工程型的地热系统 (EGS) 分别用于常规地热系统增产或恢复生产,以及从热干岩中开发潜在的新型地热系统。总体而言,正在开发的地热项目中只有约 2% 是 EGSs。但是,EGSs 的发展可能会使美国目前的 3500 MWe 的地热发电量增加大约 1~2 个数量级 (图 11.3) (Tester et al.,2006)。南卫理公会大学 (2016) 最新发布的一份有关 EGSs 的报告指出,EGSs 可以将地热发电量增至 3000000MWe 以上,约为美国目前现有装机发电量的 3 倍。发电量大幅增加的原因是,越来越多的地区可利用 EGSs 进行地热发电。干热岩比当前使用的常规集热地热系统分布更加广泛,常规地热系统主要分布在活跃的构造边界和地质热点。但是,限制 EGSs 的一个重要因素是资金。由于钻探深度与材料成本增加,在堪萨斯州开发 EGS 资源成本毫无疑问比内华达州北部的常规地热系统要高。而另一个问题涉及 EGS 运行需要大量的水。

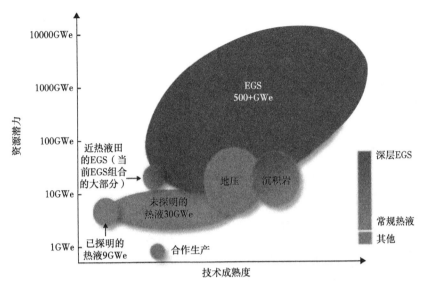

图 11.3　各种地热资源和资源潜力与技术成熟度的关系图（MIT, The Future of Geothermal Energy: Impact of Enhanced Geothermal Systems（EGS）on the United States in the 21st Century, Massachusetts Institute of Technology, Cambridge, MA, 2006; NREL, Dynamic Maps, GIS Data, & Analysis Tools, National Renewable Energy Laboratory, Washington, DC, 2015.）

已探明和未探明的常规热液系统可以使美国目前的 3500MWe 地热发电量提高近十倍，达到美国目前装机容量的 3.5% 左右。如果完全实现，EGSs 的发电量将是目前美国 100 万 MWe（106MWe）发电量的 3 倍以上

11.4.1　增强型地热系统

增强型地热系统实例包括：内华达州的 Desert Peak、爱达荷州的 Raft 河、加利福尼亚的 Geysers。这些都是常规地热系统，通过改善先前选定的低产井的渗透率，有望提高当前的发电量。

11.4.1.1　内华达州 Desert Peak

正在运营的 Desert Peak 地热发电厂位于内华达州中西部，在里诺市东北约 50 英里处。它是 20 世纪 70 年代末第一个被发现的盲地热系统（无地热表面表现），其处于美国西部的盆地和山脉之间（Benoit et al, 1982）。1985 年底，一座配备了 2 口生产井和 1 口注入井的 9MWe 的双闪蒸发电厂投入使用，初始井温平均为 210℃。在 2006 年，双闪蒸发电厂被一个 23MWe 的双循环发电厂取代，该发电厂还需新钻几口生产井和注入井。Desert Peak 地热发电厂代表了美国最早获得商业效益的增强型地热项目之一，对低流量生产井进行增产改造，获得了额外的 1.7MWe 的电力，输出功率增加 38%（Ormat, 2013）。

直到 2013 年，Desert Peak 发电厂共有 7 口生产井在运行，平均深度为 1000~1200m，两口注入井位于主生产井以北 700~1400m 处（图 11.4）。位于生产地热田边缘的 27-15 井因其井底温度为 180~196℃ 的优势而被选作增产井，但渗透率太低，不能用作注入井或生

产井。最初的增产目标区域位于900~1150m深度，该区域为古近纪的下流纹岩层（Chabora et al, 2012；Zemach et al, 2010）。

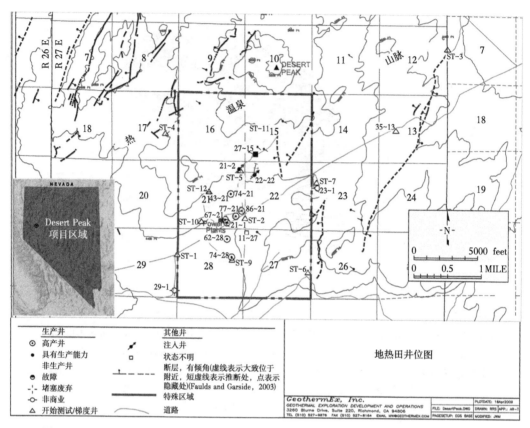

图 11.4　Desert Peak 地热田中井的位置图（Chabora, E. et al., in Proceedings of the 37th Workshop on Geothermal Reservoir Engineering, Stanford, CA, January 30-February 1, 2012. Faults from Faulds et al., 2003.）

显示：琥珀色的是生产井，绿色的是注入井和目标增产井 27-15。短虚线表示断层

27-15 井的初期增产过程历时 7 个月，分三个阶段：在低至中等流体压力下的初期水力剪切，使用螯合剂和土酸增产以及最后在高压流体作用下的水力压裂。通过记录现有裂缝移动和新裂缝形成时微地震事件的位置，确定了 27-15 井附近的裂缝分布图 11.5。在水力剪切阶段，井口注入压力从 250psi 升高到 650psi，每增加 100psi，剪切作用下的裂缝从井眼向外逐渐扩展，每次增加持续约一周。水力剪切阶段结果显示，注入量比增产前增加了约 15 倍［从 0.01~0.15gal/（min·psi）］。后续化学增产包括泵送 12000gal 12% 的盐酸和 3% 的氢氟酸，以溶解碳酸盐裂缝填充物，并清除近井眼裂缝中残留的二氧化硅和黏土。然而，井眼的稳定性降低，需要对井眼下部进行大范围的清理，而由此引起的渗透率增加难以量化。最后阶段的水力压裂目的是将裂缝延伸到离井筒更远的位置，并进一步扩大现有裂缝的剪切力。在此阶段，井口压力通常在 800~1000psi，注入速度高达 725gal/min。在水力压裂结束几天后，进行了阶跃速率测试以监测渗透率或注入率的增加。测试结果表明，

在井口压力为 450psi 时，注入量高达 321gal/min，该压力比形成新裂缝所需的压力低 300psi。因此，此时的注入能力进一步提高，大约为水力剪切阶段之后的 4 倍，这主要是现有和新产生的裂缝的自支撑剪切破坏的结果。

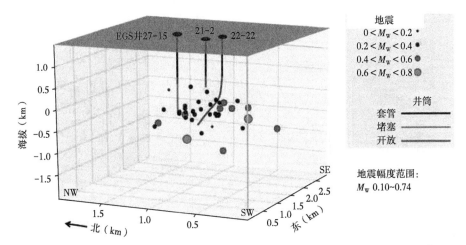

图 11.5　27-15 井 EGS 增产的水力压裂阶段形成的 42 个微地震事件的三维图像

（Chabora, E. et al., in Proceedings of the 37th Workshop on Geothermal Reservoir Engineering, Stanford, CA, January 30- February 1, 2012.）

21-2 井和 22-2 井是注入井。地震震源的分布显示了 27-15 井和现有注入井之间存在裂缝连通性

经过 7 个月的增产措施，27-15 井的注入能力提高了 60 倍以上，从 0.01gal/（min·psi）增至稳定注入量 0.63gal/（min·psi）。尽管仍低于 1.0gal/（min·psi）的注入速率，但已有显著的改善。此外，通过在增产期间适时进行的示踪剂测试以及增产期间产生的微震事件的震源位置，证明了与其他井（注入井 21-2 和 22-22 以及生产井 74-21）之间的连通性增加。（图 11.5 和图 11.6）。

由于增产效果良好，2012 年底对 27-15 井进行了大修，包括在 1150~1210m 钻除水泥塞，清除总深度为 1770m 的钻井液和碎屑。在 925~1770m 处安装割缝衬管，并于 2013 年 1 月至 3 月进行了大流量、长时间的增产。在最后的增产阶段，记录了 300 多次微地震事件，反映了现有和新形成的裂缝的剪切作用。由于压裂增产措施，井筒中的增产深度间隔从 150m 增加到 845m，注入速度增加到 2.1gal/（min·psi），大约为初始注入速度的 175 倍。目前，该井在 700 psi 的井口压力下可承受约 1500gal/min 的压力，使功率输出（1.7MWe）增加 38%。完成这项改进的总支出约为 800 万美元，其中 540 万美元由能源部资助，260 万美元由私人提供。这个价格（约 470 万美元/MWe）相当于建造一座新的 25~30MWe 的双循环地热发电厂的成本，该发电厂目前价格约 400 万~450 万美元/MWe。

11.4.1.2　爱达荷州 Raft 河

Raft 河的双循环水冷式地热发电厂位于爱达荷州南部，犹他州/爱达荷州边界以北约 6mile；总发电量为 13MWe。该发电厂有 4 口生产井和 3 口注入井，生产井总流量约为 5000gal/min，温度 135~150℃。地热流体的 pH 值接近中性，矿化度较低（1200~6800mg/L）。生产区位于 Elba 石英岩（变质的石英砂岩）1500~2000m 深度。目前，该项目作为增强型

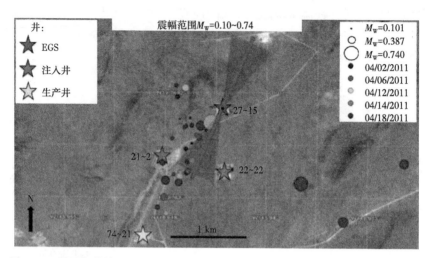

图 11.6　微震事件的地图（Chabora, E. et al., in Proceedings of the 37th Workshop on Geothermal Reservoir Engineering, Stanford, CA, January 30- February 1, 2012.）
视图如图 11.5 所示。微震震中的近线性分布可能反映了东北走向的断层，最大水平应力方向（S_{Hmax}）也表明了这一点。最小水平应力方向与 S_{Hmax} 正交，并指示延伸方向为西北偏北/东南偏东。地图上的正断层向东北偏北方向延伸，形成垂直于延伸方向或平行于 S_{Hmax} 的断层

地热项目的一部分，由美国地热公司（United States Geothermal, Inc.）与能源部合作运营。项目目的是评估 RRG-9 井回注可行性，从而将更多的地热资源投入生产。钻探 RGG-9 井处于狭窄断裂带与脊状断层的相交点（图 11.7）。RGG-9 的总深度为 1644m，底部为直接位于 Elba 石英岩下方的石英蒙脱石。该井目前正在进行热力和水力增产，以提高渗透率和注入率。

初步测试结果表明，在 280 psig 的井口压力下，注入指数仅为 0.15gal/(min·psig) 时，远低于通常认为具有商业可行性的 1 gal/(min·psig)。从 2013 年 6 月开始至 2014 年 2 月结束，共进行了 7 个测试阶段，测试时间从 3 天到 2 个月不等。在此期间，在井口压力为 862psig ［注入指数为 0.33gal/(min·psig)］ 的情况下，使用平均温度为 40℃ 的发电厂注入液可获得最大流量 283gal/min。但是，在注入冷水（12~13℃）12d 后，发电厂注入液的注入指数增加到 0.45~0.48gal/(min·psig)，约为初始值的 3 倍（图 11.8）。这个结果表明，冷水的注入产生了额外的热应力，由于热冲击和热岩收缩，现有裂缝发生扩大或剪切并产生新的裂缝。高压水力压裂计划于 2014 年春季开始，其目标是不断提高渗透率和注入能力，从而提高 RGG-9 井的可行性。

11.4.1.3　加利福尼亚的西北 Geysers 项目

Geysers 地热田是世界上最大的地热发电地区，也是最大的蒸汽型地热储层。在钻井过程中遇到的最高温度位于地热田西北部。虽然温度高达 400℃，由于蒸汽中含有高浓度的非冷凝水和腐蚀性的氯化氢气体，蒸汽井已经废弃。20 世纪 80 年代，对西北地区进行勘探时发现，在致密岩石中 240℃ 蒸汽区下面是高温区（280~400℃）。在运营商 Calpine 和能源部地热技术部门的共同努力下，EGS 示范项目正在测试致密热岩（位于蒸汽储层下）增产改造的可行性。EGS 项目的主要目标如下：

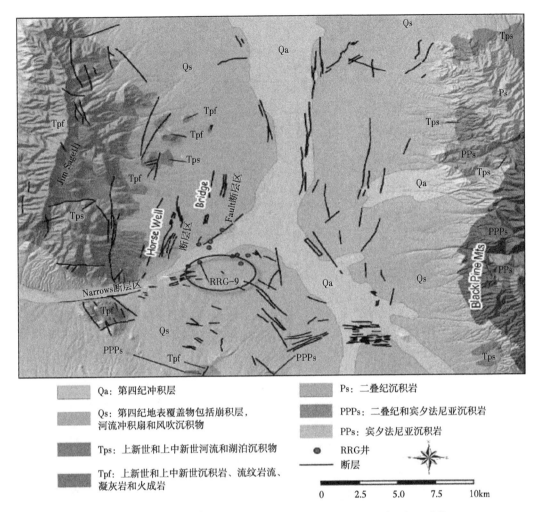

图中标注：Qs、Qa、Tps、Ps、Tpf、PPs、PPPs、Jim Sage断层、Horse Well、Bridge断层区、Fault断层区、Narrows断层区、RRG-9、Black Pine Mts

图例：

Qa：第四纪冲积层	Ps：二叠纪沉积岩
Qs：第四纪地表覆盖物包括崩积层，河流冲积扇和风吹沉积物	PPPs：二叠纪和宾夕法尼亚沉积岩
Tps：上新世和上中新世河流和湖泊沉积物	PPs：宾夕法尼亚沉积岩
Tpf：上新世和上中新世沉积岩、流纹岩流、凝灰岩和火成岩	● RRG井　—— 断层

0　2.5　5.0　7.5　10km

图 11.7　Raft 河地区的地质图（Nash, G. D. and Moore, J. N., Geothermal Resources Council Transactions, 36, 951-958, 2012.）

椭圆表示选作的增产井（RRG-9）

（1）在高温、传导加热和致密的岩石中开发，能够额外产生 5MWe 功率的增强型地热系统。

（2）通过在 Santa Rosa 回注项目的管道中低压注入冷废水来提高渗透率。

（3）减少天然蒸汽中非冷凝性气体的高含量，为电力提供生产高质量、低腐蚀性的蒸汽。

该项目包括三个阶段：（1）预增产阶段，（2）增产阶段，（3）监测阶段。在预增产阶段，加深了两口早期钻探的井（P-32 和 PS-31），形成了注采单元（图 11.9）（Garcia et al., 2012）。拟建注入井垂直深度 3326m，井底温度为 400℃。增产阶段从 2011 年 10 月开始，使用来自 Santa Rosa 回注管道处理后的废水，持续时间不到一年半（2011 年 10 月至 2013 年 3 月）。在增产的前三个月中，生产井 PS-32 和 P-25 的井口压力明显增加（图 11.10）。此外，P-32 井

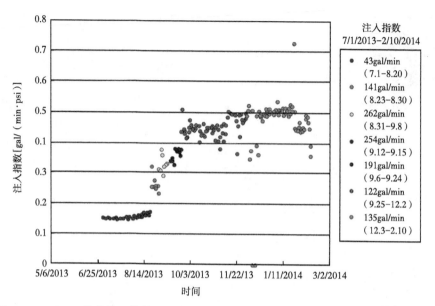

图 11.8　RRG-9 井的注入指数 (Bradford, J. et al., in Proceedings of the 39th Workshop on Geothermal Reservoir Engineering, Stanford, CA, February 24-26, 2014.)

暖色表示用于发电厂注入指标。在低至中等压力下的热力增产使注入能力提升了三倍

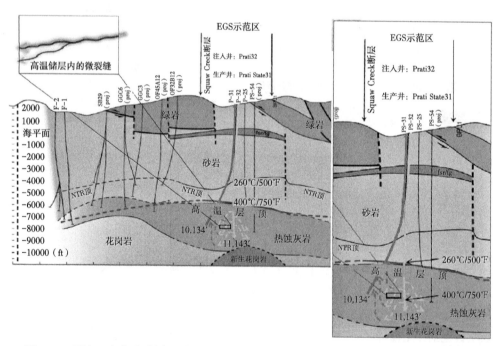

图 11.9　西南—东北地质剖面图 (Garcia, J. et al., in Proceedings of the 37th Workshop on Geothermal Reservoir Engineering, Stanford, CA, January 30-February 1, 2012.)

显示了 EGS 示范项目中的岩石单元、上部以常规蒸汽型和下部为高温的目标储层。也显示了注入井 P-32 和生产井 PS-31 的深化与改造情况

注入液体将 P-25 中的非冷凝气体质量分数从 3.7%降低到 1.1%。P-25 井投产后，PS-31 井口压力的增加速率开始下降。

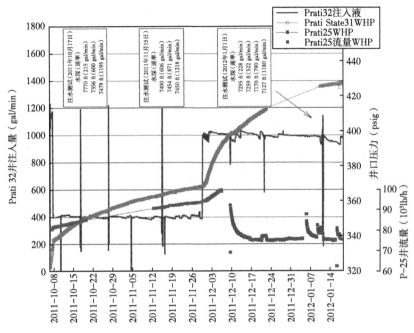

图 11.10 P-32 中的注入速率以及生产井 PS-31 和 P-25 中井口压力（Garcia，J. et al.，in Proceedings of the 37th Workshop on Geothermal Reservoir Engineering，Stanford，CA，January 30-February 1，2012.）

地震事件分析揭示了注入井与地震震中之间强烈的对应关系（图 11.11）。同样，地震事件的频率也随着注入速率的增加而增加（图 11.12）。所监测的地震震源形成一个陡峭的倾斜形态，表明沿着剧烈倾斜裂缝的运动如图 11.13 所示。地震的频率也有助于解释了 2011 年 11 月 29 日 PS-31 的井口压力突然增加的情况，注入量从 400gal/min 增加到 1000gal/min（图 11.14），到现在为止的结果包括：

（1）PS-31 的井口压力从 323psi 增加到 465psi，注入速率为 1000gal/min；生产井 P-25 注入期间井口压力从 345psi 增加到 365psi。

（2）P-25 井和 PS-31 井的非冷凝气体含量分别减少了 85%~90%。

（3）在 PS-31 井处于高注入速率（1000gal/min）期间，观察到的氯含量几乎没有降低。

（4）稳定同位素分析表明，P-25 和 PS-31 中注入液的蒸汽产量分别为 45%和 90%。

（5）测得的井口压力表明，P-25 和 PS-31 的潜在输出功率分别为 1.75MWe 和 3.25MWe。

尽管从 PS-31 井和 P-25 井产出蒸汽所含非冷凝气体均显著降低，但在 P-32 注入期间，PS-31 产生的蒸汽中氯含量（平均约 0.013%）并未明显降低。较高的氯含量导致 PS-31 井的衬管上部有 800m 出现腐蚀和泄漏，迫使其在 2013 年初关闭。但是，随着 P-32 的注入和 P-25 的生产，P-25 井蒸汽中的氯含量仅为 PS-31 井中氯含量的 20% 左右。PS-31

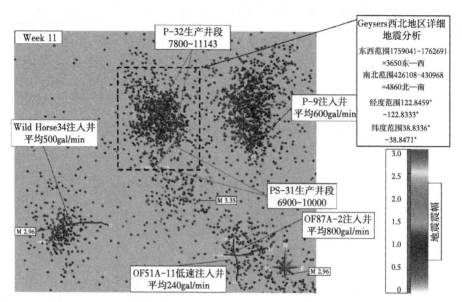

图 11.11　最初 75 天内地震震中的地图（Garcia, J. et al., in Proceedings of the 37th Workshop on Geothermal Reservoir Engineering, Stanford, CA, January 30–February 1, 2012）
注：注入井周围的地震集中反映了由热收缩应力引起的裂缝拉张和剪切破坏

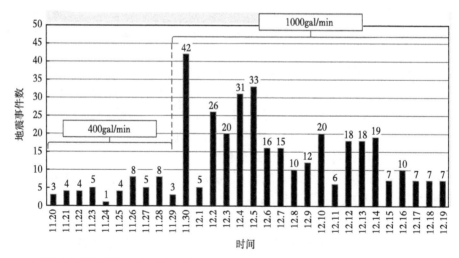

图 11.12　地震事件的频率与注水速率的关系（Garcia, J. et al., in Proceedings of the 37th Workshop on Geothermal Reservoir Engineering, Stanford, CA, January 30–February 1, 2012.）

的进一步监视和测试将被迫推迟，直到安装新型高级合金钢或钛生产衬板。由于尚未与大型电力公司达成购电协议，最终还不确定是否将 EGS 蒸汽用于发电。

11.4.2　工程型地热系统

工程地热系统是指在不存在任何常规或对流地热储层的情况下所形成的潜在的地热系统。具体而言，这些是传导受热的岩石区域，渗透率有限。在低压到高压条件下注入流体，

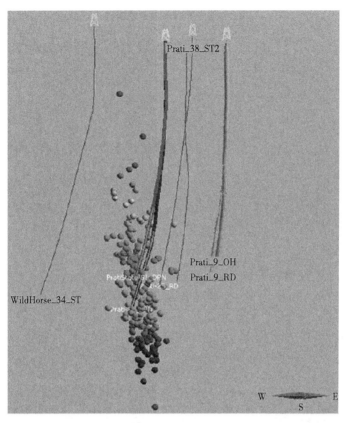

图 11. 13　增产前 75 天内绘制的地震震源（Garcia, J. et al. , in Proceedings of the 37th Workshop on Geothermal Reservoir Engineering, Stanford, CA, January 30–February 1, 2012. ）
震源分布的陡降性质可能反映了类似方向的裂缝带

引起现有裂缝的扩张和剪切破坏。利用高压水力压裂技术可以提高冷液与热岩相互作用所产生的热应力，从而形成新的裂缝。

11.4.2.1　俄勒冈州 Newberry 火山

　　Newberry 火山的 EGS 项目位于俄勒冈州中部，本德镇以南约 35km（图 11. 15）。该项目位于呈盾构形的 Newberry 大火山西侧（南北长 115km，西北宽 45km）。Newberry 火山现在仍然处于活跃状态，熔岩喷发时间则是在 1300 年前。火山顶部有一个长 6. 5km、宽 8km 的火山口，大约在 75000 年前喷发硅质浮石和火山灰形成。火山口现在有两个湖泊，其中含有水温高达 60℃ 的温泉。20 世纪 80 年代末，美国地质勘探局在火山口中部附近钻了一个 900m 的深孔，温度高达 260℃。该地区的地热勘探活动始于 20 世纪 70 年代，最近，AltaRock Energy 公司与 Davenport Newberry 合作，于 2010 年获得美国能源部的拨款，用于探究 EGS 技术的可行性（Cladouhos et al. , 2013）。

　　前承包商在 2008 年钻了一口井（55-29），深度为 2. 7km，井底温度为 300℃；然而，流动测试表明该井的渗透率有限。于是，AltaRock Energy 公司分三个阶段对该井进行了增产，通过水力剪切实现多个层段增产。水力剪切不使用支撑剂，因为裂缝壁不规则，在滑

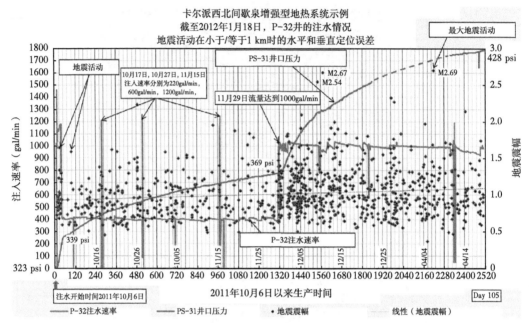

图 11.14　注入速率、PS-31 的井口压力和地震事件之间的关系图（From Garcia, J. et al.,
in Proceedings of the 37th Workshop on Geothermal Reservoir Engineering, Stanford, CA,
January 30-February 1, 2012.）

该图显示了注入速率，PS-31 的井口压力和地震事件（点）之间的关系。随着注入速率从 400gal/min
增加到 1000gal/min，地震事件的频率随之增加。而且，PS-31 中井口压力的突然增加与
注入速率的增加和地震活动性有关

移后有助于保持裂缝开放。在增产试验中，注入的冷水压力高达 16MPa（图 11.16）。在压力作用下注入冷水会导致岩石因水力剪切和热收缩而发生破裂。微震活动是由于水力剪切作用使现有裂缝滑移和热收缩作用产生新裂缝引起。微地震事件的震源和震中标记了潜在的新地热储层的位置。

　　在每个增产阶段即将结束时，注入可热降解的材料以封堵新产生的裂缝。随后的增产措施又产生了一组新的裂缝。重复三次，形成三个渗透率增强的区域。用于封堵新裂缝的注入材料是无毒的，并且与单独多次加压注入相比，可形成渗透率更高的储层。结果表明注入速率高达每秒 5L/MPa，即 0.6gal/（min·psi）。通常认为，大约 1gal/（min·psi）的注入指数是商业上可行的最低注入速率（如上文 Desert Peak 增强型地热系统）。尽管在 55-29 井实施水力剪切增产后渗透率增加了两个数量级，但为获得更大的商业价值，渗透率（注入率）有必要进一步提高。

　　下一步计划将包括流量测试，包括对冷水柱进行气举以启动蒸汽和热水流动。该测试的结果将用于观察是否需要进一步增产以确保能实现商业价值的所需流速。如果流量测试良好并且可以随时间保持，将钻探生产井，使 EGS 系统得以完善。初期可能会建造一个发电量为 5~10MWe 的示范电厂。

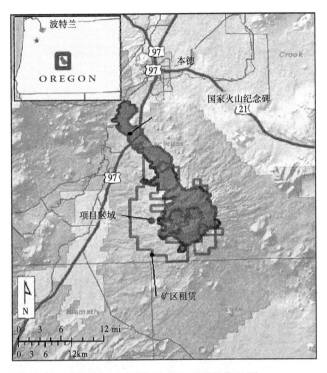

图 11.15　纽伯利 EGS 项目的位置图

（Cladouhos, T. T. et al., Geothermal Resource Council Transactions, 37, 133–140, 2013.）

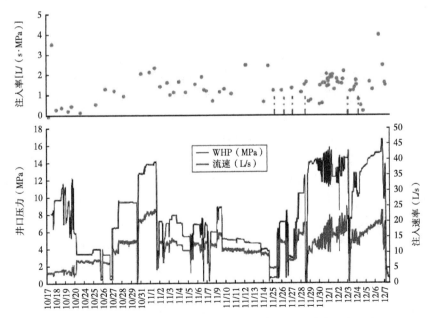

图 11.16　55-29 井的增产结果：井口压力、注入速率和注入率

（Cladouhos, T. T. et al., Geothermal Resource Council Transactions, 37, 133–140, 2013.）

11.4.2.2　Rhine 地堑

Rhine 地堑是具有地震活动性的狭长地带，南起瑞士的巴塞尔，沿法国东部与德国西南部的边界延伸到法兰克福曼海姆附近的德国中西部。该区域已经建造了几座小型地热发电厂，装机容量约 5MWe，利用由于地堑内部结壳变薄而升高的热流。这些发电工厂包括法国的 Soultz-sous-Forêts（试验工厂）以及德国的 Landau，Bruchsal 和 Insheim。Landau 工厂正在修整，Insheim 和 Bruchsal 工厂目前正在运营。这些工厂使用两口井进行作业，一口注入井和一口生产井。尽管地面上的井口之间相距仅有几十米或更短（图 11.17），但由于井的深度不同，因此井底相距至少几百米，井深约为 3.5~4.5km。

图 11.17　Insheim 地热发电厂的视图（作者摄）

Insheim 是一家于 2012 年 10 月开始运营的小型地热发电厂，装机容量为 4.8MWe，发电量足以为 8000 户家庭供电（在美国，通常约 1000 户家庭的转换系数设为 1MWe，这表明德国家庭的能源效率更高或更小，或者两者兼而有之）。Insheim 发电厂采用一口生产井和一口注水井的双井系统，深度分别为 3600m 和 3800m。产出液的温度约为 165℃（德国现有地热发电厂的最高温度），平均流速约为 80 L/s（图 11.18）。

Insheim 是使用低沸点（约 30℃）的工作流体的双循环地热发电厂，通过蒸发器将地热流体闪蒸为蒸汽。由于工作流体是有机碳氢化合物，可以循环利用。附近的 Bruchsal 地热发电厂使用卡利纳循环，该循环使用氨水混合物作为工作流体。因为低温地热流体与碳氢化合物不同，沸点可以调节，卡利纳循环利用低温的地热流体（在 Bruchsal 约为 123℃）改善涡轮效率。但是，需要仔细监测，以避免在流体通过涡轮时膨胀而发生预冷凝，降低效率和功率输出。

德国地热发电厂利用水力压裂技术对储层中现有的裂缝进行改造，以提高储层的渗透率和流体流动性。压裂在相对较低的压力下通过水力剪切产生裂缝，该压力仅高于现有裂缝移动或剪切的临界压力。在建造 Insheim 工厂之前，储层的压裂增产导致了两次地震，震级分别为 2.2 级和 2.4 级。由于诱发的地震发生在比较浅的深度（2~4km），附近的人们可以感觉到低至 1.3~1.5 级的地震。为了减少 Insheim 注入井附近的诱发地震活动，在钻井中

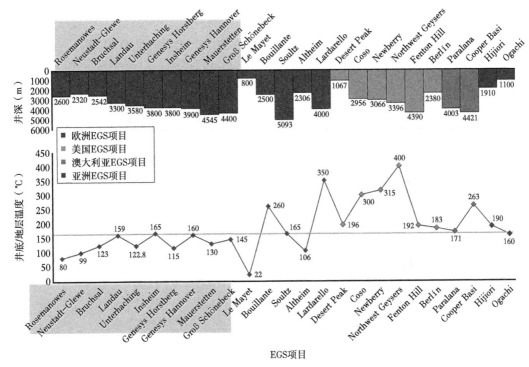

图 11.18　全球发电的 EGS 设施的储层温度和储层深度

（Breede, K. et al., Geothermal Energy, 1, 4, 2013.）

着重标出的名称为德语。应当注意的是，EGS 包括针对美国项目设计的工程型和现有的增强型地热系统

采用了侧钻技术。侧钻分支井将注入的流体分布在注入井的两端。将注入的流体散布在更大体积的岩石上可减小诱发地震的规模和频率。

　　德国具有潜力的地热地区还包括深层（3~4km）、高温（100~150℃）的沉积含水层，例如德国北部的盆地和南部的 Molasse 盆地。德国南部的地热设施包括 Unterhachting 的联合供热和地热发电设施，以及最近完工的 Durrnhaar 和 Kirchstockach 地热设施。在 Kirchstockach（http：//www.tiefegeothe rmie.de/projekte/kirchst ockach），生产井和注入井深度均为 3750m。生产井在 139℃下以 145L／s 的流速生产流体，装机容量为 5.5MWe。

11.4.2.3　工程地热系统中的超临界二氧化碳

　　一些研究人员建议使用超临界二氧化碳（$ScCO_2$），而不是通过注入水和高压水来扩展裂缝和传输热能。$ScCO_2$ 相态类似于流体，位于温度和压力的临界点以上。由于液体与气体分界消失，是即使提高压力也不液化的非凝聚性气体（图 11.19）。CO_2 的临界点是约 31℃和 73 个大气压（约 75bar）。超临界流体可以在岩石中流动，也具有溶解能力。例如，由于其临界点温度较低，$ScCO_2$ 能够去除咖啡因而不破坏咖啡本身。正如 Brown（2000）和 Pruess（2006，2007）所指出的那样，使用 $ScCO_2$ 作为增产和提高开采岩石热能的媒介具有许多潜在的优势，包括：

　　（1）冷注 $ScCO_2$（0.96g／mL）和热采 $ScCO_2$（0.39g／mL）的井眼密度差异很大，导致

流体在地热储层中循环的浮力很大，并减少了对大量泵送和功耗的需求。

（2）由于 ScCO$_2$ 不是离子溶剂，其溶解和运输矿物的能力大幅降低，显著减少了设备内部结垢问题，或是由于矿物在热水相中沉淀而导致的储层渗透率降低的问题。

（3）作为地热能开发的一部分，利用化石燃料发电厂产生的二氧化碳，减少温室气体排放和气候破坏。

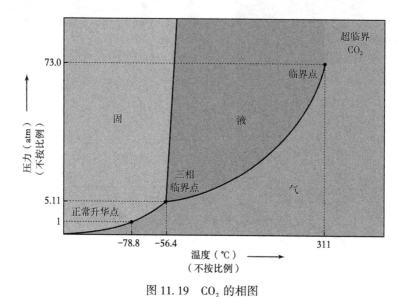

图 11.19　CO$_2$ 的相图

显示了超临界条件下的温度和压力范围，其中 CO$_2$ 具有气体和液体两种性质

尽管 ScCO$_2$ 的热容约为水的 40%，但流体密度与黏度之比是水的 1.5 倍（Brown，2000）。因此，即使 ScCO$_2$ 的地热能生产速率约为水的 60%，但考虑到泵送需求和功耗减少，ScCO$_2$ 发电量与水基系统的发电量大致相当。数值模拟表明，基于 ScCO$_2$ 的质量流量是水的 3.5~5 倍，ScCO$_2$ 的热量采收率比水高 50%（Pruess，2007）。在低温地热系统中，水的黏度增加，从而减少了流量和发电量。另一方面，ScCO$_2$ 在低温下不会出现黏度增加的情况，使 ScCO$_2$ 能有效地开采低温地热系统。

早期研究认为 ScCO$_2$ 可用于双循环系统，加热后的 ScCO$_2$ 通过热交换器使二次工作液沸腾，从而驱动涡轮发电机。但是新的研究表明，地热加热的 ScCO$_2$ 绕过了热交换的工作液，直接进入涡轮机械（Freifeld and Hawkes，2011），将减少循环系统的投资成本与维护费用，消除系统的低效率。直接进料的 ScCO$_2$ 系统的测试正在进行中。

使用 ScCO$_2$ 所面临的主要问题是获取 CO$_2$ 持续供应需要的费用。可以从化石燃料发电厂收集排放的二氧化碳，但每生产 1t 二氧化碳成本在 20~80 美元（IEA，2006）。此外，由于碳捕集非常耗能，整个发电厂的效率会降低。根据美国能源信息署（EIA，2015，2016）数据显示，一座典型的燃煤发电厂每年排放约 278×10^{4}t 的 CO$_2$，使用固体煤粉作为燃料的普通燃煤发电厂的二氧化碳捕集年度成本约为 1.5 亿美元（二氧化碳减排成本为 55 美元/t）（Finkenworth，2011）。据估计，减排 1t 二氧化碳额外增加 10 美元的成本（David and Herzog，2000），并且不包括运输和封存二氧化碳的成本，如此高的成本在目前经济上是难以承受的。另一个潜在问题是 ScCO$_2$ 与岩石中矿物的化学相互作用可能会对渗透率产生不利影响。当任何残留水相中的 CO$_2$ 含量增加时，碱盐和碳酸盐沉淀可能会降低渗透性。

11.4.3　深层热沉积含水层

　　热流量较高深部（3~4km）沉积层是为了开发目标，例如美国西部的 Great 盆地（Allis and Moore，2014；Allis et al.，2011，2012）以及德国南部的 Molasse 盆地（Homuth and Sass，2014）。Great 盆地的地热梯度表明，埋藏在 3~4km 深度的地层温度在 150~250℃（图 11.20）。这些储层的表面积通常比 Great 盆地中热液储层（通常<10km^2）大至少一个数量级（>100km^2）。虽然埋藏深，体积巨大的沉积地热储层是良好的钻探目标。如果储层渗透性较好，那么这些储层可以提供数百 MWe 能量。地热储层位于松散固结的盆地填充以下 2~3km，在大约 3km 的深度处温度约为 170~230℃。由于它们的规模和发电潜力，Allis 等人（2012）建议可以把它们作为通向开发全面工程化地热系统的桥梁。

11.4.3.1　美国西部 Great 盆地的潜在地热储层

　　Great 盆地地热生产主要利用沿山脉边界正断层的上涌热流体。在 Great 盆地东部，平坦而近乎水平的碳酸盐岩盆地位于地壳热流高的地区（80~100mW/m^2）（图 11.20）。而关键问题是在 3~4km 的深度是否有良好的渗透率（大约大于 50mD）。在怀俄明州、科罗拉多州、新墨西哥州和犹他州钻探的油气井研究表明，平均渗透率约为 100mD，但部分储层即

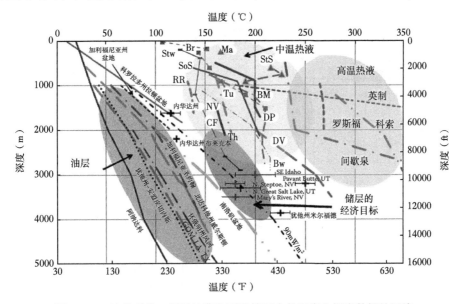

图 11.20　地热系统、深层油藏和石油储层中的温度和深度数据的汇编

（Allis, R. and Moore, J., Geothermal Resources Council Transactions, 38, 1009-1016, 2014.）

深层油气藏的经济目标区是位于 3~4km 的深度，温度范围为 160~220℃，地热梯度为 55~60℃/km，相当于大盆地典型的 90mW/m^2 热流，在该盆地中，导热性较低，松散盆地填充岩石覆盖着潜在的地热储层。线条是根据地热系统井数据中测得的地热梯度，缩写为：BM, Blue Mountain, NV；Br, Bradys, NV；Bw, Beowawe, NV；CF, Cove Fort, UT；DP, Desert Peak, NV；DV, Dixie Valley, NV；Ma, Mammoth, CA；RR, Raft River, ID；SoS, Soda Spring, NV；StS, Steamboat Springs, NV；Stw, Stillwater, NV；Th, Thermo, UT；TU, Thermo, VT；Tuscarora, NV

使在约5km深度处渗透率甚至接近1000mD（图11.21）。在图11.21中同样可以注意到，碳酸盐岩的渗透率似乎在3~5km的深度处略有增加，表明可能是由于白云石化作用或钙硅酸盐矿物（如葡萄石、铁矿和富铁的绿帘石）形成而导致某些溶解或体积收缩。

目前已考察的两个潜在的地热开发盆地是犹他州中西部的Black Rock沙漠和内华达州东部的Steptoe山谷（图11.20）（Allis et al.，2012）。Black Rock沙漠位于下古生界碳酸盐岩顶部约3km的沉积盆地填充物之下，盆地填充物热导率低。在该盆地钻探的3口油气勘探井在3300~5300m的深度处井底温度范围为160~230℃，计算得出的热流量为85~100mW/m^2。碳酸盐岩的基质渗透率很低（0.1~7mD），这仅代表最小值，因为碳酸盐岩中的几个区域高度破碎。钻取岩心渗透率测试表明约为42mD（Allis et al.，2012）。

在内华达州Teptoe盆地北部，最深的井为3600m，井底温度为200℃，计算出的热流量为95mW/m^2。未固结的盆地填充层在石灰岩和白云岩的基岩上，厚度范围为1600~2100m，具有较高的渗透性，是主要的地下含水层。

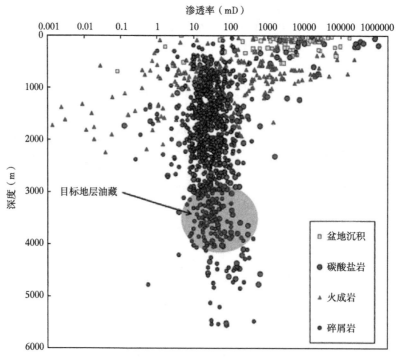

图11.21　犹他州、新墨西哥州和科罗拉多州的钻井（油、气和水）的渗透率数据
（Allis, R. and Moore, J., Geothermal Resources Council Transactions, 38, 1009–1016, 2014.）

11.4.3.2　德国Molasse盆地的深层碳酸盐岩储层

Molasse盆地钻探一口1600m的深井和一口6020m斜井（总垂直深度为4850m），用于确定深层碳酸盐岩地热储层，井底温度约为170℃。在钻探过程中采集样品，通过实验获取岩石渗透率和热导率。已测定岩石基质渗透率范围为0.001~10mD（Homuth and Sass，2014）。这样的渗透率值太低而不足以支持地热发电所需的流量。然而，目前还没有进行现场钻柱测试，实验室测量的渗透率值可能是最小值。因此，将对已知的油藏目标区内的不同间隔进行钻柱试井测试，以评估实际的现场渗透率。

11.4.3.3　巴黎盆地地热能的直接利用

自 20 世纪 70 年代初以来，一直利用巴黎盆地的深层沉积含水层为建筑物供暖。目前，大约 150000 座建筑物由 40 个运行中的地热设施供热，这些设施主要由双井（一口井用于生产，一口井用于注入）组成。地热储层是多含水层，深度在 1500～2000m，温度在 65～85℃，流速平均约为 200m³/h，但可能达到 600m³/h（Boissier et al.，2009）。一个流速为 250m³/h、生产温度为 70℃、注入流体温度为 45℃ 的单个双井系统可为约 4000 户住宅供能。尽管某些双联系统的生产时间较长（35～40 年），但生产井的温度仍保持稳定。然而，净热通量被认为不足以无限期地维持当前的生产温度。大多数数值模拟表明，连续回注 40～45℃ 的冷盐水，40 年后，双联系统会降低 1.5～3.5℃（Lopez et al.，2010）。为缓解冷却效应，提出了一种深层含水层蓄热的方法，在夏季散热最少的几个月内，将来自其他工业活动的余热注入储层。从概念上讲，这样的过程将有助于对产水层进行热补给，存储热量以供冬季开采。

11.4.4　超临界水系统

冰岛深层钻探项目（IDDP）、日本项目（JBBP）和新西兰的更深层勘探科学项目（HADES）正在计划探索开发超临界水系统。开发超临界水系统的原因在于，与亚临界或常规水热系统相比，超临界水系统具有更高的焓和传质能力。水在超临界条件下（类似于对 CO_2 的讨论），液相和汽相之间不再存在明显的界限；对于纯净水来说，气液变化发生在 374℃ 和 221 bar 的临界点处（图 11.22），临界点的温度和压力随溶质的增加而升高。例如，含有 33‰NaCl 的海水的临界点约为 298bar 和 407℃。由于超临界流体的高温，可能存

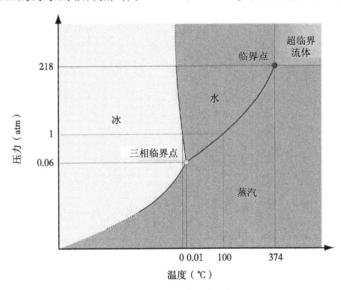

图 11.22　纯水的相图

显示了超临界流体区域，以及其特性随温度和压力（218 atm 约等于 220bar 的压力）而变化。在给定压力的较高温度下，超临界流体像气体，而在给定温度的较高压力下，超临界流体像液体。值得注意的是，随着溶解盐含量增加，临界点随温度和压力的增加而增加，因此对于海水而言，临界点为 407℃ 和 298bar

在的任何酸(例如 HCl 或 H_2SO_4)都不会形成活性氢离子,因为没有液态水在其中溶解和分解。这样可以避免潜在的酸问题对高温、亚临界和以液体和蒸汽型的地热系统产生影响,例如在北加州的 Geysers 地热田西北部。

超临界水的扩散率是亚临界状态的扩散率的 10~100 倍,当水在超临界条件下变为非极性时,表面张力可以忽略不计。因此,浮力与黏滞力的比值大幅提高,增加了传质速率。此外,超临界流体的焓要比亚临界流体的焓高(图 11.23)。图 11.23 是压力—焓线图的反向变化,该图已在第 6 章中进行了论述,在此处进行了扩展并用以强调超临界区域。垂直线 A—B 左侧的流动路径反映了上升的超临界地热流体传导冷却的路径。这些流体转变为典型的以液相为主的储层中的亚临界流体,该流体在 E 处沸腾或在 L 处不沸腾。在 A—B 线的右侧,路径 H—D 表示流体从超临界状态到亚临界状态的过渡,在 D 处为湿蒸汽而在 E 处为液体,这是蒸汽型地热系统的典型特征。开发超临界系统的目标是遵循 F—G 路径,即输送到发电厂的流体是蒸汽态,但具有比湿蒸汽更高的焓,例如在 D 处,这种情况可能发生在以亚临界蒸汽型的储层中。流体的高流速将促进以绝热和有限的传导冷却为主的路径

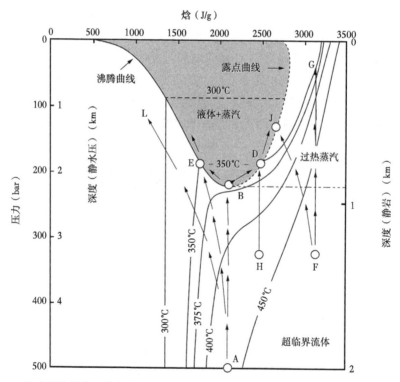

图 11.23 纯水超临界和亚临界条件下的力—焓线图(Elders, W. A. and Fridleifsson, G. O., in Proceedings of World Geothermal Congress 2010, Bali, Indonesia, April 25-30, 2010.)
阴影区域是液体和蒸汽的两相场,左侧以深度曲线的沸点为边界,在右侧以冷凝或露点曲线(蒸汽凝结为液体)为边界。B 点表示临界点,箭头表示在不同起始条件下使地热流体上升的各种路径。详见正文

F—G❶。

将改善的传质速率和高熔量相结合，意味着超临界流体发电量是开发以亚临界液体储层的 5~10 倍。例如，在超临界条件下，含水流体发电潜能是 225℃ 时亚临界地热流体的 5 倍以上（Tester et al.，2006）。相比之下，深 2000~3000m，温度在 200~300℃ 的常规地热井，功率输出范围为 5~10MWe。按照目前的价格钻探这样一口井，成本为 500~700 万美元。钻进 1~2km 深度以获取超临界流体可能会额外花费 100~200 万美元。但是，它可以将发电量提高到 25~50MWe，大约相当于开发一个亚临界或常规地热系统的 5 口井或更多井的总和，钻探成本为 2500~3000 万美元。

但是，开发这样的系统仍然存在重大挑战。首先，超临界条件通常位于岩石塑性变形的脆性—塑性过渡区以下，极大地限制了由于岩石蠕变而形成的任何开放空间裂缝，因此岩石渗透率显著降低。对于硅质火成岩或硅质碎屑沉积岩，脆—塑性转变发生在 370~400℃ 接近于临界温度的温度范围内。对于玄武岩和辉长岩等镁铁质岩石，在 500~600℃ 的温度下发生塑性变形，这反映出组成镁铁质火成岩的矿物具有更高的温度稳定性。因此，对于构成冰岛大部分地区的镁铁质火山岩，超临界流体仍可能存在于脆性岩石中，而这类流体无法支撑裂缝的渗透性。

即使在含有超临界流体的脆性岩石中，另外一个潜在的问题涉及石英或二氧化硅的溶解度。如 Fournier（1999，2007）所讨论的，在高于约 350℃ 的温度下，二氧化硅或石英的溶解度不再随温度而增加，而是随温度升高而降低，这可能导致石英沉淀，从而堵塞现有或新形成的裂缝。不仅如此，温度高于 350℃ 时，二氧化硅的溶解度对压力变化敏感，因此降低压力也会降低二氧化硅的溶解度（图 11.24）。这意味着当在 450℃ 温度的超临界流体在井中上升时经历了绝热膨胀，可能会沉积大量的二氧化硅并可能堵塞井。在硅含量较低的镁铁质储集岩中，流体含硅量较低，可能会减少裂缝内或井筒中潜在的二氧化硅沉积。

11.4.4.1　冰岛深部钻探项目

冰岛深部钻探项目（IDDP）是由冰岛电力公司、冰岛政府和国际合作伙伴共同主导，旨在研究在超临界条件下开发地热系统的潜力。从 2008 年到 2009 年，IDDP-1 在位于冰岛中北部的 Krafla 地热系统中进行了钻探，该系统位于 60MWe 的 Krafla 地热发电厂以北约 1km。该计划是钻探深度约 4500m，井底温度大于 450℃ 和压力约 300bar 的储层（图 11.25）（Elders and Fridleifsson，2010；special edition of Geothermics，49（1），2014）。这些温度和压力条件将与图 11.23 中的点 F 附近的超临界区域吻合，并且流体将沿路径 F 到 G 绝热地沿井壁向上流动。随着流体的上升，它将从超临界水相过渡到过热蒸汽，而没有与两相液体—蒸汽区域的高熔侧（以阴影表示）的露点曲线相交。路径 F 到 J 将表示在流速较低时可能会发生传导冷却。在 J 处，流体将分成蒸汽和液体的混合物，如上文所述，任何存在的酸都可能发生解离，并导致潜在的酸性和腐蚀性两相流。

由于流纹岩浆（>900℃）流入井中，钻探在 2.1km 深度处中断（Zierenberg et al.，

---

❶　图 11.25 中的垂直路径，如 A—B 和 H—D 反映了绝热冷却或传导冷却过程中没有向周围环境传递热量，如路径 A—L 或 F—J 所示。当部分流体绝热上升时，它会减压或膨胀，因此温度下降，但总熔保持不变，因为向周围环境的热量传递几乎为零。

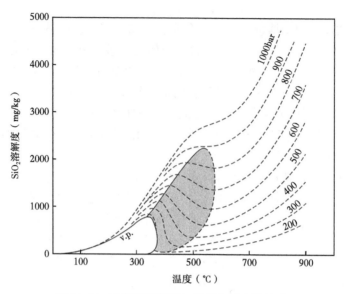

图 11.24　石英的溶解度与温度和压力的关系

(Fournier, R. O., Economic Geology, 94 (8), 1193-1211, 1999.)

等压线为 200~1000bar 时，计算所得石英溶解度与温度和压力的函数关系。点状区域表示石英的逆溶解度，其中石英的溶解度随着温度的升高而降低，这可能导致沉淀和裂缝的堵塞。同样，在高于 350℃ 的温度下，井中的流体上升会导致压力降低，石英溶解度降低，这也会使得石英在井内沉淀或结垢

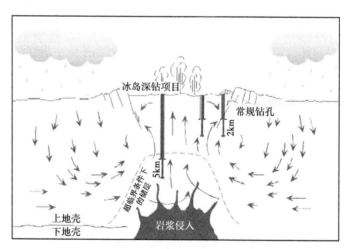

图 11.25　DDP-1 目标区域与 4km 以下的超临界流体储层相交的概念模型 (Elders, W. A. and Fridleifsson, G. O., in Proceedings of World Geothermal Congress 2010, Bali, Indonesia, April 25-30, 2010.)

2013)。但是，已成功下套管至该深度，研究温度高于 500℃ 的接触区域内进行生产的可能性。随后进行为期 2 年的流量测试，IDDP 井在 40~140bar 的高压下产生了大于 450℃ 的过热蒸汽 (Elders et al., 2014)。IDDP-1 是地球上最热的地热井，是硅岩侵入的冷接触带中开发的 EGS 系统的成功示范。不幸的是，由于恶劣的条件，井口的主阀最终失效，目前正

在通过注入冷水来熄灭该井，直到换上新的主阀为止。如果重新投入生产，将为当前的 Krafla 地热电厂增加 25~30MWe（大约相当于 5~6 口常规井的总和）。

11.4.4.2 日本项目（JBBP）

日本处于地热开发有利构造地区，但在过去的 12~15 年中地热能利用缓慢，原因如下：

（1）认为地热能开发成本高。

（2）地热发电的发电量低于化石和核燃料的发电量。

（3）地下资源开发的不确定性和高风险。

（4）具有重要文化意义的温泉可能会减少。

（5）现有的发电厂容量相对较小（10~20MWe），并且温度随着时间的推移而下降（可持续性问题）。

2011 年 9.1 级的东北地震和福岛核电站发生以后，日本能源规划发生了巨大变化。政府、企业和民间正在寻求替代能源，包括更多地开发地热能源。JBBP 以 Kakkonda 地热田深层地热资源的评估研究结果为基础（Asanuma et al.，2012；Muraoka et al.，2014；Tamanyu and Fujimoto，2005），从一个 3.7km 深的井眼中发现脆性岩层中存在对流地热系统，该岩层深度为 3.1km 和温度为 380℃。在 3.1km 处，脆性—塑性过渡带穿过了该区域，然后在塑性和热导热性岩石中温度稳定地升高到 500℃ 以上（图 11.26）。值得注意的是，在图 11.26 中，二氧化硅的溶解度在约 360℃ 和约 2.4km 的深度处达到最大值，然后在

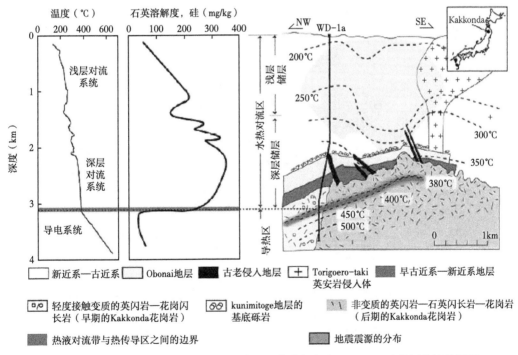

图 11.26　Kakkonda 地热场的位置和温度，石英溶解度和 Kakkonda 地热田的地质剖面

（Muraoka，H. et al.，Scientific Drilling，17，51-59，2014.）

注意，对流地热系统与微地震震源的分布重叠，表明为脆性破裂。地震震源不再会延伸到脆性—韧性过渡带以下

3.1km 的深度处逐渐下降至脆性—塑性过渡带,溶解度急剧下降。二氧化硅溶解度急剧下降反映出大量的石英/二氧化硅沉淀,再加上塑性变形开始时的岩石蠕变,会引起开放孔隙的渗透性大幅度的下降。因此,脆性—韧性过渡带主要是不可渗透的屏障,隔离了上覆的对流地热系统与下层的传导性地热系统。

JBBP 探索了在脆性—塑性过渡带和更深层开发 EGS 资源的可能性,原因如下:

(1)由于深层热岩和塑性岩石比常规的浅层地热资源分布更广,因此减少了钻干井等常规浅层地热资源的局部分布问题。

(2)到目前为止,在脆性岩石中开发的 EGS,只有大约 50% 或更少的注入流体返排,并且需要大量补充水。但是,预计塑性地区的回收率约为 100%。

(3)由于注入流体的热收缩形成的裂缝尺寸较小,在塑性岩石中水力压裂和热收缩引起的地震数量少。而且,由于岩石的塑性,地震能量将衰减。

(4)岩石特性和应力条件越均匀,开发地热资源的设计越简单,节省时间和费用。

JBBP 地热系统关键组成如图 11.27 所示。JBBP 项目设想开发两种类型的储层:Ⅰ型横跨脆性—韧性过渡带,在该过渡带中,由于水力压裂和热收缩产生的人工裂缝将与脆性岩石上覆深层储集层相关的裂缝连通。该储层的深度约为 3km,温度范围为 350~400℃。由于Ⅰ型储层位于逆向石英带中,需要进行溶解以控制二氧化硅沉淀和结垢。这一点至关

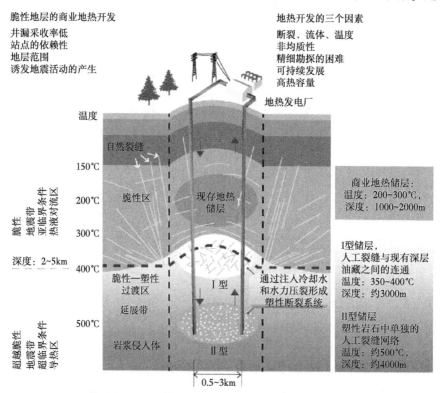

图 11.27　两种 JBBP 储层 [JBBP (Japan Beyond-Brittle Project),

http://www.icdp-online.org/fileadmin/icdp/projects/doc/jbbp/JBBP_Concept_poster_En.pdf.]

它们可能是脆性岩石中现有商业地热系统的基础

重要，实验证明，温度高于 400℃ 的石英沉淀可以在短至几天或几周内封堵区域渗透性（Muraoka et al.，2014）；Ⅱ型位于深度约 4km、温度约 500℃（超临界条件）的完全塑性岩石中。在这种情况下，通过人工压裂增产形成单独的裂缝网络，储层渗透性因水相的超临界性质而得到改善。

相对于Ⅰ型，Ⅱ型储层具有更高的焓，注入液几乎全部回收，诱发地震的可能性也更低。与Ⅰ型储层一样，潜在的石英沉淀自封堵也是一个亟待解决的问题，可能需要对注入和循环流体进行化学处理。计划于 2017 年初钻探至脆性—韧性过渡带。在此之前，研究将继续集中在以下方面：

（1）表征塑性岩石的岩石性质，包括塑性条件下的水—岩相互作用、热学性质和孔隙水性质。

（2）通过实验与数值模拟进一步研究塑性条件下的岩石力学性质并测试应力在其他塑性条件下如何产生裂缝。

（3）深层热井的钻井方法，包括合适的钻井液、恶劣条件下的套管固井以及测井和监测工具的使用。

11.4.4.3　新西兰——更热门、更深入的探索科学

与冰岛相似，新西兰拥有丰富的地热资源。目前，新西兰地热发电装机容量约为 1080MWe，约占总装机容量的 16%。这些资源大部分位于北岛的 Taupo 火山带，是地球上最活跃的火山带之一。已开发的地热储层相对较浅（小于 3km），属于常规的对流地热系统，在既有裂缝又有原生渗透率的脆性火山岩中进行地热活动。更热门、更深入的探索科学（HA-DES）项目目标是在目前开发的地热资源下探索新一代地热系统的开发，项目目标是：

（1）为开发商提供有力措施，包括降低风险，以证明钻探深层探井的合理性。

（2）利用详细的物探方法，包括重力、大地电磁电阻率测量和航磁测量，对 Taupo 火

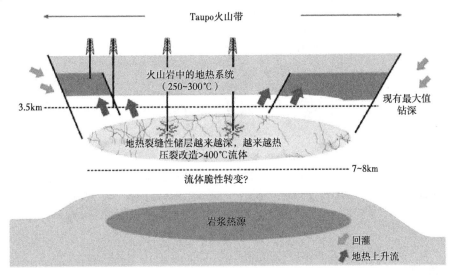

图 11.28　Taupo 火山带的剖面图（Heise，W. et al.，Geophysical Research Letters，34，L14313，2007.）
显示了潜在的"更热、更深"的地热资源的位置，这些地热资源位于以浅层地震活动下限为标志的脆性—延性过渡带（7~8km 深）之上，低于 3.5km。这个"更热、更深"的区域将属于超临界流体的范畴

山带的深层地热系统进行成像。

（3）在设想的深层目地区建立流体行为和岩石力学性质的预测模型，以帮助开发潜在的水力压裂的约束条件，提高深层渗透率（>4km）。

（4）钻一口 4~5km 深的探井，以评估以前的研究结果，并论证开发深部地热区域的可行性。

目前在新西兰开发的常规地热系统储层是脆性岩层，渗透率高。设想的深层地热区位于脆性—延性过渡带之下，主要通过传导加热。向该岩层注入冷水使岩石发生热冲击和断裂，提高岩石的渗透性，促进对流。然而，石英的沉积在一定程度上抵消了渗透率的提高。Taupo 火山带最大的三维大地电磁（MT）数组用于成像电阻率异常的深度区域（小于3km），其最新结果与深度为 5~7km 的准塑性岩石中持续的对流提取的能量和挥发物的区域一致（Lindsey et al.，2014）。MT 数据表明，地热卤水通过局部断裂带向上迁移，将热量传递给浅层（小于 3km 深）常规地热系统（图 11.29）。

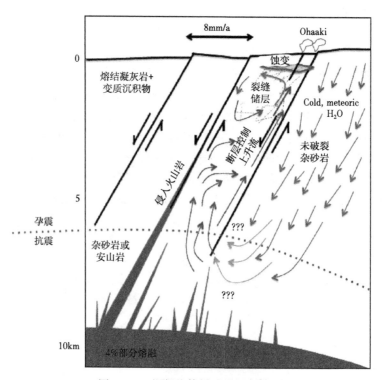

图 11.29 深部流体循环的概念模型

(Lindsey, N. J. et al., Geothermal Resources Council Transactions, 38, 527-532, 2014.)
与大地电磁测深数据相一致，导致浅层地热系统下部的能量和质量的地热交换。地震或抗震边界与
脆性—韧性过渡带重合

11.5 小结

增强型和工程型地热系统有可能使地热发电量显著提高，大约是目前产量的 100 倍。如果能够实现，地热能源能提供约三分之一的美国总发电量。深部干热岩的广泛应用会大

幅提高地热能源利用。

　　增强型地热系统是对现有传统地热系统改造，在这些区域的某些井由于渗透率或水资源有限而无法开采。然后，通过水力剪切和水力压裂相结合的方法对这些井进行试验。工程型地热系统主要用于开发干热岩，将冷流体在不同的压力下注入干热岩层中使岩石热收缩，产生裂缝，提高渗透率。工程型地热系统已经在德国的 Insheim 和 Landau 成功应用，但规模通常都很小，装机容量大约为 5MWe。在美国，俄勒冈州中部的 Newberry 火山，一个工程型地热系统的示范项目正在进行。操作人员已经开发出一种可热降解暂堵材料，可以暂时堵塞人工裂缝。在随后的注入过程中，形成新的裂缝，增加裂缝数量。

　　此外，超临界二氧化碳可以代替水作为从热岩石中提取能量的工具。使用超临界二氧化碳的一个优点是，二氧化碳的黏度比水低，流体的输送速率比水高。另一个优点是溶解矿物在超临界二氧化碳中的溶解度有限，减少矿物沉淀造成的裂缝堵塞。然而，低成本生产二氧化碳仍然是个问题。

　　深层沉积含水层，深度为 3~4km，流体温度在 150~200℃，体积比已开发地热储层大一个数量级。由于其巨大的规模和潜在的高流量，地热发电厂可以比使用双循环发电厂开发的储层（20~30MWe）多生产一个数量级的电力（200~300MWe）。

　　最后，超临界流体系统的发展仍处于试验阶段，但具有一定的发展前景。其优点包括高焓值和增加的超临界流体流量，比生产亚临界流体井的输出功率高 5~10 倍。如果能够实现，利用超临界流体将大幅降低钻井成本，对环境的影响也会更小，因为开发该储层所需的道路和钻机更少。尽管如此，仍有一些问题有待解决：

　　（1）由于恶劣的条件造成设备性能降低，套管需要使用昂贵的合金。

　　（2）在超临界条件下，由于硅质或硅质碎屑岩在超临界条件下从脆性转变为韧性而导致渗透率降低。

　　（3）在超临界条件下的温度和压力下石英和其他矿物的潜在沉淀结垢。

　　最后一个问题可能导致储层自封闭或井筒结垢，从而可能抵消部分超临界流体升高焓值和导水率。

　　尽管存在一些潜在问题，冰岛深层钻探项目（IDDP）、日本项目（JBBP）以及新西兰 HADES 项目仍在继续开展开发超临界流体的研究。这些国家在地热研究和开发方面走在了前列。

11.6　建议的问题

　　（1）你将在一个市政厅会议上介绍如何开发一个为社区提供清洁能源的地热工程。然而，一个热心、感情用事的环保主义者反对你的项目，因为地热发电厂的运行需要大量水。并且，流体回注会造成地震，这将威胁人们的安全和财产。你如何减轻他的担忧？使用从本章获得的知识。

　　（2）潜在的 EGS 资源非常丰富，蕴藏的地热能量远远超过了传统地热资源。如果你是投资商，你会用什么标准来决定首先在哪里应用这项技术，为什么？

11.7 参考文献和推荐阅读

Allis, R. and Moore, J. (2014). Can deep stratigraphic reservoirs sustain 100 MW power plants? *Geothermal Resources Council Transactions*, 38: 1009−1016.

Allis, R., Moore, J., Blackett, B., Gwynn, M., Kirby, S., and Sprinkel, D. (2011). The potential for basin−centered geothermal resources in the Great Basin. *Geothermal Resource Council Transactions*, 35 (1): 683−688.

Allis, R., Blackett, B., Gwynn, M. et al. (2012). Stratigraphic reservoirs in the Great Basin—the bridge to development of enhanced geothermal systems in the U. S. *Geothermal Resources Council Transactions*, 36: 351−357.

Allis, R., Moore, J. N., Anderson, T., Deo, M., Kirby, S., Roehner, R., and Spencer, T. (2013). Characterizing the power potential of hot stratigraphic reservoirs in the western U. S. In: *Proceedings of the 38th Workshop on Geothermal Reservoir Engineering*, Stanford, CA, February 11 − 13 (http://www. geothermal−energy. org/pdf/IGAstandard/SGW/2013/Allis. pdf).

AltaRock. (2014). *Thermally Degradable Zonal Isolation Materials (TZIMs)*. Seattle, WA: AltaRock Energy (http://altarockenergy. com/technology/tzim/).

Asanuma, H., Muraoka, H., Tsuchiya, N., and Ito, H. (2012). The concept of the Japan Beyond−Brittle Project (JBBP) to develop EGS reservoirs in ductile zones. *Geothermal Resources Council Transactions*, 36: 359−364.

Benoit, W. R., Hiner, J. E., and Forest, R. T. (1982). *Discovery and Geology of the Desert Peak Geothermal Field: A Case History*. Reno: Nevada Bureau of Mines and Geology.

Boissier, F., Lopez, S., Desplan, A., and Lesueur, H. (2009). 30 years of exploitation of the geothermal resource in Paris Basin for district heating. *Geothermal Resource Council Transactions*, 33: 355−360.

Bradford, J., Ohren, M., Osborn, W. L., McLennan, J., Moore, J., and Podgorney, R. (2014). Thermal stimulation and injectivity testing at Raft River, ID, EGS site. In: *Proceedings of the 39th Workshop on Geothermal Reservoir Engineering*, Stanford, CA, February 24−26 (http://www. geothermal−energy. org/pdf/IGAstandard/SGW/2014/Bradford. pdf).

Breede, K., Dzebisashvili, K., Liu, X., and Falcone, G. (2013). A systematic review of enhanced (or engineered) geothermal systems: past, present and future. *Geothermal Energy*, 1: 4.

Brown, D. W. (2000). A hot dry rock geothermal energy concept utilizing supercritical CO_2 instead of water. In: *Proceedings of the 25th Workshop on Geothermal Reservoir Engineering*, Stanford, CA, January 24−26 (http://www. geothermal−energy. org/pdf/IGAstandard/SGW/2000/Brown. pdf).

Chabora, E., Zemach, E., Spielman, P. et al. (2012). Hydraulic stimulation of well 27 − 15, Desert Peak geothermal field, Nevada, USA. In: *Proceedings of the 37th Workshop on Geothermal Reservoir Engineering*, Stanford, CA, January 30−February 1 (http://www. geothermal−energy. org/pdf/IGAstandard/SGW/2012/Chabora. pdf).

ChemWiki. (2016). *Fundamentals of Phase Transitions*, http://chemwiki. ucdavis. edu/Core/Physical _ Chemistry/Physical_ Properties _ of _ Matter/States _ of _ Matter/Phase _ Transitions/Fundamentals _ of _ Phase _ Transitions.

Cladouhos, T. T., Petty, S., Nordin, Y., Moore, M., Grasso, K., Uddenberg, M., and Swyer, M. W. (2013). Improving geothermal project economics with multi−zone stimulation: results from the Newberry Volcano EGS demonstration. *Geothermal Resource Council Transactions*, 37: 133−140.

David, J. and Herzog, H. (2000). The cost of carbon capture. In: *Proceedings of the 5th International Conference on Greenhouse Gas Control Technologies*, Cairns, Australia, August 13 − 16 (http://sequestration. mit. edu/pdf/

David_and_Herzog. pdf).

EERE. (2012). *What Is an Enhanced Geothermal System (EGS)*, DOE/EE-0785. Washington, DC: Office of Energy Efficiency and Renewable Energy (http://www1. eere. energy. gov/geothermal/pdfs/egs_basics. pdf).

EIA. (2015). *Count of Electric Power Industry Power Plants by Sector, by Predominant Energy Sources within a Plant*, 2004-2014. Washington, DC: Energy Information Administration (https://www. eia. gov/electricity/annual/html/epa_04_01. html).

EIA. (2016). *How Much of U. S. Carbon Dioxide Emissions Are Associated with Electricity Generation?* Washington, DC: Energy Information Administration (http://www. eia. gov/tools/faqs/faq. cfm? id=77&t=11).

Elders, W. A. and Fridleifsson, G. O. (2010). The science program of the Iceland Deep Drilling Project (IDDP): a study of supercritical geothermal resources. In: *Proceedings of World Geothermal Congress* 2010, Bali, Indonesia, April 25-30 (http://www. geothermal-energy. org/pdf/IGAstandard/WGC/2010/3903. pdf).

Elders, W. A., Fridleifsson, G. O., and Albertsson, A. (2014). Drilling into magma and the implications of the Iceland Deep Drilling Project (IDDP) for high-temperature geothermal systems worldwide. *Geothermics*, 49: 111-118.

Faulds, J. E., Garside, L. J., and Oppliger, G. L. (2003). Structural analysis of the Desert Peak-Brady geothermal fields, northwestern Nevada: implications for understanding linkages between northeast-trending structures and geothermal reservoirs in the Humboldt structural zone. *Geothermal Resources Council Transactions*, 27: 859-864.

Finkenworth, M. (2011). *Cost and Performance of Carbon Dioxide Capture from Power Generation*. Paris: International Energy Agency (https://www. iea. org/publications/freepublications/publication/costperf_ccs_powergen. pdf).

Fournier, R. O. (1999). Hydrothermal processes related to movement of fluid from plastic into brittle rock in the magmatic-epithermal environment. *Economic Geology*, 94 (8): 1193-1211.

Fournier, R. O. (2007). Hydrothermal systems and volcano geochemistry. In: *Volcano Deformation: Geodetic Monitoring Techniques* (Dzurisin, D., Ed.), pp. 323-342. Heidelberg: Springer-Verlag.

Freifeld, B. and Hawkes, D. (2011). Achieving carbon sequestration and geothermal energy production: a win-win! *ESD News and Events*, June 28, http://esd. lbl. gov/achieving-carbon-sequestration-and-geothermal-energy-production-a-win-win/.

Garcia, J., Walters, M., Beall, J. et al. (2012). Overview of the Northwest Geysers EGS demonstration project. In: *Proceedings of the 37th Workshop on Geothermal Reservoir Engineering*, Stanford, CA, January 30-February 1 (http://www. geothermal-energy. org/pdf/IGAstandard/SGW/2012/Garcia. pdf).

Heise, W., Bibby, H. M., Caldwell, T. G. et al. (2007). Melt distribution beneath a young continental rift: the Taupo Volcanic Zone, New Zealand. *Geophysical Research Letters*, 34: L14313.

Herzberger, P., Kolbel, T., and Munch, W. (2009). Geothermal resources in the German basins. *Geothermal Resource Council Transactions*, 33: 352-354.

Homuth, S. and Sass, I. (2014). Outcrop analogue vs. reservoir data: characteristics and controlling factors of physical properties of the Upper Jurassic geothermal carbonate reservoirs of the Molasse Basin, Germany. In: *Proceedings of the 39th Workshop on Geothermal Reservoir Engineering*, Stanford, CA, February 24-26 (http://www. geothermal-energy. org/pdf/IGAstandard/SGW/2014/Homuth. pdf).

IEA. (2006). *IEA Energy Technology Essentials—CO_2 Capture & Storage*. Paris: International Energy Agency (http://www. iea. org/techno/essentials1. pdf).

Kirby, S. M. (2012). *Summary of Compiled Permeability with Depth Measurements for Basin, Igneous, Carbonate, and Siliciclastic Rocks in the Great Basin and Adjoining Regions*. Salt Lake City: Utah Department of Natural

Resources.

Lindsey, N. J., Bertrand, E. A., Caldwell, T. G., Gasperikova, E., and Newman, G. A. (2014). Imaging the roots of high−temperature geothermal systems using MT: results from the Taupo Volcanic Zone, New Zealand. *Geothermal Resource Council Transactions*, 38: 527–532.

Lopez, S., Hamm, V., Le Brun, M. et al. (2010). 40 years of Dogger aquifer management in Ile−de−France, Paris Basin, France. *Geothermics*, 39 (4): 339–356.

MIT. (2006). *The Future of Geothermal Energy: Impact of Enhanced Geothermal Systems (EGS) on the United States in the 21st Century*. Cambridge, MA: Massachusetts Institute of Technology (http://www1. eere. energy. gov/ geothermal/egs_technology. html).

Muraoka, H., Asanuma, H., Tsuchiya, N., Ito, T., Mogi, T., and Ito, H. (2014). The Japan Beyond−Brittle Project. *Scientific Drilling*, 17: 51–59.

Nash, G. D. and Moore, J. N. (2012). Raft River EGS project: a GIS−centric review of geology. *Geothermal Resource Council Transactions*, 36: 951–958.

NREL. (2015). *Dynamic Maps, GIS Data, & Analysis Tools*. Washington, DC: National Renewable Energy Laboratory (http://www. nrel. gov/gis/geothermal. html).

Ormat. (2013). Success with Enhanced Geothermal Systems Changing the Future of Geothermal Power in the U. S. [press release]. Reno, NV: Ormat Technologies, Inc. (http://www. ormat. com/news/latest−items/success− enhanced−geothermal−systems−changing−future−geothermal−power−us).

Pruess, K. (2006). Enhanced geothermal systems (EGS) using CO_2 as working fluid—a novel approach for generating renewable energy with simultaneous sequestration of carbon. *Geothermics*, 35 (4): 351–367.

Pruess, K. (2007). On production behavior of enhanced geothermal systems with CO_2 as a working fluid. *Energy Conversion and Management*, 49: 1446–1454.

SMU. (2016). Southern Methodist University Geothermal Laboratory website, http://www. smu. edu/dedman/ academics/programs/geothermallab.

Tamanyu, S. and Fujimoto, K. (2005). Hydrothermal and heat source model for the Kakkonda geothermal field, Japan. In: *Proceedings of World Geothermal Congress* 2005, Antalya, Turkey, April 24 − 29 (http://www. geothermal−energy. org/pdf/IGAstandard/WGC/2005/0915. pdf).

Tester, J. W., Anderson, B., Batchelor, A. et al. (2006). *The Future of Geothermal Energy: Impact of Enhanced Geothermal Systems (EGS) on the United States in the 21st Century*. Cambridge: Massachusetts Institute of Technology (http://www1. eere. energy. gov/geothermal/egs_technology. html).

Union of Concerned Scientists. (2016). *Environmental Impacts of Coal Power: Air Pollution*. Cambridge, MA: Union of Concerned Scientists (http://www. ucsusa. org/clean_energy/coalvswind/c02c. html#. VLb4yfbQfcs).

USEPA. (2015). *Assessment of the Potential Impacts of Hydraulic Fracturing for Oil and Gas on Drinking Water Resources: Executive Summary*. Washington, DC: U. S. Environmental Protection Agency, Office of Research and Development (https://www. epa. gov/sites/production/files/2015−07/documents/hf_es_erd_jun2015. pdf).

Wikipedia. (2015). Upper Rhine Plain, https://en. wikipedia. org/wiki/Upper_Rhine_Plain.

Zemach, E., Drakos, P., Robertson−Tait, A., and Lutz, S. J. (2010). Feasibility evaluation of an "in−field" EGS project at Desert Peak, Nevada, USA. In: *Proceedings of World Geothermal Congress* 2010, Bali, Indonesia, April 25–30 (http://www. geothermalenergy. org/pdf/IGAstandard/WGC/2010/3159. pdf).

Zierenberg, R. A., Schiffman, P., Barfod, G. H. et al. (2013). Composition and origin of rhyolite melt intersected by drilling in the Krafla geothermal field, Iceland. *Contributions to Mineralogy and Petrology*, 165 (2): 327–347.

12 地热能源的未来

12.1 本章目标

（1）依据当前经验，研究和预测美国地热能源前景（Tester et al. , 2006；Williams and DeAngelo，2008）。

（2）讨论地热如何成为一种可再生资源，是否可持续取决于开发方式。

（3）回顾地热能未来发展的有利因素。

（4）思考进一步开发地热能源所面临的一些关键挑战。

12.2 概述

大约95%的地球主体处于500℃以上的高温，蕴藏的巨大能量有助于满足社会能源需求。地球从内部到表面的热流估计为47TWe（Davies and Davies，2010），约为2012年世界发电总量的20倍（EIA，2013a）。截至2015年底，全球地热发电量超过12GWe，仅占地球热流的0.025%，约占世界发电量的0.5%。如果利用0.1%的地热能，相当于全球10%左右的发电量。因此，利用地热能造福社会具有巨大的发展潜力，可以成为全球大多数地区清洁能源的主要来源。Williams等人（2008）指出，根据美国地质调查局对地热资源的评估，从已探明的常规地热系统中可获得约6000MWe的额外能量，从未探明的常规地热资源中估计可获得30000MWe的能量。这些能源将是目前美国地热发电装机容量（约35000MWe）的10倍。此外，研究人员还指出，如果将增强型地热系统（EGSs）包括在内，地热发电可能会增长到345000MWe，约占美国总装机发电量的35%（EIA，2013b）。

然而，这些远景规划必须与已有经验结论相统一。上述评估基于体积热量计算和蒙特卡罗模拟方法❶。该方法包括估计储层体积、温度、渗透率和地表热流测量。为了便于计算和模型模拟，该评估将热液系统视为静态而非动态实体，并且在很大程度上忽略了回注液体对保持储层压力和降温的影响。实践证明，体积热计算方法会高估资源量（Benoit，2013）。以内华达州北部的Blue Mountain双循环地热发电厂为例，根据体积热量计算方法，输出功率为49.5MWe。然而，经过6年的生产，输出功率不足30MWe，预计到2020年降为15MWe。这种电力快速下降的原因是注入井距离生产井太近，以及对地热资源量的过高评估。参考内华达州其他地区类似的断层控制型地热系统，Blue Mountain地热发电厂输出功率为12~18MWe，而不是49.5MWe（Benoit，2013）。

根据运行中地热发电厂实际数据，应谨慎评价地热潜力。随着勘探技术的不断进步，

---

❶ 蒙特卡洛模拟是计算机化的数学算法，为给定的行动过程提供一系列的结果和概率预测。在地热发电潜力的情况下，输入的参数，如热流、温度和大小，在最可能的条件下产生最小输出，达到地热发电潜力的最大预测值。

勘探发现新的常规地热系统并加以利用，到 21 世纪中叶，地热发电量所占全国发电量比例提高。然而，地热发电量能否实现大幅增长，可能更多地取决于政治和经济因素。为了了解地热能今后的发展以及作用，必须考虑地热能源可再生性、可持续性以及优势和潜在困难。

12.3 地热能开发中的可再生与可持续

"可再生"和"可持续"这两个术语经常互换，但含义不同。可再生资源是指在有利于社会需求的时间范围内，通过自然过程替代的资源。这些资源包括采伐木材、种植作物或通过海水蒸发回收盐分。因此，可再生性是资源的固有特征（Axelsson, 2010）。另一方面，可持续性一般是指在不影响后代对这些资源使用的情况下，开发满足当代需要的资源。从这个角度来看，即使使用有限的化石燃料能源，也可以通过节能技术实现可持续发展，为子孙后代提供能源。然而，化石燃料资源是不可再生的，它们的形成需要几万到几百万年的时间，不能按照人类需求的时间尺度进行再生。从这个意义上讲，可持续性可以理解为社会如何利用可再生和不可再生的资源（Axelson, 2010）。

与太阳能和风能一样，地热能也是可再生能源，因为从地球内部上升到地表的热量是强烈的、持续不断的。太阳能可以直接用来发电和产生热量，地球受热不均匀会造成空气流动，太阳能间接地产生风能。但是，有时地热能是不可持续的，地热发电厂所需热量会超过地热储层供给量。Geysers 是不可持续地热生产的典型例子，在 20 世纪 80 年代末到 90 年代初输出功率为 1800MWe。由于地热储层没有足够的补给，蒸汽压力急剧下降。在炎热的夏季，产生的蒸汽几乎都会通过蒸发冷却塔流失（M. Walters, pers. comm., 2015），无法回注至储层。现在，利用处理的城市废水回注至地热储层，发电量已稳定在 800MWe 左右。尽管如此，储层温度正以每年 1~2℉ 的速度缓慢下降（M. Walters, pers. comm., 2015）。由于温度的缓慢下降，目前正在开采 Geysers 西北地区的地热能维持目前的生产水平，该地区温度较高但渗透性较差。尽管地热是可再生的，也需要对其进行精细管理，使其可持续。

使地热开发更具可持续性的一种方法是地热田循环利用。当一个生产区开始冷却时，开采另一个生产区。即便如此，一个正在生产的地热系统最终可能还得"关闭"几十年，才能依靠自然热流增加热量。当关闭一个地热田，可以开采另一个地热田，类似于在给定地热田中更大规模的循环。地热系统生产后再补给所需恢复时间是生产时间的 3~4 倍（Axelson, 2010; Bromley et al., 2006; O'Sullivan et al., 2010）。例如，新西兰 Wairakei 地热系统 100 年的生产历史，O'Sullivan 等人（2010）创立了恢复时间的经验公式：恢复时间＝（$PR-1$）×（开采持续时间），其中 PR 是生产比率，定义为生产能量流除以自然能量流。Wairakei 平均产量比为 3.8，使用上述公式得出的恢复时间为 300 年。在 Wairakei，压力恢复比温度恢复快得多（如图 12.1）。Wairakei 在生产 100 年后大约有 300 年的恢复期，但约 85% 的温度恢复发生在 200 年内 [图 12.1（B）]。为此，一些地热专家认为，尽管地热能源对环境无害，但并不是完全可持续的，因为地热开采速度快于恢复速度，而且现有已开采的地热系统可能不能用于下一代（S. Arnorsson, pers. comm., 2014）。

其他模拟压力和温度恢复的研究表明，关井后的储层补给期较短，其中恢复期约等于

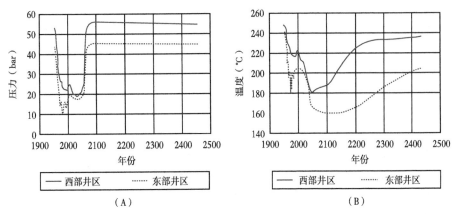

图 12.1 （A） Wairakei 地热系统的实测和模拟压力下降和恢复以及 （B） 温度的下降和恢复
（O′Sullivan, M. et al., Geothermics, 39 （4）, 314-320, 2010.）
注意，由于地热储层的高渗透率，压力恢复比温度恢复快得多

生产期（图 12.2）（Bromley et al., 2006; Rybach, 2003）。此外，Rybach（2003）发现，双系统（一口注入井和一口生产井）在 10 年周期内以生产/回收模式循环运行，在 160 年内产生的能量超过 20 年或 40 年周期。近期的研究结果表明，相比于较长的开采周期，较短的开采周期以及随后长期的恢复会产生更多的能量。因此，地热发电厂在先生产后恢复的基础上周期性地运行，地热发电厂是可再生和可持续的。

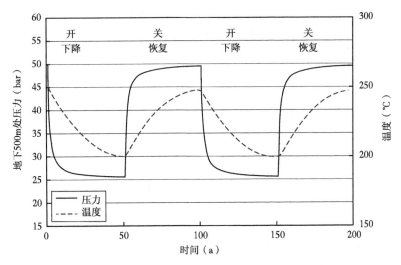

图 12.2 地热系统的循环利用 （Bromley, C. J. et al., in Proceedings of International Solar Energy
Society Renewable Energy Conference （RE2006）, Chiba, Japan, October 9-13, 2006.）
在此过程中，生产期与恢复期所用时间相同。注意系统质量（压力）的快速恢复与温度的缓慢恢复

12.4 地热能源优势

地热是一种可再生和可持续的能源，如果对其管理得当，会有许多吸引人的特性。

12.4.1　基本负荷和高容量因数

与太阳能和风能不同，地热能是一种基本负荷能源。基本负荷功率是指发电厂所能产生的全部功率，但受冷凝效率的影响，功率会有所变化。此外，地热发电厂的容量因数❶大于70%、小于90%。例如，在内华达州中部的 Dixie Valley 地热发电厂（总装机容量68MWe）在25年间的容量因数接近99%（Benoit and Stock，2015）。相比之下，2013年和2014年，风力发电场的容量因数平均约为33%，太阳能光伏设施的容量因数平均约为26%（EIA，2016a）。水力发电是另一种主要的基荷可再生能源，其容量因数一般大于50%，反映出干旱和水库水位等外部条件对防洪和蓄水的影响。事实上，在2013年和2014年，地热发电厂的高容量因数超过了天然气发电厂（平均约50%）和燃煤发电厂（平均约60%），与核电站（平均约90%）不相上下（EIA，2016a）。

12.4.2　环境因素

如第9章所述，开发地热能源的环境优势十分明显。几乎不排放温室气体，1MWe 的地热能，节约 4350t 燃煤和 $870\times10^8 ft^3$ 天然气。根据美国能源信息署公布的数据，生产 1MWe 的电，燃煤发电厂排放约 12000t 二氧化碳和天然气发电厂排放 7000t 二氧化碳。此外，包括地源热泵在内的地热直接用于冷却和供暖，进一步取代了化石燃料的使用。特别是地源热泵，由于其广泛的适用性，有可能大大减少空调的用电需求，以及用于空间供暖和热水供应的天然气燃烧。美国能源效率部和可再生能源部估计，23个受资助的地源热泵示范项目每年可节省 1.536×10^6 MWe 的能源，并减少 9000t 二氧化碳的排放。内华达州里诺市的 Peppermill Resort 酒店完全由地热供暖，每年可节省 200万~250万美元的天然气成本，同时还能减少二氧化碳排放（Dean Parker，pers. comm.，2015）。

地热发电厂占地面积最小，是煤炭和太阳能发电设施的十分之一，是太阳能光伏发电设施的八分之一，是风力发电场的四分之一（Kagel et al.，2007）。此外，地热开发土地在必要时仍可用于其他用途，例如加利福尼亚州 Imperial Valley 和内华达州的一些地热厂周围区域用于牲畜放牧。

12.4.3　不需要燃料源、运行成本低

地球是地热发电厂的能量来源，不需要外部燃料加热获得热源。地热发电不受煤、天然气或铀等燃料来源和价格波动的影响。然而，并非每处地热资源都可以用于发电。地热能源直接利用更为广泛，地源热泵几乎可以在任何地方使用。使用增强型地热系统（EGSs）可以显著增加地热能开采潜力。此外，地热发电的高容量因素、独立的外部燃料来源以及普遍较低的运行和维护成本，使地热发电的成本比化石燃料发电的成本更具竞争力。目前，地热的运行和维护成本每千瓦·时 0.01~0.03 美元不等，而化石燃料发电厂的运行和维护成本每千瓦·时 0.024~0.04 美元不等（EIA，2013c）。后者成本略高主要反映了燃料的成本增加，同时也反映了火力发电厂较高的温度和压力的运行条件，增加了设备的维护成本。地热平准化❷成本较高，每千瓦·时 0.04~0.12 美元不等。相比之下，尽管

---

❶　容量因子是指在给定时间内，在额定容量下操作的实际生产能量与潜在输出的比率。

❷　平准化成本是指能以最低价格出售电力以实现收支平衡。平准化成本包括建设和资助发电厂的费用、运营和维护成本以及燃料成本（不包括地热成本）。

风力发电的容量因数相对较低，由于初始建设成本较低且没有燃料费用，风力发电的平准化成本相对较低。如果不考虑维持价格或税收减免，太阳能的成本会更高一些，因为前期基建成本高于风能，尤其是用于集中太阳能。总而言之，地热发电的价格比化石燃料发电厂更具竞争力，与风力发电和太阳能发电相当或更低。

12.4.4　新兴技术和地质环境

增强型地热系统（EGSs）是利用高压液体对干热岩实现水力剪切产生裂缝网络。Alta-Rock Energy 公司正在俄勒冈州中部的 Newberry 火山 EGS 示范项目中研究该技术。Newberry 火山几乎是美国西部最具潜力的地热储层之一，但由于渗透性差，地热能利用受到阻碍。水力剪切和热降解填料的联合使用可以大幅增加岩石渗透率，实现商业开采。

正如上一章所述，超临界系统的发电功率可能是常规地热系统的 5~10 倍。作为冰岛深钻项目❶的一部分，冰岛正在努力探索超临界系统的开发。然而，要实现这一目标，还需要克服一些重要的难题。其中包括深层钻探的高成本，这需要专门的阀门、超重型防喷器和耐腐蚀套管。此外，设备难以承受高温和高压（>374℃和>220bar），潜在矿物结垢（尤其是二氧化硅）的增加可能导致部分井眼堵塞，并可能降低超临界流体的高浮力和黏性力。

深层沉积含水层可作为增强型地热系统的桥梁。如第 11 章所述，在内华达州东北部和犹他州西北部等区域高热流地区，深层储集层（3~4km）可能是潜在的地热储层，因为它们的温度范围为 150~200℃，尤其是在碳酸盐岩中，具有 50~100mD 的良好渗透率（Allis et al.，2012）。关键的问题是深层钻井的成本是否能实现商业开发。考虑到该储层覆盖的区域比目前在大盆地生产的断层控制储层大 2~4 个数量级，深钻所需的额外费用是合理的，因为这些储层有可能支持 100MWe 的发电厂（Allis and Moore，2014）。

如第 7 章所述，油田中产出的热水也具有开发潜力，温度从怀俄明州穹顶约 90℃至美国中北部威利斯顿盆地 4km 深处超过 150℃（Gosnold et al.，2013）。但是受到流量限制，难以用于发电。当这些油田石油开采结束后，可以提高热水流量用以支持一个中等规模（15~30MWe）的双循环地热发电厂。

在未来，EGS 开发有可能将地热发电量提高 1~2 个数量级（Tester et al.，2006；Williams et al.，2008）。尽管干热岩比传统对流地热系统分布更广，但深井钻探成本高并且需要大量补充水，在干旱时期或水资源有限的地区难以解决。

12.4.5　潜在可调度电能

地热是一种传统的基荷能源，但随着风能和太阳能等间歇性电力能源的不断发展，电网能够快速、经济地利用来自不同类型的电能。因此，柔性电源呈现新常态，可以增多或是减少以适应风能和太阳能发电的波动。地热能在基本负荷条件下运行效率最高，因为热液流体流量和温度可能导致管道冷凝、结垢和腐蚀。尽管如此，地热运营是灵活可变通的，例如夏威夷的 Puna 地热发电厂提供了 16 MWe 的灵活输送或调度，装机容量为 38MWe（Nordquist et al.，2013）。通过使用分流器来实现，分流器可以在较低功率需求期间将热量和流体传递到两个涡轮（图 12.3），发电功率可以以 2MWe/min 的速度增加或减少，同时

---

❶　具体的项目概况可登录 www.iddp.is。

保持 3MWe 的运转储备❶。Puna 地热发电厂是第一个现代化地热发电厂，在 2012 年成为基本荷载和灵活调度的电力供应商。

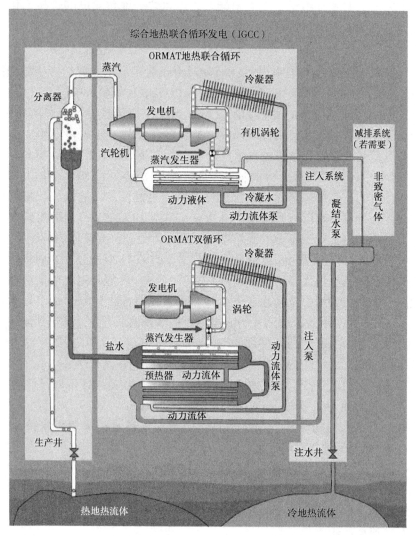

图 12.3　夏威夷 Puna 地热设施使用的地热联合循环地热发电厂和底部双循环发电厂的示意图

(Ormat, Integrated Combined Cycle Units：Geothermal Power Plants,

Ormat Technologies, Inc., Reno, NV, 2016.)

为了实现可调度功率的灵活模式，将分流阀置于动力流体涡轮之前（用箭头标出）

在 20 世纪 80 年代和 90 年代早期，加利福尼亚州的 Geysers 地热发电厂采用部分调度的方式满足客户的需求。由于对柔性电力需求较低，以及从水坝和化石燃料的电力供应柔性电力的成本较低，这种运作方式受到限制。事实上，地热发电厂可以进行改造或建造以同时提供基本荷载和可调度的电力，但由于相关的额外成本使得地热发电成本不具有竞争

---

❶　运转储备是在发电机或输电线路意外故障时准备立即工作的电力。

力。加利福尼亚州独立系统运营商（CAISO）非常需要可调度的发电厂，因为越来越多如太阳能和风能的间歇性能源加入电网中。然而，灵活调度的地热发电的价格通常会比太阳能和风力发电的价格高，公用事业单位和企业不愿购买高价电力。

12.5　地源热泵的未来作用

地源热泵是商业建筑或住宅供暖和制冷的非常有效的手段，可以显著减少夏季使用空调机制冷和冬季燃烧天然气供暖能源需求。减少电力需求和化石燃料消耗是一个双赢的局面，有助于减少间歇性风能和太阳能发电的功率不平衡并进一步减少温室气体排放。

地源热泵的能效可以用供热性能系数（COP）和制冷能效比（EER）来衡量。COP 是传递的热能与转移热能所需的能量之比，主要由压缩机和泵组成。地源热泵的 COP 值通常在 3~5，这意味着输送到空间或水中加热的能量是运行热泵所用能量的 3~5 倍。相比之下，最节能的天然气燃烧炉的 COP 约为 0.95。在冷却方面，能效比是冷却功率与输入功率的比率，额定值越高，能效越高。最节能的传统中央空调的能效比约为 15，而最高效的闭环地热泵的能效比约为 30，有些开环❶地热泵的能效比高达 45~50。这意味着地源热泵消耗的电能仅为最高效的传统空调的½~⅓。全球范围内地源热泵的不断发展可以节省大量的能源并用于供暖和制冷。

12.6　发展面临的挑战

尽管地热能具有相当多的优点，但仍有一些因素阻碍了这种资源的进一步利用，包括土地使用限制，如平衡开发和野生动物管理的持续矛盾（如美国西部的艾草鸡问题）、与钻探生产井相关的前期高投资成本和风险、当前化石燃料（特别是天然气）的低成本、投资者在基础建设方面的短期关注点、偏远地区的输电线路费用、EGS 项目用水资源供应，以及由于税收抵免和贷款担保计划及其不断变化的条件和资格而导致的政治动荡。

12.6.1　风险、前期成本高和短期投资者的关注

寻找和开发地热资源，特别是用于电力生产的地热资源，成本高昂且有风险。目前，将一座地热发电厂投入生产的总成本为每千瓦·时 3000~7000 美元不等。该成本范围对资源的温度、地质条件如地热流体的深度和流速、钻井的成功与否以及现有基础设施要求很高（Galasle，2015）。例如，一座使用 165~175℃ 的中温地热储层的 30MWe 双循环地热发电厂将花费约 1.2 亿美元，从最初勘探到开始生产可能需要 5~7 年的时间❷。这类企业的投资回报率也在 5~7 年左右。相比之下，美国能源信息管理局（EIA，2013）的报告称，传统天然气联合循环或燃机发电厂的建造成本低于每千瓦·时 1000 美元，约为建造一座中

---

❶　闭环和开环地源热泵反映了用于循环流体的地下管道的配置，以便从地球上储存或提取热量。在一个闭环的安排，流体在地面管道和建筑内的热泵之间不断循环；没有物质交换，只有热量交换。在开环系统中，物质交换和热量交换都存在。在这种情况下，一个湖泊或池塘或地下水被用作热源或散热器，如连接到现有的家庭水井。

❷　然而，奥马特公司在内华达州奥斯汀附近的 72MWe 发电厂的麦金内斯山上开发了第一个 30MWe 发电厂的阶段，从最初的勘探到电力传输仅用了不到 4 年的时间。

等规模的双循环地热发电厂每千瓦·时成本的⅓。尽管一座 300MWe 天然气发电厂的造价约为 3 亿美元，约为 30MWe 双循环地热发电厂造价的 3 倍，但其发电量是后者的 10 倍，而投产时间约为后者的 1/3，并且其选址不取决于地质因素。大型天然气发电厂利用规模经济的优势，可以非常低廉的价格出售其电力，而可能会使小型的地热发电厂出售的电力定价过低。

然而，小型的双循环地热发电厂之所以能够保持竞争力，主要是因为它的高容量因数约为 90%，而相比之下天然气发电厂的容量因数约为 50%，并且它不易受天然气价格波动的影响。当然，对于双循环地热发电厂来说，没有温室气体排放也对环境有利。根据美国能源信息署（EIA，2015，2016b）汇编的数据，2014 年美国 1749 座天然气发电厂的二氧化碳排放量为 5×10^8 t，平均每年每座发电厂的二氧化碳排放量约为 30×10^4 t。如果美国采用碳税，比如说，每吨二氧化碳排放碳税的价格约为 40 美元 [据世界银行（World Bank）的数据，这大约是采用碳税的 8 个国家的平均水平]，那么从天然气生产约 40×10^4 MWe 的成本中增加约 200 亿美元，也就是每千瓦·时成本增加约 50 美元。

与天然气发电厂的建设不同，地热能的开发风险更大，因为地质条件差异很大，需要昂贵的技术，特别是钻探技术，来发现和评估资源。根据地质条件和资源的预期深度，目前每口井的钻井生产和注入成本约为 300~800 多万美元。事实上，开发地热发电设施的成本约有三分之一是用于勘探和通过钻探确定资源，这一过程可能要花费数千万美元，但可能的结果是资源不足以保证进一步开发。另一个潜在风险是为了获得联邦或地方政府税收抵免或贷款担保而快速推进项目。因此，为了满足政府政策的最后期限，可能对资源的勘探不准确。例如，注水井位置离生产井太近可能会导致热穿透，并在电力生产开始后的几个月或几年内减少发电量。当这种情况发生时，投资者对于支持其他有价值的地热项目变得格外谨慎。

如上所述，从最初的勘探开始，地热发电厂可能需要比燃气发电厂长 2~3 倍（5~7 年）的时间才能启动。在实现利润之前，还清债务需要相当的时间。现在许多金融投资者实际上也是我们的大部分经济，关注的是短期投资回报而并非长期投资回报。此外，由于 20 世纪初的大衰退仍在投资者的脑海中挥之不去，如今的风险资本家尤其厌恶风险，这对一个需要风险的行业来说是一个问题，尽管从长期来看，无论是在财务上还是在气候上都能获得可观的回报。展望未来，随着在常规（自然对流）地热系统方面的勘探技术和专业知识的提高，利用增强型地热系统将会降低地热开发的风险和时限。这将吸引更多的私人和公共金融投资。

12.6.2 用水量需求

尽管许多人吹捧发展 EGSs 能如何极大地促进地热发电的发展，但关键问题是开展这些项目的可行性。EGSs 的大部分的潜在开发区位于美国西部的半干旱地区，在那里可以发现深部的热岩分布较广，但可以注入和加热的地表水或浅层地下水有限。以内华达州中部的迪克西河谷地热发电厂的需水量为例，冷却塔每分钟蒸发大约 1600gal 水（D. Benoit, Pes. comm., 2015）；而在水冷 EGS 发电设施中也需要补充相当数量的水。此外，在 Dixie Valley，双闪蒸式发电厂需要在 250℃时需要超过 500kg/s（约 10000gal/min）的流体才能产生约 55MWe 的电力。示踪剂测试显示返回时间为 30~150d（Benoit and Stock, 2015）。假设平均时间为 90d，那么在 Dixie Valley 的生产水库中的水的体积将是大约 10000 gal/min×60min/h×24h/d×90d，约 $1.3×10^9$gal 的水（$5×10^6m^3$ 或 4000arce·ft）。为了保持 EGS 系统的规模与 Dixie Valley 相当，需要注入约 4000 arce·ft 的水以产生大量的流体，用以加热和生产。利用风冷双循环地热发电厂可以减少用水需求，但这些发电厂的发电量通常低于水冷闪蒸发电厂，并且由于开发 EGS 发电设施投入了额外成本，这可能会对经济可行性产生影响。

12.7 政治设想与政府规划

与许多其他发达国家不同，美国缺乏统一的国家能源政策，特别是一项有助于减少碳基燃料使用的政策。价格支持、减税鼓励、贷款担保等项目反复变化，使得地热资源开发的长远规划变得复杂。联邦和州政府规划对地热发电量增长的影响如图 12.4 所示。1980—1993 年，发电量从低于 400MWe 电力增长到 2750MWe 电力在很大程度上受到 1978 年《公用事业管理政策法》（PURPA）的刺激，该法是 1973 年能源危机所产生的《国家能源法》的一部分。该法的重点是促进国内能源特别是可再生能源的节约和发展，以减少能源需求并增加国内能源供应。此外，加州的地热补助和贷款计划（或地热资源开发账户［GR-DA］）始于 1980 年，为 80 年代扩大间歇泉发电规模提供了重要的财政帮助。同样是在 20 世纪 80 年代早期，加州公共电力委员会制定了标准报价#4（本质是上网电价），要求主要的公共事业单位从提供可再生能源的第三方购买电力。公共事业企业在运营的前 10 年以不断上涨的价格购买了可再生能源，然后在剩余的合同期内恢复短期节省的成本（常规或化

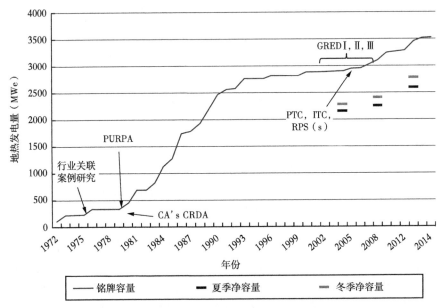

图 12.4 美国地热发电量（单位：MWe）随时间增长（Matek，B.，2015 Annual U. S. & Global Geothermal Power Production Report，Geothermal Energy Association，Washington，DC，2015.）

缩写：GRDA，地热资源与开发评估（1980 年通过）；GRED，地热资源和定义项目；ITC，投资税收抵免；PTC，生产税收抵免；PURPA，1978 年公共事业监管政策法案；RPS，规定采用的可再生能源组合标准

石燃料发电的批发成本)。这使得地热能源开发商更容易获得融资,并以有吸引力的价格(高于天然气和煤炭的价格)出售电力。最近,作为 2009 年《美国再投资法》的一部分,各州采用可再生能源组合标准,联邦政府对生产税收抵免和贷款担保计划进行了投资,导致自 2005 年以来建造了 38 座新的地热发电厂。到 2015 年底,发电量从 2006 年的不足 300MWe 增加到 3500MWe,十年内增长约 20%。

　　然而,自 2013 年以来,美国地热发电的增长基本停滞,表明新能源的需求增长不足,也由于生产和投资税收抵免的立法不确定以及联邦支持的贷款担保计划要求更加严格,导致许多州的地热项目减少。例如,在具有地热发展前景的内华达州,地热勘探和开发项目的数量从 2014 年的 45 个减少到 2015 年的 23 个,加州的项目也出现了类似的减少(图 12.5)。然而,根据地热能源协会(Matek,2015)的一份报告,约 500MWe 的地热发电项目搁置,寻求与各公共事业公司签订购电协议(PPA)。部分延迟原因是源于公共事业公司寻求更便宜的可再生能源以满足其可再生能源组合标准,通常是太阳能和风能,但这两种能源目前享受的减税激励或价格支持不适用于地热。当然,这导致了间歇性电力的比例更高,这就是为什么像 CAISO 这样的独立系统运营商现在希望地热是一个可调度的电力来源。这是可以做到的,但要以改造地热发电厂为代价,然而这导致地热发电比目前公共事业公司希望支付的成本更高,因此也就成了一个难题。

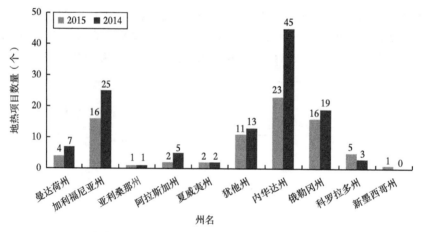

图 12.5　2014—2015 年各州地热项目数量的变化(Matek, B., 2015 Annual U. S. & Global Geothermal Power Production Report, Geothermal Energy Association, Washington, DC, 2015.)

注意,加利福尼亚和内华达州这两个主要地热发电州项目显著减少

　　在政府规划的影响下,地热增长的新机会可能就在眼前。例如,加州州长 Jerry Brown 在 2015 年的州政府讲话中宣布了他的计划,在 2030 年之前将加州的 RPS 目标提高 50%。他还签署了 A. B. 2363 号法律,其中规定,加州公共事业委员会将制定不同可再生能源技术综合成本,包括可能对太阳能和风能征收附加费用,因其间歇性地向电网输送电力。如果是这样,这将使地热发电价格更具竞争力。此外,对于联邦政府来说,能源部地热技术办公室(GTO)的预算在过去几年稳步增长,2014—2015 年达到 5500 万美元。在 2015—2016 财政年度,GTO 要求增加 75% 至 9600 万美元以资助 EGSs 的研究和开发,包括 FORGE 项目

和热液流道分析，资金分配给研究机构和工业部门，用以促进地热资源的开发。

最后一个可能影响未来地热开发的问题是新通过的保护联邦管理土地法规，对内华达州 Great 盆地、俄勒冈州东部和犹他州西部地热能源利用产生影响。新的法规很可能会延长新地热项目的审批时间，增加了勘探到供电的时间。

12.8　最终评估

地热能源利用的进一步发展取决于许多因素。国家是否有意愿开发地热能，使之与包括风能和太阳能在内的其他形式能源并驾齐驱？目前廉价天然气的现状和市场力量是否是能源政策的主要驱动力？联邦政府和州政府是否会鼓励地热行业的进一步发展，比如提供投资和生产税收抵免以及贷款担保计划，以鼓励资本可用性？立法者和公众需要更好地了解地热能的优点。讨论的各种特性包括：

（1）级联温度应用包括用于发电的高温资源、直接用于空间和水加热的中温使用以及用于建筑物加热和冷却的低温交换或地热热泵。

（2）地热能产生能量时或在地热热泵的情况下碳源减少。

（3）地热是一种基本负荷能源，可以设计为可调度的电力输出，以帮助抵消太阳能和风能的间歇性供应。

最后，由于地热系统存在的地质条件多变，地热能的开发带来了其他可再生能源技术不会出现的风险。然而，随着勘探和评估技术的不断改进、对活动地热系统内的地质过程深入了解、更精确的地球化学和地球物理测量和成像技术以及更先进的钻探技术，这种风险可以降低。不仅如此，州和联邦政府机构提供的激励措施可以帮助降低风险，鼓励私人资本投资。利用超临界地热系统、深部热沉积含水层和增强型地热系统等领域的新兴技术有可能降低风险和成本，拓展开发地热资源的地理适用性并显著提高地热能源生产贡献率。随着地热和其他可再生能源领域的增加，碳排放量将减少，环境也将因此受益。

12.9　参考文献和推荐阅读

Allis, R. and Moore, J. (2014). Can deep stratigraphic reservoirs sustain 100 MW power plants? *Geothermal Resources Council Transactions*, 38: 1009-1016.

Allis, R., Blackett, B., Gwynn, M. et al. (2012). Stratigraphic reservoirs in the Great Basin—the bridge to development of enhanced geothermal systems in the U. S. *Geothermal Resources Council Transactions*, 36: 351-357.

Axelsson, G. (2010). Sustainable geothermal utilization: case histories, definitions, research issues and modelling. *Geothermics*, 39 (4): 283-291.

Benoit, D. (2013). An empirical injection limitation in fault-hosted basin and range geothermal systems. *Geothermal Resources Council Transactions*, 37: 887-894.

Benoit, D. and Stock, D. (2015). A case history of the Dixie Valley geothermal field. *Geothermal Resource Council Transactions*, 39: 3-11.

Bromley, C. J., Rybach, L., Mongillo, M. A., and Matsunaga, I. (2006). Geothermal resources: utilisation strategies to promote beneficial environmental effects and to optimize sustainability. In: *Proceedings of International Solar Energy Society Renewable Energy Conference* (*RE*2006), Chiba, Japan, October 9-13.

Davies, J. H. and Davies, D. R. (2010). Earth's surface heat flux. *Solid Earth*, 1 (1): 5–24.

EIA. (2013a). *International Energy Statistics*. Washington, DC: U. S. Energy Information Administration (http: //www. eia. gov/cfapps/ipdbproject/IEDIndex3. cfm? tid=2&pid=2&aid=12).

EIA. (2013b). *Electricity Generating Capacity*. Washington, DC: U. S. Energy Information Administration (https: //www. eia. gov/electricity/capacity/).

EIA. (2013c). *Electric Power Annual Report* 2013. Washington, DC: U. S. Energy Information Administration.

EIA. (2015). *Count of Electric Power Industry Power Plants by Sector, by Predominant Energy Sources within a Plant*, 2004–2014. Washington, DC: U. S. Energy Information (https: //www. eia. gov/electricity/annual/html/epa_04_01. html).

EIA. (2016a). *Electric Power Monthly*. Washington, DC: U. S. Energy Information Administration (https: //www. eia. gov/electricity/monthly/epm_table_grapher. cfm? t=epmt_6_07_b).

EIA. (2016b). *How Much of U. S. Carbon Dioxide Emissions Are Associated with Electricity Generation?* Washington, DC: U. S. Energy Information (http: //www. eia. gov/tools/faqs/faq. cfm? id=77&t=11).

Glassley, W. E. (2015). *Geothermal Energy: Renewable Energy and the Environment*, 2nd ed. Boca Raton, FL: CRC Press.

Gosnold, W. D., Barse, K., Bubach, B. et al. (2013). Co-produced geothermal resources and EGS in the Williston Basin. *Geothermal Resources Council Transactions*, 37: 721–726.

Kagel, A., Bates, D., and Gawall, K. (2007). *A Guide to Geothermal Energy and the Environment. Washington*, DC: Geothermal Energy Association, pp. 20–60 (http: //geoenergy. org/pdf/reports/AGuidetoGeothermalEnergyandtheEnvironment10. 6. 10. pdf).

Matek, B. (2015). 2015 *Annual U. S. & Global Geothermal Power Production Report*. Washington, DC: Geothermal Energy Association (http: //geo-energy. org/reports/2015/2015% 20Annual% 20US% 20% 20Global%20Geothermal%20Power%20Production%20Report%20Draft%20final. pdf).

NGP. (2012). Update on Projected Availability of Geothermal Resource for the Blue Mountain Geothermal Field [press release]. Vancouver, BC: Nevada Geothermal Power, Inc.

Nordquist, J., Buchanan, T., and Kaleikini, M. (2013). Automatic generation control and ancillary services. *Geothermal Resources Council Transactions*, 37: 761–766.

Ormat. (2016). *Integrated Combined Cycle Units: Geothermal Power Plants*. Reno, NV: Ormat Technologies, Inc. (http: //www. ormat. com/solutions/Geothermal_Integrated_Combined_Cycle).

O'Sullivan, M., Yeh, A., and Mannington, W. (2010). Renewability of geothermal resources. *Geothermics*, 39 (4): 314–320.

Rybach, L. (2003). Geothermal energy; sustainability and the environment. *Geothermics*, 32 (4–6): 463–470.

Tester, J. W., Anderson, B., Batchelor, A. et al. (2006). *The Future of Geothermal Energy: Impact of Enhanced Geothermal Systems (EGS) on the United States in the 21st Century*. Cambridge: Massachusetts Institute of Technology (http: //www1. eere. energy. gov/geothermal/egs_technology. html).

Williams, C. F. and DeAngelo, J. (2008). Mapping geothermal potential in the western United States. *Geothermal Resources Council Transactions*, 32: 155–161.

Williams, C. F., Reed, M. J., and Mariner, R. H. (2008). *A Review of Methods Applied by the U. S. Geological Survey in the Assessment of Identified Geothermal Resources*, USGS Open-File Report 2008–1296. Reston, VA: U. S. Geological Survey (http: //pubs. usgs. gov/of/2008/1296/).

国外油气勘探开发新进展丛书（一）

书号：3592
定价：56.00元

书号：3663
定价：120.00元

书号：3700
定价：110.00元

书号：3718
定价：145.00元

书号：3722
定价：90.00元

国外油气勘探开发新进展丛书（二）

书号：4217
定价：96.00元

书号：4226
定价：60.00元

书号：4352
定价：32.00元

书号：4334
定价：115.00元

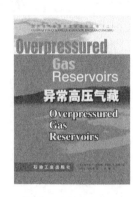

书号：4297
定价：28.00元

国外油气勘探开发新进展丛书（三）

书号：4539
定价：120.00元

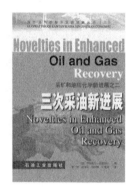

书号：4725
定价：88.00元

书号：4707
定价：60.00元

书号：4681
定价：48.00元

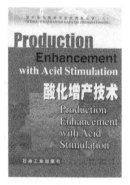

书号：4689
定价：50.00元

书号：4764
定价：78.00元

国外油气勘探开发新进展丛书（四）

书号：5554
定价：78.00元

书号：5429
定价：35.00元

书号：5599
定价：98.00元

书号：5702
定价：120.00元

书号：5676
定价：48.00元

书号：5750
定价：68.00元

国外油气勘探开发新进展丛书（五）

书号：6449
定价：52.00元

书号：5929
定价：70.00元

书号：6471
定价：128.00元

书号：6402
定价：96.00元

书号：6309
定价：185.00元

书号：6718
定价：150.00元

国外油气勘探开发新进展丛书（六）

书号：7055
定价：290.00元

书号：7000
定价：50.00元

书号：7035
定价：32.00元

书号：7075
定价：128.00元

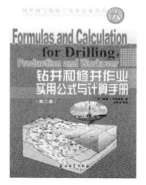

书号：6966
定价：42.00元

书号：6967
定价：32.00元

国外油气勘探开发新进展丛书（七）

书号：7533
定价：65.00元

书号：7802
定价：110.00元

书号：7555
定价：60.00元

书号：7290
定价：98.00元

书号：7088
定价：120.00元

书号：7690
定价：93.00元

国外油气勘探开发新进展丛书（八）

书号：7446
定价：38.00元

书号：8065
定价：98.00元

书号：8356
定价：98.00元

书号：8092
定价：38.00元

书号：8804
定价：38.00元

书号：9483
定价：140.00元

国外油气勘探开发新进展丛书（九）

书号：8351
定价：68.00元

书号：8782
定价：180.00元

书号：8336
定价：80.00元

书号：8899
定价：150.00元

书号：9013
定价：160.00元

书号：7634
定价：65.00元

国外油气勘探开发新进展丛书（十）

书号：9009
定价：110.00元

书号：9989
定价：110.00元

书号：9574
定价：80.00元

书号：9024
定价：96.00元

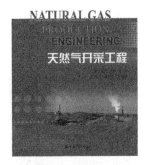

书号：9322
定价：96.00元

书号：9576
定价：96.00元

国外油气勘探开发新进展丛书（十一）

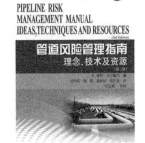

书号：0042
定价：120.00元

书号：9943
定价：75.00元

书号：0732
定价：75.00元

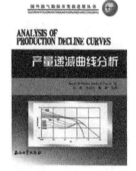

书号：0916
定价：80.00元

书号：0867
定价：65.00元

书号：0732
定价：75.00元

国外油气勘探开发新进展丛书（十二）

书号：0661
定价：80.00元

书号：0870
定价：116.00元

书号：0851
定价：120.00元

书号：1172
定价：120.00元

书号：0958
定价：66.00元

书号：1529
定价：66.00元

国外油气勘探开发新进展丛书（十三）

书号：1046
定价：158.00元

书号：1167
定价：165.00元

书号：1645
定价：70.00元

书号：1259
定价：60.00元

书号：1875
定价：158.00元

书号：1477
定价：256.00元

国外油气勘探开发新进展丛书（十四）

书号：1456
定价：128.00元

书号：1855
定价：60.00元

书号：1874
定价：280.00元

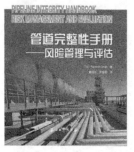

书号：2857
定价：80.00元

书号：2362
定价：76.00元

国外油气勘探开发新进展丛书（十五）

书号：3053
定价：260.00元

书号：3682
定价：180.00元

书号：2216
定价：180.00元

书号：3052
定价：260.00元

书号：2703
定价：280.00元

书号：2419
定价：300.00元

国外油气勘探开发新进展丛书（十六）

书号：2274
定价：68.00元

书号：2428
定价：168.00元

书号：1979
定价：65.00元

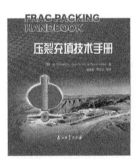

书号：3450
定价：280.00元

书号：3384
定价：168.00元

国外油气勘探开发新进展丛书（十七）

书号：2862
定价：160.00元

书号：3081
定价：86.00元

书号：3514
定价：96.00元

书号：3512
定价：298.00元

书号：3980
定价：220.00元

国外油气勘探开发新进展丛书（十八）

书号：3702
定价：75.00元

书号：3734
定价：200.00元

书号：3693
定价：48.00元

书号：3513
定价：278.00元

书号：3772
定价：80.00元

书号：3792
定价：68.00元

国外油气勘探开发新进展丛书（十九）

COMPOSITION AND PROPERTIES OF DRILLING AND COMPLETION FLUIDS (SEVENTH EDITION)

钻井液和完井液的组分与性能

书号：3834
定价：200.00元

HYDRAULIC FRACTURING (EMERGING TRENDS AND TECHNOLOGIES IN PETROLEUM ENGINEERING)

水力压裂
——石油工程领域新趋势和新技术

书号：3991
定价：180.00元

WATER-BASED CHEMICALS AND TECHNOLOGY FOR DRILLING, COMPLETION, AND WORKOVER FLUIDS

水基钻井液、完井液及修井液技术与处理剂

书号：3988
定价：96.00元

GEOLOGIC ANALYSIS OF NATURALLY FRACTURED RESERVOIRS (SECOND EDITION)

天然裂缝性储层地质分析（第二版）

书号：3979
定价：120.00元

SOIL MECHANICS FOR PIPELINE STRESS ANALYSIS

管道应力分析相关土壤力学

书号：4043
定价：100.00元

FRACTURING HORIZONTAL WELLS

压裂水平井

书号：4259
定价：150.00元

国外油气勘探开发新进展丛书（二十）

AN INTRODUCTION TO PETROLEUM GEOSCIENCE

石油地质概论

书号：4071
定价：160.00元

The Imperial College Lectures in PETROLEUM ENGINEERING
FLUID FLOW IN POROUS MEDIA

渗流力学

书号：4192
定价：75.00元

国外油气勘探开发新进展丛书（二十一）

书号：4005
定价：150.00元

书号：4013
定价：45.00元

书号：4075
定价：100.00元

书号：4008
定价：130.00元